Uwe Meinberg · Frank Topolewski

Lexikon der Fertigungsleittechnik

Begriffe, Erläuterungen, Beispiele

Mit 200 Abbildungen

Springer-Verlag

Berlin Heidelberg New York
London Paris Tokyo
Hong Kong Barcelona Budapest

Dr.-Ing. Uwe Meinberg
Fraunhofer-Institut
für Materialfluß und Logistik IML
Joseph-von-Fraunhofer-Straße 2-4
44227 Dortmund

Dipl.-Ing. Frank Topolewski
Prismat
Gesellschaft für Softwaresysteme
und Unternehmensberatung mbH
Helenenbergweg 19
44225 Dortmund

ISBN-13: 978-3-642-79326-4   e-ISBN-13: 978-3-642-79325-7
DOI:10.1007/ 978-3-642-79325-7

CIP-Eintrag beantragt

Softcover reprint of the hardcover 1st edition 1995

Satz: Reproduktionsfertige Vorlage der Autoren
SPIN: 10128428   60/3020 - 5 4 3 2 1 0 - Gedruckt auf säurefreiem Papier

Vorwort

Die Auseinandersetzung mit der Fertigungsleittechnik führt auf eine Vielzahl von
Begriffen und Begriffszusammenhängen, deren Verständnis für den erfolgreichen
Einsatz einer DV-gestützten Fertigungssteuerung notwendig ist. Die Beschäf-
tigung mit dem DV-Einsatz in der Fertigung in der betrieblichen Praxis zeigt, daß
die Begriffe nicht einheitlich verwendet werden und als Folge dieser "Sprachver-
wirrung" Verständnis- und Verständigungsprobleme entstehen können.

Das Ziel des vorliegenden Lexikons ist es, die wichtigsten Begriffe aus dem Bereich der Fertigungsleittechnik zusammenzutragen und verständlich zu erläutern,
um damit einen Beitrag für eine einheitliche Terminologie und Verwendung der
relevanten Begriffe zu leisten. Klare Begriffsdefinitionen, konkrete Beispiele und
Bilder sowie ein durchgängiges Verweissystem unterstützen diese Zielsetzung.
Sie sind das Ergebnis einer umfassenden Sichtung der einschlägigen Literatur
sowie der Erfahrungen und Erkenntnisse aus zahlreichen Industrieprojekten.

Das Lexikon der Fertigungsleittechnik dient vor allem Praktikern in der Industrie,
die sich mit dem DV-Einsatz zur Fertigungssteuerung auseinandersetzen, als
Nachschlagewerk. Durch umfangreiche Aufführung weiterführender Literatur
sowie die Darstellung von Methoden und Verfahren im Bereich der Produktionsplanung und -steuerung enthält es auch wertvolle Hinweise für Wissenschaftler
und Studenten.

Das Lexikon ist aus der Zusammenarbeit zwischen der Hauptabteilung Software
und Systeme des Fraunhofer-Instituts für Materialfluß und Logistik in Dortmund
(Dr.-Ing. Uwe Meinberg) und Prismat Gesellschaft für Softwaresysteme und
Unternehmensberatung mbH in Dortmund (Dipl.-Ing. Frank Topolewski) entstanden. Die Autoren bedanken sich bei allen Mitarbeiterinnen und Mitarbeitern,
die die Erstellung des Lexikons unterstützt haben. Insbesondere gilt der Dank
Frau Dipl.-Inform. Claudia Raschke und Herrn Dipl.-Ing. André Dechange für
ihren unermüdlichen Einsatz bei der Literaturrecherche, der Prüfung der Text-
vorlagen und der Texterstellung. Frau Wanda Splittgerber sei für die Erstellung
der Bilder und Frau Annette Weidekamp für die Texteingaben gedankt. Ebenfalls
gilt der Dank Frau Karin Wohlgemuth für die vielen konstruktiven Hinweise zur
Text- und Layoutgestaltung.

Anregungen und Hinweise, die der Verbesserung dieses Lexikons dienen,
nehmen die Autoren gerne entgegen und werden diese bei einer Neuauflage
berücksichtigen.

Dortmund, Juli 1994   Dr.-Ing. Uwe Meinberg
                                          Dipl.-Ing. Frank Topolewski

1 Einleitung

Inhaltsverzeichnis

Die Erhaltung der Wettbewerbsfähigkeit und die Schaffung bzw. Sicherung von Wettbewerbsvorteilen sind Themen, die stets direkt Einfluß auf die Fertigung genommen haben und gerade heute weitreichende Veränderungen in der Technik und in der Organisation veranlassen. Variantenreiche Produkte, kurze Lieferzeiten und hohe Termintreue, also alles in allem die starke Orientierung am Kunden erfordert Maßnahmen in der Fertigung, die heute insbesondere das Thema Fertigungssteuerung und die damit verbundene Leittechnik sehr umfangreich und zum Teil sogar kompliziert werden lassen.

Schnelligkeit und Flexibilität sind Forderungen, die an die gesamte Kette der Auftragsabwicklung im Unternehmen gestellt werden und die sich mit Schlagwörtern wie "Losgröße 1" oder "Material muß fließen" in der Fertigung niederschlagen.

Die Unternehmen müssen neue Technologien und Organisationskonzepte im Bereich der Fertigung einführen. Flexible Fertigungssysteme, Fertigungsinseln oder die Gruppenorganisation sind Reaktionen auf die sich laufend ändernden Anforderungen an die Fertigung. Heute entstehen autonome Fertigungsbereiche, die den Charakter einer "Fabrik in der Fabrik" besitzen. Sie benötigen eine eigene dezentrale DV-Unterstützung zur Planung und Steuerung der Abläufe. Herkömmliche zentralorientierte DV-Systeme zur Produktionsplanung und -steuerung (PPS-Systeme) können diese Aufgabe allein nicht sinnvoll erfüllen.

Vor diesem Hintergrund hat sich die Fertigungsleittechnik gerade in den letzten Jahren rasant entwickelt und heute eine sehr große Bedeutung gewonnen.

Neben den Begriffserläuterungen bietet dieser Beitrag einen Überblick über die Entwicklung und den Stand der Fertigungsleittechnik.

Folgt man der Auffasung des VDI, so umfaßt die Fertigung alle organisatorischen und technischen Maßnahmen zur Herstellung von Material und Erzeugnissen. Zur Fertigung gehören die Teilefertigung und die Montage, welche die eigentliche Wertschöpfung am Material vornehmen.

Allgemein wird unter "Leiten" die Gesamtheit aller Maßnahmen verstanden, die einen im Sinne festgelegter Ziele (z.B. Sollwerte oder Sollzustände) erwünschten Ablauf eines Prozesses bewirken (DIN). Die Maßnahmen werden vorwiegend unter Mitwirkung des Menschen aufgrund der aus dem Prozeß oder auch aus der Umgebung erhaltenen Daten mit Hilfe einer Leiteinrichtung getroffen.

Das Leiten stellt einen Oberbegriff für alle Aufgaben wie Messen, Steuern, Regeln und Optimieren sowie Überwachen und Auswerten dar.

Die Leiteinrichtung umfaßt nach DIN alle für die Aufgabe des Leitens verwendeten Geräte und Programme sowie im weiteren Sinne auch Anweisungen und Vorschriften.

Unter Leittechnik wird daher nach heutigem Verständnis ein aus Hard- und Softwarebausteinen bestehendes DV-System verstanden, welches gezielt - im Sinne des Leitens - auf den Ablauf von Prozessen einwirkt.

Bezogen auf den Bereich der Fertigungstechnik bedeutet dies, daß die Fertigungsleittechnik DV-gestützte Systeme zur kurzfristigen Fertigungssteuerung umfaßt, welche die Planung und Optimierung sowie Steuerung und Überwachung des Fertigungsablaufes unterstützen.

Eine der wesentlichen Aufgaben der Leittechnik besteht in der Regelung der ihr zugeordneten Prozesse. Die Erfüllung einer Regelungsaufgabe setzt die Kenntnis über den erwünschten Prozeßablauf (Soll-Ablauf) und die Verfügbarkeit der Prozeßdaten (Ist-Ablauf) auf der Ebene der Leittechnik voraus. Die Aktualität der Daten ist dabei von entscheidender Bedeutung, um über einen Soll-/Ist-Vergleich schnell Abweichungen vom Sollzustand erkennen und kurzfristig steuernde Maßnahmen einleiten zu können.

Mit Fertigungsleittechnik wird die Lücke zwischen zentralorientierten PPS-Systemen und den prozeßnahen Steuerungen bzw. dem Fertigungsbereich geschlossen. Das PPS-System liefert die Soll-Vorgaben über den Fertigungsablauf. Dabei handelt es sich unter anderem um auftragsbezogene Arbeitspläne (Fertigungsaufträge mit Arbeitsgängen), die Angaben über Soll-Mengen und -Termine enthalten. Die Soll-Vorgaben sind das Ergebnis einer Grobplanung mit mittelfristigem Planungshorizont.

Aufgabe der Fertigungsleittechnik ist es, diese Vorgaben im Rahmen einer Feinplanung weiter zu detaillieren und in der Fertigung durchzusetzen. Systeme zur Betriebsdatenerfassung (BDE-Systeme) liefern aktuelle Ist-Daten über die

Fertigungssituation, so daß Störungen im Ablauf kurzfristig "ausgeregelt" werden können. Eine Regelung im engeren Sinne ist praktisch noch nicht realisiert, da die Analyse der Störungsursachen sowie die diesbezüglich zu veranlassenden Maßnahmen im allgemeinen die Einbeziehung von Mitarbeitern notwendig machen.

Fertigungsleitstände und Fertigungsleitsysteme übernehmen die Aufgaben der Fertigungsleittechnik. Sie dringen in den Fertigungsbereich ein und führen dort die Feinplanung und -steuerung der Abläufe durch.

Die Entwicklung der Fertigungsleittechnik ist stark durch die Fortschritte in der Rechner- und Softwaretechnik bestimmt.

Am Anfang der Entwicklungsgeschichte stand die Ormig-Maschine. Mitte der 30er Jahre hielt dieses Gerät Einzug in die Fertigung. Es diente der preiswerten und schnellen Erstellung von Belegen, Arbeitskarten und Stücklisten durch Umdrucktechnik. Für den Meister waren die Arbeitskarten Grundlage zur Arbeitsverteilung. In der Regel wurden die Arbeitskarten für eine Woche im voraus durch den Meister nach Termin oder nach Dringlichkeit vorsortiert.

Unter Berücksichtigung der Terminsituation und der Auslastung der Werker wurde ein Arbeitsvorrat in die Fertigung gegeben. Die vorgegebene Abarbeitungsreihenfolge der Aufträge wurde im allgemeinen allerdings durch den Werker infolge seiner "Vorliebe" für bestimmte Tätigkeiten geändert. Der Auftragsfortschritt war entweder erst mit Rückgabe der Arbeitskarten oder nach Kontrolle durch den Meister bekannt.

Zur Unterstützung der Planung von Auftragsreihenfolgen wurden im Meisterbüro Wandtafeln angebracht. Sie dienten dazu, die Auftragsvorgaben in einen Reihenfolgeplan für die einzelnen Arbeitsplätze umzusetzen.

Wie bei einem Gantt-Diagramm wurden in der Vertikalen der Wandtafel die zu verplanenden Arbeitsplätze und in der Horizontalen für jeden Arbeitsplatz eine Bahn mit Zeitstrahl geführt. Für jeden vorliegenden Auftrag wurde eine Steckkarte erstellt, deren Länge der Belegungszeit entsprach und den benötigten Kapazitätsbedarf repräsentierte. Die Steckkarten wurden nach ihrem Starttermin in die horizontale Bahn des vorgesehenen Arbeitsplatzes eingeordnet. Auf diese

Weise entstand eine optische Übersicht über die Abarbeitungsreihenfolge sowie die Kapazitätsauslastung an den Arbeitsplätzen.

Zur Erhöhung der Übersichtlichkeit und der Steuerungsfähigkeit ist die Wandtafel in die Bereiche Arbeitsvorverteilung und Arbeitsübersicht bzw. -steuerung unterteilt. In dem Bereich Vorverteilung wird ein taggenauer Plan für die Auslastung der Arbeitsplätze für die nächsten Wochen im voraus erarbeitet. Mit dem Bereich der Arbeitssteuerung werden alle Phasen der kurzfristigen Auftragsdurchsetzung unterstützt. Jeder relevante Status eines Aufrags wie vorbereitet, Transport, bereitgestellt, in Arbeit und unterbrochen wird an der Wandtafel nach Rückmeldung aus der Fertigung nachgeführt.

Die Wandtafeln werden als manuelle Plantafel und die gesamte Steuerzentrale für die Werkstattsteuerung als klassischer oder konventioneller Leitstand bezeichnet.

Die Aktualität der in der Wandtafel abgebildeten Fertigungssituation und damit die Planungs- und Steuerungsqualität hängt entscheidend von der fortschrittsynchronen Rückmeldung der Werker ab. Um eine hohe Aktualität und eine enge informatorische Ankopplung an den Fertigungsbereich zu erreichen, wurden im Leitstand und in der Fertigung Telefone eingerichtet. Diese Form der Leitstände wurde von Scheuer etwa 1935 in die Fertigung eingeführt und ist als Scheuer-Anlage bekannt.

In den 60er und 70er Jahren wurden die konventionellen Leitstände zu wechselsprechgeführten Leitständen weiter ausgebaut. Mit neuerer Kommunikationstechnik ausgestattet, sind diese Leitstände für die kurzfristige Fertigungssteuerung auch heute noch in Betrieben anzutreffen.

In den 60er Jahren wurden Modularprogramme zur rechnergestützten Produktionsplanung und -steuerung entwickelt und eingesetzt. Diese Programmsysteme enthielten Module zur Material- und Zeitwirtschaft und ermittelten aus einem vorgegebenen Produktionsprogramm über Stücklistenauflösung die einzelnen Bruttobedarfe. Durch Vergleich mit den Lagerbeständen wurden daraus die Nettobedarfe abgeleitet.

Funktionen zur Durchlauf- und Kapazitätsterminierung sowie zur Prioritätsrechnung lieferten als Ergebnis einen Belegungsplan für Kapazitäts- bzw.

Arbeitsplatzgruppen. Bei hochintegrierten Systemen wurde bereits ein automatischer Kapazitätsabgleich vorgenommen.

Aufgrund des hohen Datenvolumens, das bei der Planung zu berücksichtigen ist, und der im Vergleich zu heutigen Maßstäben geringen Rechenleistung ergaben sich typische Planungszyklen von etwa einer Woche. Die Planungsergebnisse wurden ausgedruckt und in Listenform als Fertigungsvorgaben in die Werkstätten gegeben.

Im Hinblick auf die Anforderungen der kurzfristigen Fertigungssteuerung beinhalteten diese Programmsysteme im wesentlichen folgende Schwachstellen:

- batch-orientierte Verarbeitung,
- große Planungszyklen,
- unzureichende Berücksichtigung der aktuellen Fertigungssituation.

Wegen der unzureichenden Aktualität, der schlechten Übersichtlichkeit und Handhabbarkeit waren die ausgegebenen Listen als Durchsetzungsinstrument in der Fertigung ungeeignet. Als Konsequenz daraus wurden "Terminjäger" mit der Aufgabe eingesetzt, die Einhaltung der Planvorgaben zu überwachen und durchzusetzen.

Im Zuge der gesteigerten Leistungsfähigkeit der DV-Technik wurden die Programmsysteme im Laufe der 70er bis Anfang der 80er Jahre weiter entwickelt und zu den heute bekannten PPS-Systemen ausgebaut. Sie wurden um Feinplanungsmodule für die Termin- und Kapazitätsplanung ergänzt, die zunehmend in Echtzeit und dialogorientiert arbeiteten. Diese Module deckten aufgrund der geringen Detaillierungstiefe der Planungsergebnisse und dem großen zu verwaltenden Datenvolumen den Bereich der übergeordneten bzw. werksweiten Fertigungssteuerung ab. Die Steuerung einzelner dezentraler Werkstattbereiche wurde nicht unterstützt.

Damit entstanden Forderungen an die Fertigungsleittechnik, die letztlich einen weiteren Schritt in Richtung Regelung bedeuteten:

- Dezentralisierung der Steuerung,
- Flexibilisierung der Reihenfolgeplanung,
- Integration der Betriebsdatenerfassung,

* Integration von DV-Systemen zur Prozeßsteuerung.

Ab Mitte der 80er Jahre wurden alternativ zu den Feinplanungsmodulen der PPS-Systeme Fertigungsleitstände (elektronische Leitstände) entwickelt. Fertigungsleitstände sind betriebsnah eingesetzte Arbeitsplatzrechner, die die Funktionalität manueller Plantafeln durch die Möglichkeiten des Rechners zum interaktiven Ein- und Umplanen ganzer Aufträge und Arbeitgänge ergänzen.

Fertigungsleitstände können als "Dienstleister" von PPS-Systemen eingesetzt werden, indem sie Ergebnisse der Termin- und Kapazitätsgrobplanung der PPS-Systeme übernehmen und auf dieser Basis eine Feinplanung für die kurzfristige Fertigungssteuerung vornehmen bzw. unterstützen. Sie können aber auch als selbständig arbeitendes Planungs- und Steuerungsinstrument in der Fertigung eingesetzt werden.

Die erste Generation von Leitständen, die etwa in der Zeit zwischen 1985 und 1989 entstand, verfolgte im wesentlichen die Zielsetzung, die manuelle Plantafel und die direkt mit ihr verbundenen Funktionen auf DV-Systeme abzubilden. Herzstück der Leitstände ist das Gantt-Diagramm als elektronische Plantafel, in der die einzelnen Arbeitsplätze angezeigt und die Arbeitsgänge auf dem Zeitstrahl (arbeitsplatzbezogen) eingeplant werden.

Arbeitsgänge werden als Balken dargestellt, wobei die Balkenlänge der Belegungszeit entspricht. Die Farbgebung der Balken spiegelt den Auftrags- bzw. Fertigungsfortschritt wider. Die Leitstände unterstützen im wesentlichen die Funktionen zum manuellen Ein-, Aus- und Umplanen. Die Vorgehensweise zur Verplanung der Arbeitsgänge orientiert sich an den manuellen Vorgängen der klassischen Plantafel, wobei das Einordnen der Arbeitsgänge rechnerunterstützt erfolgt.

Die Leitstände der ersten Generation sind auf Personal Computern (PC) unter dem Betriebssystem MS-DOS realisiert. Sie besitzen eine Schnittstelle, um Auftragsdaten aus einem überlagerten PPS-System zu übernehmen und Rückmeldungen aus der Fertigung auftragbezogen wieder zurückzuleiten. Die Integration von BDE-Systemen ist bei dieser Leitstandsgeneration nicht erfolgt.

Die zweite Generation von Fertigungsleitständen, die Ende der 80er Jahre bzw. Anfang der 90er Jahre begann, ist im wesentlichen von der Ablösung der PC-

Techniken durch Workstations geprägt. Hohe Rechenleistung, hochauflösende Farbgraphik sowie große Haupt- und Plattenspeicher verbunden mit dem Aufkommen offener Systeme und flexibler Kommunikationstechniken sind die Möglichkeiten, die für die systemtechnische Entwicklung dieser Leitstandsgeneration genutzt werden.

Im Bereich der Funktionalität sind die Leitstände der zweiten Generation um automatische Einplanungsalgorithmen erweitert. Dabei handelt es sich um automatisierte Verfahren zur Vorwärts-, Rückwärts- und Engpaßterminierung, wobei bei der Reihenfolgeplanung spezielle Heuristiken auf Basis von Prioritätsregeln zur Verfügung stehen, wie z.B. Kürzeste Operationszeitregel oder Schlupfzeitregel.

Die DV-technische Integration der Leitstände umfaßt neben der Kopplung zum PPS-System auch die Anbindung von BDE-Systemen. Insbesondere die Kopplung zwischen Leitstand und BDE-System trägt zur Aktualität der Rückmeldungen aus der Fertigung bei und unterstützt die Zielsetzung der Fertigungsleittechnik hinsichtlich der von ihr zu erfüllenden Regelungsfunktion.

Der Funktionsumfang heutiger Leitstände deckt die Anforderungen der Fertigungssteuerung für die unterschiedlichen Fertigungsarten und Fertigungsorganisationen ab. Ein in Werkstattfertigung organisierter Fertigungsbereich stellt beispielsweise andere Anforderungen an die Planungs- und Steuerungseigenschaften eines Leitstands als eine Fertigung, die nach dem Fließprinzip (Fließfertigung) aufgebaut ist. Die benötigte Funktionalität ergibt sich aus dem jeweiligen Einsatzfall. Die jeweils passenden Leitstände bzw. Leitstandsfunktionen sind entsprechend auszuwählen.

Der Einsatzschwerpunkt der Leitstände liegt bei der Einzel- und Kleinserienfertigung, die nach dem Werkstattprinzip organisiert ist. An den speziellen Anforderungen der Chargen- und Prozeßfertigung sowie der Montage sind die heutigen Leitstände bisher weniger ausgerichtet.

Fertigungsleitstände sind als Einplatz- und Mehrplatzsysteme sowie als Bausteine komplexer Fertigungsleitsysteme konzipiert. Fertigungsleitsysteme besitzen die typische Funktionalität eines Fertigungsleitstands, sind aber um Funktionen zur DV-technischen Integration weiterer fertigungsorientierter Verwaltungs- und Steuerungssysteme ergänzt.

In Fertigungsleitsystemen werden heute beispielsweise DV-Systeme zur Lager-verwaltung und Materialflußsteuerung sowie DNC-Steuerungen integriert, wobei diese Systeme Bestandteil eines Leitsystems sein können oder über Schnittstellen mit diesen verbunden sind.

Zur Erfüllung dieser Aufgabe müssen Leitsysteme gegenüber den Fertigungs-leitständen eine wesentliche Eigenschaft besitzen: Sie müssen die zur Fertigungs-planung und -steuerung benötigten Funktionen sowie den damit verbundenen Informationsfluß mit angrenzenden Verwaltungs- und Steuerungssystemen automatisieren.

Die heutige Entwicklung in der Leittechnik ist durch den Einsatz neuer Methoden und Werkzeuge gekennzeichnet. Beispiele hierzu sind wissensbasierte Kompo-nenten, Fuzzy-Logik, multimediale Techniken und objektorientierte Techno-logien. Inwieweit hierdurch ein "Quantensprung" für eine neue Generation der Fertigungsleittechnik gemacht wird, werden die Ergebnisse zeigen.

2 Hinweise für den Benutzer

Stichwörter

Die Stichwörter im Teil "Begriffserläuterungen" sind durch Fettdruck sowie durch einen grau hinterlegten Balken hervorgehoben. Ihnen folgen die Erläuterungen im Fließtext. Hierbei sind zwei Ausnahmen zu nennen:

- Handelt es sich bei einem angegebenen Stichwort um ein Akronym, erfolgt die Erläuterung bei der ausgeschriebenen Begriffsbezeichnung. Beispielsweise ist "CIM" unter "Computer Integrated Manufacturing" erläutert.

- Ist ein Stichwort im Rahmen der Erläuterung seines Oberbegriffs hinreichend erklärt, wird zu dem angegebenen Stichwort ein Verweis auf diesen Oberbegriff gemacht. Beispielsweise ist "Maschinenbelegungsplanung' unter "Reihenfolgeplanung" erläutert.

Schreibweise

Bei den Stichwörtern handelt es sich um feststehende Begriffe. Sie sind daher mit großen Anfangsbuchstaben aufgeführt. Zum Beispiel ist das Stichwort "elementare Prioritätsregel" mit "Elementare Prioritätsregel" aufgenommen.

Alle Stichwörter sind in der Singularform genannt. Ausnahmen hierzu sind der Begriff "Daten" und die mit ihm zusammenhängenden Begriffe wie "Strukturdaten" und "Bewegungsdaten".

Reihenfolge der Stichwörter

Die Stichwörter sind alphabetisch sortiert. Leerzeichen (Blank) beeinflussen die Sortierung nicht, sie werden nicht berücksichtigt. Tritt an einer Stelle innerhalb eines Stichwortes ein Sonderzeichen (Komma und Bindestrich) auf, wird der Begriff bezüglich dieser Stelle vor dem Buchstaben "A" bzw. "a" eingeordnet. Zum Beispiel werden die Begriffe "Kennzahl, Darstellungsform der" und "Termin- und Kapazitätsplanung" jeweils wie folgt eingereiht:

"Kennzahl", "Kennzahl, Darstellungsform der", "Kennzahlensystem"; "Termin", "Termin- und Kapazitätsplanung", "Termingerüst".

Umlaute werden bei der Sortierung wie die entsprechenden Vokale (Ä = A, Ö = O und Ü = U) und "ß" wie "ss" behandelt. Beispielsweise wird der Begriff "Größte Restbearbeitungszeitregel" folgendermaßen eingeordnet:

"Grobterminierung", "Größte Restbearbeitungszeitregel", "Grundausführungsstückliste".

Aufbau der Begriffserläuterungen

Die Erläuterung eines Begriffs ist wie folgt gegliedert:

- Definition,
- Anwendung,
- Beispiel,
- Synonyme,
- Literatur.

Diese Gliederungspunkte sind kursiv als Überschriften im Fließtext der Erläuterungen gedruckt.

Die Definition ist zu jedem Begriff angegeben. Anwendung und Beispiel sind nur dann aufgeführt, wenn sie zum besseren Verständnis des zu erläuternden Begriffes beitragen.

Definition
Der zu erläuternde Begriff wird kurz und präzise definiert. Die Definition ist durch eine Leerzeile optisch von dem nachfolgenden Fließtext abgesetzt.

Der Definition folgt im allgemeinen weiterer erläuternder Text, der detaillierter auf den jeweiligen Begriff eingeht und insbesondere den Zusammenhang mit anderen Begriffen darstellt.

Anwendung
Unter Anwendung wird der Bereich bzw. das Umfeld beschrieben, in dem der Begriff typisch verwendet wird.

Beispiel

Es werden typische Beispiele für den Begriffsinhalt oder die Verwendung des Begriffes genannt.

Synonyme

Hier sind die in der betrieblichen Praxis oder in der einschlägigen Literatur verwendeten Synonyme aufgeführt.

Literatur

Die Literaturhinweise sind alphabetisch sortiert. Sie beinhalten die Angabe zur Quelle, die bei der Begriffsdefinition berücksichtigt wurde, oder zur weiterführenden Literatur. Die Literatur, aus der eine Begriffsdefinition abgeleitet oder übernommen wurde, ist am Textrand durch " * " und die weiterführende Literatur mit " ** " gekennzeichnet.

Die Literaturhinweise zu einem Begriff sind aus Platzgründen zum Teil in einer verkürzten Form angegeben, besitzen aber alle Informationen, die zur Beschaffung einer Literaturstelle notwendig sind.

Die vollständigen Angaben befinden sich im Literaturverzeichnis.

Verweise

Das Begriffslexikon beinhaltet ein durchgängiges Verweissystem. Verweise werden durch am Textrand stehende kursiv gedruckte Begriffe kenntlich gemacht.

Bei den Verweisen handelt es sich um feststehende Begriffe, die in der angegebenen Form im Lexikon aufzufinden sind.

Verweise werden zu einer Begriffserläuterung genannt, wenn unter dem Verweis weiterführende Informationen enthalten sind oder das Verweis-Stichwort eng mit dem erläuterten Begriff zusammengehört (Begriffszusammenhänge).

3 Begriffserläuterungen

A

Abrufauftrag

Definition
Abrufaufträge sind Aufträge oder Bestellungen ohne exakten Liefertermin.

Abrufaufträge stellen eine Form der Auftragsauslösungsart dar. Der Kunde vereinbart mit dem Lieferanten vertraglich ein Liefervolumen für eine festgelegte Periode (Rahmenauftrag). Es ist nicht der Zeitpunkt der Lieferung von Teilmengen fixiert, sondern der Zeitraum zwischen Abruf und Lieferung. Innerhalb dieses Zeitraums muß eine permanente Lieferbereitschaft entweder durch Bestände oder durch vorzuhaltende Kapazität gewährleistet sein.

Auftragsauslösungsart
Lieferant
Lieferbereitschaft

Anwendung
Zulieferer in der Automobilindustrie sind oft über Abrufaufträge in den Produktionsvorgang ihrer Abnehmer eingebunden.

Beispiel
Über Abrufaufträge wird beispielsweise die Herstellung von Sitzanlagen für ein Automobil ausgelöst, die von dem Zulieferer sequenzrichtig angeliefert werden müssen.

Der Zulieferer erhält dazu Daten über den Auftragsfortschritt (Fortschrittszahlen), die entlang des Karossendurchlaufs abgegriffen werden. Diese beinhalten den fahrzeugbezogenen Abruf der zugehörigen Sitzanlage vom Zulieferer und Informationen über die Auftragsreihenfolge.

Fortschrittszahlen

Mit dem Fahrzeug-Einlauf in die Endmontage liegt die Reihenfolge der Fahrzeuge in der Regel fest. Spätestens bis zum Zeitpunkt des Sitzeinbaus muß der

Zulieferer die gefertigten Sitzanlagen reihenfolge-
richtig am Einbauort bereitstellen.

Literatur
Schomburg, E.: Betriebsindividuelle Einflußgrößen
für die Gestaltung und Bewertung von PPS-
Systemen, in: PPS-Fachmann, Bd. 4, Hrsg. RKW,
Verlag TÜV Rheinland Köln 1987

Absatz

Definition
Der Absatz umfaßt alle betrieblichen Tätigkeiten, die
auf den Verkauf oder die entgeltliche Nutzungs-
überlassung von Gütern und Dienstleistungen gerichtet sind.

Die Hauptaufgaben des Absatzes bestehen in der phy-
sischen Distribution, das heißt in dem zur Verfügung
stellen der produzierten Leistung am Ort und zum
Zeitpunkt des Bedarfs in der richtigen Qualität und
Menge, sowie in der Weitergabe relevanter Informationen (z.B. über Qualität oder Verfügbarkeit) an
bestehende und potentielle Nachfrager.

Der Absatz zielt neben der Befriedigung bestehender
auch auf die Gewinnung neuer Abnehmer hin.

Anwendung
Zur Erfüllung der Aufgaben können absatzpolitische
Instrumente aus der

- Entgeltpolitik (z.B. Preisfestsetzung, Rabatte),
- Produktpolitik (z.B. Produktgestaltung, -varian-
  ten),
- Distributionspolitik (z.B. Wahl des Absatzkanals),

- Kommunikationspolitik (z.B. Werbung, Public Relations)

eingesetzt werden.

Literatur

Hax, H.: Absatz, in: Handwörterbuch der Wirtschafts-   *
wissenschaft, Hrsg. Albers, W. u.a., Gustav Fischer
Stuttgart New York 1977;

Meffert, H.: Marketing, Gabler Verlag Wiesbaden   **
1986;

Nieschlag, R.; u.a.: Marketing, Dunker und Humblot   **
Berlin 1991

Absatzprognose

Definition

Die Absatzprognose ist eine auf Erfahrung gestützte
Vorhersage des zukünftigen Absatzes von Produkten
einer Unternehmung an ausgewählte Käuferschichten
in einem definierten Zeitabschnitt unter Berücksichtigung der eingesetzten absatzpolitischen Mittel.

Gegenstand der Prognose sind absatzorientierte
Größen wie Marktpotential, Marktvolumen oder
Marktanteil. Diese Größen werden in Abhängigkeit
von den sie beeinflussenden Variablen, die das Unternehmen entweder direkt kontrollieren kann (z.B.
absatzpolitische Instrumente) oder nicht direkt kontrollieren kann (z. B. Zeit), prognostiziert.

Grundsätzlich kann eine Prognose des Absatzes   *Absatz*
quantitativ auf der Basis mathematischer Verfahren
(z.B. Trendextrapolation) oder qualitativ durch Exper-
tenschätzung durchgeführt werden.

Anwendung

Produktions-
programmplanung
Lagerfertigung

Die Absatzprognose führt im Rahmen der Produktionsprogrammplanung zur Festlegung der mittel- bis langfristig zu produzierenden Erzeugnisse bei kundenanonymer Fertigung (Lagerfertigung).

Typische Erzeugnisse sind unter anderem Waschmaschinen, Armaturen und Heißwasserspeicher.

Literatur

* Meffert, H.: Marketing, Gabler Verlag Wiesbaden 1986;

** Scheer, A.-W.: Absatzprognosen, Springer-Verlag Berlin Heidelberg u.a. 1983

Alphanumerische Benutzeroberfläche

Definition
Eine alphanumerische Benutzeroberfläche ist dadurch gekennzeichnet, daß sie Bildschirmdarstellungen ausschließlich auf der Basis eines vordefinierten Zeichensatzes mit einer begrenzten Anzahl von Zeichen erlaubt.

Benutzeroberfläche Bildliche Darstellungen müssen bei alphanumerischen Benutzeroberflächen aus einzelnen Zeichen des Zeichensatzes zusammengesetzt werden. Der gebräuchlichste Zeichensatz ist der ASCII-Zeichensatz.

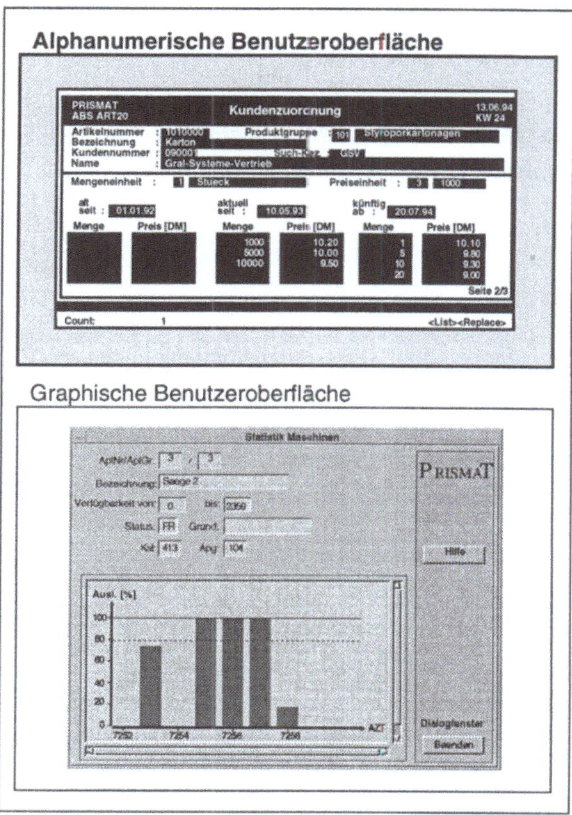

Alternativarbeitsplatz

Definition

siehe Ausweicharbeitsplatz

Anfangstermin

Definition

Der Anfangstermin stellt einen Zeitpunkt dar, zu dem
mit der Ausführung eines Auftrags oder Arbeitsgangs
begonnen werden soll oder begonnen worden ist.

Ecktermin   Früheste und Späteste Anfangstermine werden auch als Ecktermine bezeichnet.

Geplanter   Geplante Anfangstermine zählen zu den Soll-Ter-
Anfangstermin   minen, die rückgemeldeten Anfangstermine stellen Ist-Termine dar.

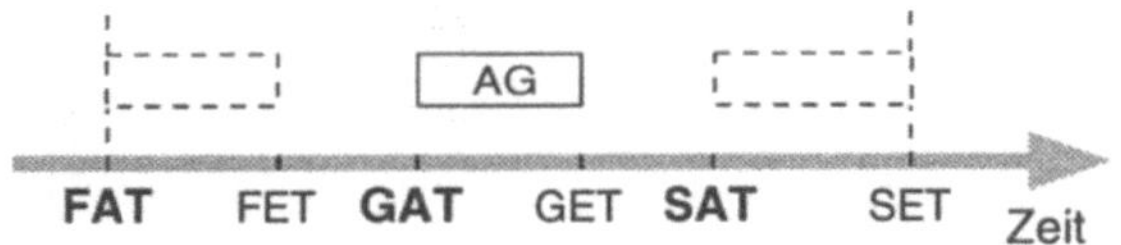

AG = Arbeitsgang
FAT = Frühester Anfangstermin
FET = Frühester Endtermin
GAT = Geplanter Anfangstermin
GET = Geplanter Endtermin
SAT = Spätester Anfangstermin
SET = Spätester Endtermin

Literatur

* VDI-Richtlinie 2815 Blatt 4: Begriffe für die Produktionsplanung und -steuerung - Materialbedarfsermittlung, VDI Verlag Düsseldorf Mai 1978

Animation

Definition

Unter Animation werden Bildfolgen am Computer zur Darstellung von Bewegungseffekten, Abläufen oder Vorgängen verstanden. Von einem zum nächsten Bild der Animation werden nur Details verändert, um somit einen möglichst flüssigen Übergang zu erhalten.

Anwendung

Computer   Mit Hilfe der Animation kann z.B. der Realablauf in einem bestimmten Fertigungsbereich am Computer dargestellt werden. Dazu kann der Fertigungsfortschritt bzw. -vorgang graphisch im realitätsnahen Anlagenabbild auf dem Bildschirm animiert werden. Darüber hinaus werden die Ergebnisse einer Simulation dynamischer Vorgänge in der Regel mit Hilfe der Animation dargestellt.

Beispiel
Das nachfolgende Bild zeigt die Animation eines Prozeßablaufs in der Textilfertigung.

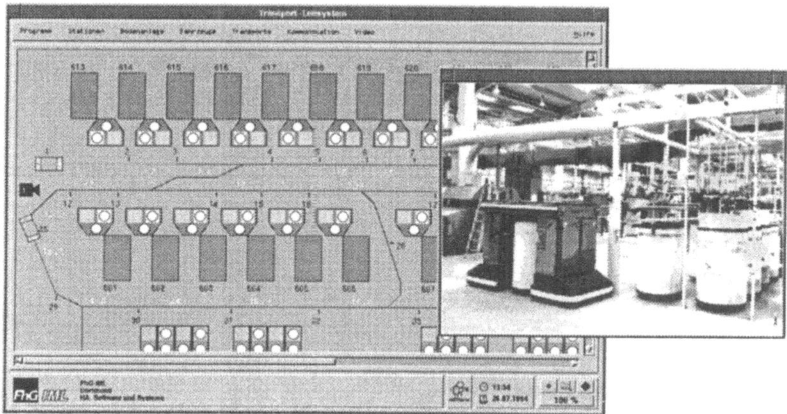

Anwendungsprogramm

Definition
Ein Anwendungsprogramm ist eine Software, die für einen bestimmten Anwendungszweck realisiert ist.

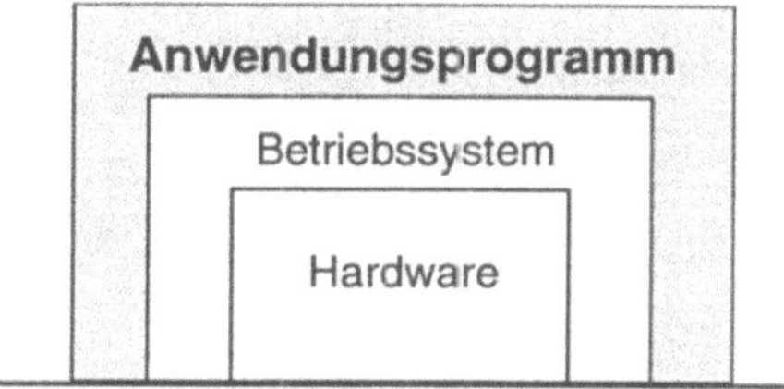

Software Der Anwendungsbezug der Software entsteht durch Modifikation von Standardsoftwarepaketen oder durch Individualprogrammierung.

Beispiel
Lagerbestandsverwaltung, Tabellenkalkulation, Fertigungsleitstand.

Synonyme
Applikation

Literatur
Duden Informatik, Bibliographisches Institut & F. A. Brockhaus AG Mannheim 1993;
* Grieser, F.; u.a.: Computer Lexikon, Deutscher Taschenbuch Verlag München 1994

Applikation

Definition
siehe Anwendungsprogramm

Arbeitsablauf

Definition
Der Arbeitsablauf bezeichnet das räumliche und zeitliche Zusammenwirken von Mensch, Arbeitsmittel, Arbeitsgegenstand, Energie und Information in einem Arbeitssystem.

Arbeitssystem Bei dieser Definition sind im engeren Sinne mit Arbeitsmittel die Fertigungsmittel sowie die Betriebs- und Rohstoffe im Arbeitssystem und mit Arbeitsgegenstand das Werkstück gemeint.

Literatur

DIN 33400: Gestalten von Arbeitssystemen nach   *
arbeitswissenschaftlichen Erkenntnissen, Okt. 1983

Arbeitsbelegerstellung

Definition

siehe Auftragspapiererstellung

Arbeitsgang

Definition

Der Arbeitsgang stellt einen einzelnen Arbeitsschritt
innerhalb eines gesamten Fertigungsablaufs dar.

Ein Arbeitsgang wird vollständig an einem Arbeits-   *Arbeitsplatz*
platz durchgeführt. Ein Fertigungsauftrag setzt sich in   *Fertigungsauftrag*
der Regel aus mehreren einzeln durchzuführenden   *Arbeitsplan*
Arbeitsgängen zusammen. Die Reihenfolge der Arbeitsgänge sowie alle zur Durchführung des Arbeitsgangs notwendigen Angaben sind im Arbeitsplan
enthalten.

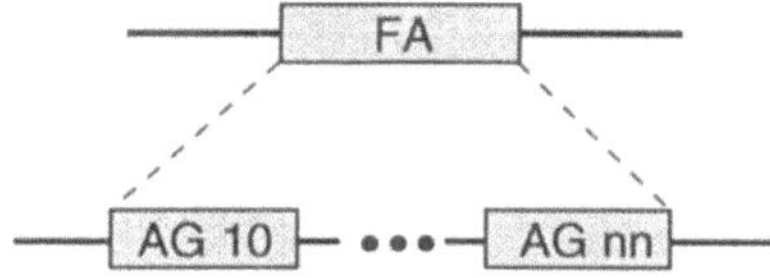

Legende:
AG = Arbeitsgang
FA = Fertigungsauftrag

In der rechnergestützten Produktionsplanung und   *Auftrag*
-steuerung stellt der Begriff "Arbeitsgang" häufig
einen Auftrag für die Fertigung dar.

Beispiel
Die Durchführung des Fertigungsauftrags "Herstellung einer Spindel für einen Korkenzieher" beinhaltet die Arbeitsgänge:

- Sägen (des Stangenmaterials),
- Fräsen (der Spindel),
- Vergüten.

Synonyme
Arbeitsvorgang

Literatur
* Mai, W.; u.a.: CIM Marktübersicht: Fertigungs- und Personalleitstand, Vieweg-Verlag Braunschweig Wiesbaden 1992;
VDI-Gesellschaft Produktionstechnik (Hrsg.): Lexikon der Produktionsplanung und -steuerung, VDI Verlag Düsseldorf 1992

Arbeitsgangdurchlaufzeit

Definition
Die Arbeitsgangdurchlaufzeit bezeichnet die Zeit zwischen der Beendigung eines Arbeitsgangs und der Beendigung des unmittelbar nachfolgenden Arbeitsgangs eines Fertigungsauftrags.

Durchlaufzeit Die Arbeitsgangdurchlaufzeit ist die kleinste Einheit der Durchlaufzeit.

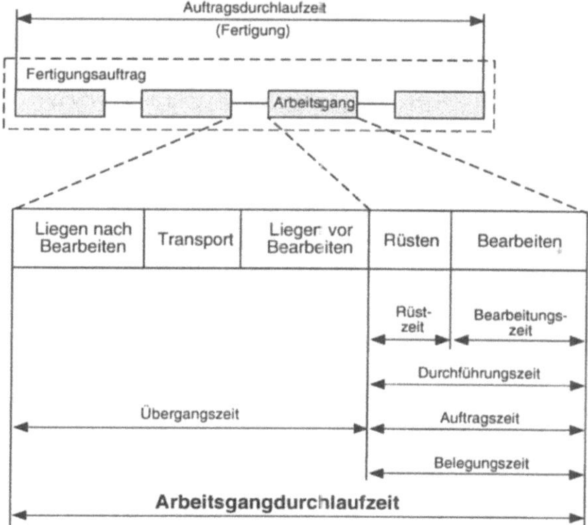

Synonyme

Partielle Durchlaufzeit,

Vorgangsbezogene Durchlaufzeit

Literatur

Heinemeyer, W.: Durchlaufzeiten, in: Handwörter-
buch der Produktionswirtschaft, Hrsg. Kern, W.,
Poeschel Verlag Stuttgart 1979;
Strack, M.: Organisatorische Gestaltung einer zen-   *
tralen Werkstattsteuerung, Springer-Verlag Berlin
Heidelberg u.a. 1987

Arbeitsgangfolge

Definition

Eine Arbeitsgangfolge bezeichnet die logische
Zusammenfassung von Arbeitsgängen, die an einem
Arbeitsplatz oder in einem Fertigungsbereich zusam-
menhängend gefertigt werden können.

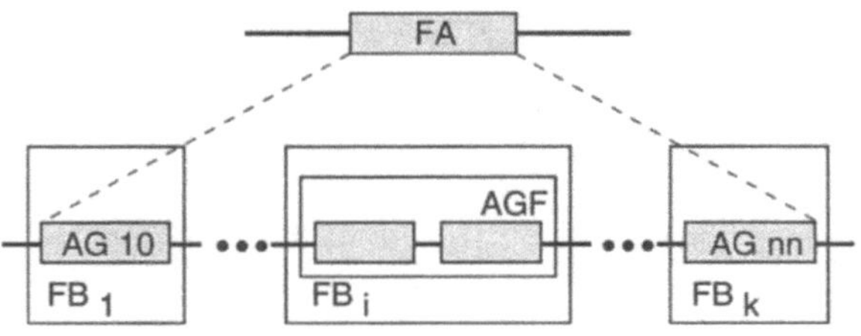

Legende:

AG = Arbeitsgang
AGF = Arbeitsgangfolge
FA = Fertigungsauftrag
FB = Fertigungsbereich

Literatur

* Mai, W.; u.a.: CIM Marktübersicht: Fertigungs- und Personalleitstand, Vieweg-Verlag Braunschweig Wiesbaden 1992

Arbeitsmittel

Definition

Unter Arbeitsmittel werden Betriebsmittel und Material verstanden, die in einem Arbeitssystem eingesetzt werden.

Betriebsmittel
Material

Bei dieser Definition sind im engeren Sinne mit Betriebsmittel die Fertigungsmittel und mit Material die Betriebs- und Rohstoffe gemeint.

Arbeitssystem

Arbeitsmittel müssen dem Arbeitssystem nicht fest zugeordnet sein.

Literatur

* DIN 33400: Gestalten von Arbeitssystemen nach arbeitswissenschaftlichen Erkenntnissen, Okt. 1983

Arbeitspapiererstellung

Definition
siehe Auftragspapiererstellung

Arbeitsplan

Definition
Der Arbeitsplan enthält alle Angaben, die zur Herstellung eines Erzeugnisses, einer Baugruppe oder eines Teils erforderlich sind.

Im Arbeitsplan sind alle notwendigen Arbeitsgänge mitsamt der erforderlichen Abarbeitungsreihenfolge beschrieben. Aus dem Arbeitsplan gehen unter anderem das zu verwendende Material und für jeden Arbeitsgang der Arbeitsplatz, die Betriebsmittel sowie die Vorgabezeiten hervor.

Material
Arbeitsgang
Arbeitsplatz
Betriebsmittel
Vorgabezeit

Der Arbeitsplan wird von der Arbeitsvorbereitung im Rahmen der Arbeitsplanung erstellt und ist neben der Zeichnung und der Stückliste die zentrale Unterlage für die Fertigung und Montage.

Arbeitsvorbereitung
Stückliste

Der nach Form und Inhalt unterschiedliche Aufbau von Arbeitsplänen führt zu verschiedenen Arbeitsplanarten.

Arbeitsplanart

Beispiel
Das folgende Bild verdeutlicht den allgemeinen Aufbau und Inhalt eines Arbeitsplans.

Arbeitsplan							
Benennung:		Arbeitsplan-Nr.:			Zeichnungs-Nr.:		
Werkstoff:		Rohform:			Abmessung:		
Auftrags-Nr.:		Auftragsmenge:			Start- termin:		End- termin:
Arbeits- gang- Nr.	Arbeits- gangbe- schreibung	Maschinen- gruppe	Kosten- stelle	Fertigungs- mittel	Lohn- gruppe	Rüst- zeit	Stück- zeit

Synonyme

Fertigungsplan

Literatur

* Brankamp, K.: Handbuch der modernen Fertigung
** und Montage, Verlag moderne industrie München
1975;

* Eversheim, W.: Organisation in der Produktions-
** technik - Bd. 3: Arbeitsvorbereitung, VDI Verlag
Düsseldorf 1989;

* Geitner, U. W.: Betriebsinformatik für Produktions-
** betriebe - Teil 3: Methoden der Produktionsplanung
und -steuerung, Carl Hanser Verlag München Wien
1987

Arbeitsplanart

Definition

Mit der Arbeitsplanart wird der nach Form oder Inhalt
unterschiedliche Aufbau von Arbeitsplänen klassifiziert.

Die Einteilung der Arbeitspläne erfolgt nach der Darstellungsform und dem Verwendungszweck.

Arbeitsplan

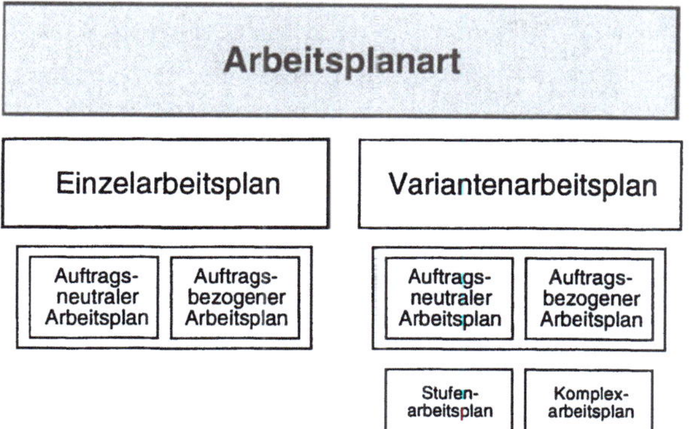

Grundsätzlich unterscheidet man Einzel- und
Variantenarbeitspläne. Diese lassen sich wiederum in
auftragsbezogene und auftragsneutrale Arbeitspläne
einteilen. Im Gegensatz zum Variantenarbeitsplan bezieht sich der Einzelarbeitsplan auf einen bestimmten
Herstellungsvorgang einzelner Teile und Baugruppen.
Der auftragsbezogene Arbeitsplan entsteht aus dem
auftragsneutralen Arbeitsplan durch Hinzufügen von
Auftragsdaten.

Einzelarbeitsplan

Variantenarbeitsplan

Auftragsbezogener
Arbeitsplan

Auftragsneutraler
Arbeitsplan

Literatur

Brankamp, K.: Handbuch der modernen Fertigung
und Montage, Verlag moderne industrie München
1975;
Geitner, U. W.: Betriebsinformatik für Produktionsbetriebe - Teil 1: Grundlagen der Informationsverarbeitung, Carl Hanser Verlag München Wien 1983;

**

** Geitner, U. W.: Betriebsinformatik für Produktionsbetriebe - Teil 3: Methoden der Produktionsplanung
und -steuerung, Carl Hanser Verlag München Wien
1987

Arbeitsplanung

Definition
Die Arbeitsplanung umfaßt alle einmalig auftretenden
Planungsmaßnahmen, welche unter ständiger Berücksichtigung der Wirtschaftlichkeit die fertigungsge-
rechte Herstellung eines Erzeugnisses bzw. Produktes
sichern.

Arbeitsplan Die Arbeitsplanung legt insbesondere fest, wie und
womit die Herstellung eines Teils, einer Baugruppe
oder eines Erzeugnisses erfolgen soll. Das bezieht
sich allgemein auf die Festlegung des Arbeitsablaufes
und auf alle Maßnahmen, die die Durchführung des
Arbeitsablaufes ermöglichen. Das Ergebnis der
Arbeitsplanung ist in diesem Zusammenhang der
Arbeitsplan.

Im Vorfeld dieser kurzfristigen Planungsaufgabe
deckt die Arbeitsplanung auch mittel- bis langfristige
Aufgaben wie z.B. Kostenplanung oder Methoden-
planung ab.

Arbeitsvorbereitung Die Arbeitsplanung ist ein Teilbereich der Arbeitsvorbereitung.

In Fertigungsbetrieben wird statt des Begriffs
"Arbeitsplanung" auch der Begriff "Fertigungsplanung" verwendet.

Beispiel

Typische Aufgaben der Arbeitsplanung sind:

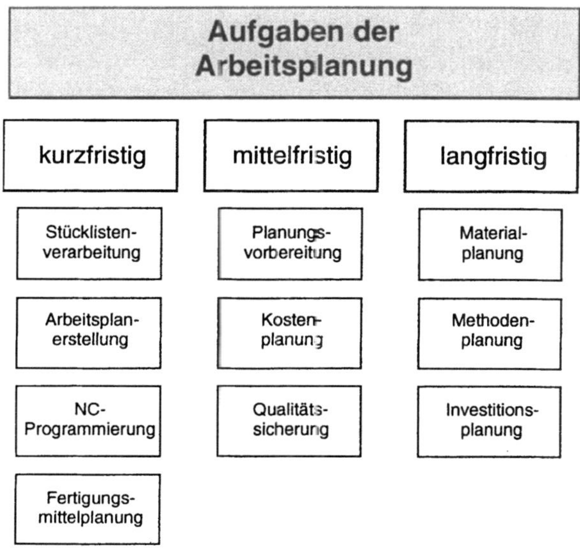

Literatur

AWF; REFA (Hrsg.): Handbuch der Arbeitsvor-
bereitung - Teil 1: Arbeitsplanung, Beuth Verlag
Berlin;
Eversheim, W.: Organisation in der Produktions-   *
technik - Bd. 3: Arbeitsvorbereitung, VDI Verlag   **
Düsseldorf 1989;
Neipp, G.; u.a. (Hrsg.): Einführung in die CIM-Praxis
- Rechnerintegrierte Produktion, VDI-Verlag Düssel-
dorf 1991

Arbeitsplatz

Definition

Allgemein ist der Arbeitsplatz der räumliche Bereich
in einem Arbeitssystem, in dem die Arbeitsaufgabe
verrichtet wird.

Arbeitsgang

Der Arbeitsplatz stellt damit einen Ort in der Fertigung dar, an dem Arbeitsgänge durchgeführt werden. An einem Arbeitsplatz wirken Mensch und Betriebsmittel im Sinne der Durchführung des Arbeitsgangs zusammen.

Handarbeitsplatz
Maschinenarbeitsplatz
Arbeitssystem
Vorgabezeit

Es werden manuelle Arbeitsplätze (Handarbeitsplätze) und maschinelle Arbeitsplätze (Maschinenarbeitsplatz) in einem Arbeitssystem unterschieden. Im Rahmen der Produktionsplanung und -steuerung ist die Unterteilung nach Hand- und Maschinenarbeitsplätzen für die Ermittlung von Vorgabezeiten bzw. Durchlaufzeiten wichtig.

Arbeitsplatzgruppe

Gleichartige Arbeitsplätze können zu Arbeitsplatzgruppen zusammengefaßt werden.

Literatur

* DIN 33400: Gestalten von Arbeitssystemen nach arbeitswissenschaftlichen Erkenntnissen, Okt. 1983

Arbeitsplatzgruppe

Definition
Eine Arbeitsplatzgruppe ist die Zusammenfassung mehrerer (gleichartiger) Arbeitsplätze, an denen im Sinne der Auftragsbearbeitung ähnliche oder sogar gleiche Funktionen durchgeführt werden können.

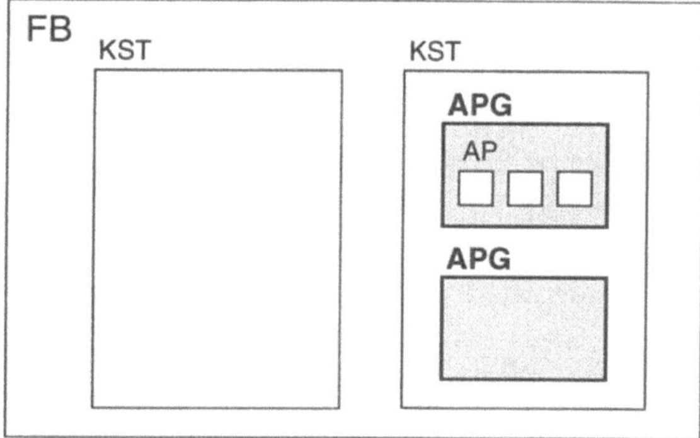

Legende:
AP   = Arbeitsplatz
APG = Arbeitsplatzgruppe
FB   = Fertigungsbereich
KST = Kostenstelle

Arbeitsplätze einer Arbeitsplatzgruppe müssen nicht zwingend räumlich zusammen liegen, sie können räumlich auch getrennt voneinander sein. Bei Arbeitsplatzgruppen besteht grundsätzlich die Möglichkeit, einen Arbeitsgang an jedem Arbeitsplatz einer Arbeitsplatzgruppe auszuführen.

Arbeitsplatz

Diese Definition gilt analog für Gruppen von Handarbeitsplätzen (Handarbeitsplatzgruppen) und Maschinenarbeitsplätzen (Maschinengruppen).

Literatur
Mai, W.; u.a.: CIM Marktübersicht: Fertigungs- und Personalleitstand, Vieweg-Verlag Braunschweig Wiesbaden 1992

*

Arbeitssteuerung

Definition
Die Arbeitssteuerung umfaßt allgemein alle Maßnahmen, die für die Auftragsabwicklung erforderlich sind.

Arbeitsplanung Die Aufgaben der Arbeitssteuerung basieren auf der Arbeitsplanung und bestehen in der Festlegung, wieviel, wann, wo und durch wen die Herstellung eines Teils, einer Baugruppe oder eines Erzeugnisses erfolgen soll. Dies bezieht sich allgemein auf die termin-, kapazitäts- und mengenorientierte Planung und Steuerung der Arbeitsabläufe.

Arbeitsvorbereitung Die Arbeitssteuerung ist ein Teilbereich der Arbeitsvorbereitung.

Fertigungssteuerung In Fertigungsbetrieben ist statt des Begriffs "Arbeitssteuerung" der Begriff "Fertigungssteuerung" gebräuchlich.

Literatur
AWF; REFA (Hrsg.): Handbuch der Arbeitsvorbereitung - Teil 1: Arbeitsplanung, Beuth Verlag Berlin;
* Eversheim, W.: Organisation in der Produktionstechnik - Bd. 3: Arbeitsvorbereitung, VDI Verlag Düsseldorf 1989;
** technik
Neipp, G.; u.a. (Hrsg.): Einführung in die CIM-Praxis - Rechnerintegrierte Produktion, VDI-Verlag Düsseldorf 1991

Arbeitssystem

Definition
Ein Arbeitssystem dient der Erfüllung einer Arbeitsaufgabe.

Arbeitsmittel Die Arbeitsaufgabe kennzeichnet den Zweck des
Arbeitsplatz Arbeitssystems. In einem Arbeitssystem wirken Mensch und Arbeitsmittel im Arbeitsablauf am Arbeitsplatz.

Beispiel
Arbeitsplatz, Arbeitsplatzgruppe, Werkstatt

Literatur
DIN 33400: Gestalten von Arbeitssystemen nach   *
arbeitswissenschaftlichen Erkenntnissen, Okt. 1983

Arbeitsteilung

Definition
Unter Arbeitsteilung versteht man die Aufgliederung
einer Gesamtaufgabe in einzelne Teilaufgaben verbunden mit einer Zuordnung der Teilaufgaben zu organisatorischen Einheiten.

Die aus funktionaler Arbeitsteilung resultierenden
Organisationsformen sind durch eine deutliche Tren-
nung der dispositiven und operativen Abläufe, genau
abgegrenzte Arbeitsinhalte und mehrere Hierarchiestufen gekennzeichnet.

Das Prinzip der Arbeitsteilung geht auf Taylor zurück
und wird daher auch als Taylorsches Prinzip oder
Taylorismus bezeichnet.

Im Gegensatz zur Arbeitsteilung steht die Organi-   *Gruppenarbeit*
sationsform der Gruppenarbeit.

Literatur
Frese, E.: Arbeitsteilung und -bereicherung, in: **
Handwörterbuch der Produktionswirtschaft, Hrsg.
Kern, W., Poeschel Verlag Stuttgart 1979;
Nedeß, Ch. (Hrsg.): Von PPS zu CIM, Springer-
Verlag Berlin Heidelberg u.a. und Verlag TÜV
Rheinland Köln 1992

Arbeitsverteilung

Definition

Unter Arbeitsverteilung wird die Zuordnung bzw. Weiterleitung der Aufträge zu den vorgesehenen Arbeitsplätzen gemäß der Reihenfolge verstanden, wie sie durch die Reihenfolgeplanung vorgegeben ist. Das Ziel der Arbeitsverteilung ist, daß die Auftragsdurchführung termingemäß begonnen und beendet werden kann.

Anwendung

Reihenfolgeplanung In einem DV-gestützten PPS-Umfeld erfolgt die Arbeitsverteilung automatisch oder halbautomatisch und beinhaltet die Vergabe einzelner oder mehrerer Aufträge (des Planungshorizontes) für einzelne Arbeitsplätze bzw. -gruppen gemäß der Reihenfolgeplanung.

Literatur

Hackstein, R.: Produktionsplanung und -steuerung (PPS), VDI Verlag Düsseldorf 1989;
Jansen, F. J.; u.a.: Rechnergestützte Betriebsorganisation, Springer-Verlag Berlin Heidelberg u.a. 1993

Arbeitsvorbereitung

Definition

Die Arbeitsvorbereitung umfaßt die Gesamtheit aller Maßnahmen einschließlich der Bereitstellung aller erforderlichen Unterlagen für Arbeitsgegenstand, Menschen und Betriebsmittel mit dem Ziel, durch Planung, Steuerung und Überwachung für die Fertigung von Erzeugnissen und die Gestaltung von Abläufen jeder Art ein Optimum aus Aufwand und Arbeitsergebnis zu erreichen.

Die Arbeitsvorbereitung wird in die Teilbereiche Arbeitsplanung und Arbeitssteuerung untergliedert.

Arbeitsplanung
Arbeitssteuerung

In Fertigungsbetrieben ist statt des Begriffs "Arbeitsvorbereitung" auch der Begriff "Fertigungsvorbereitung" gebräuchlich.

Literatur
Eversheim, W.: Organisation in der Produktionstechnik - Bd. 3: Arbeitsvorbereitung, VDI Verlag Düsseldorf 1989;
Neipp, G.; u.a. (Hrsg.): Einführung in die CIM-Praxis - Rechnerintegrierte Produktion, VDI-Verlag Düsseldorf 1991

*
**

Arbeitsvorgang

Definition
siehe Arbeitsgang

Arbeitsvorrat

Definition
Der Arbeitsvorrat umfaßt alle Aufträge bzw. Arbeitsgänge, die für einen Arbeitsplatz oder eine Arbeitsplatzgruppe vorgesehen und freigegeben sind, deren Bearbeitung jedoch noch nicht begonnen wurde.

Anwendung
In der elektronischen Plantafel eines Fertigungsleitstands bezeichnet der Arbeitsvorrat den Darstellungsbereich, in dem die vom PPS-System übernommenen Aufträge bzw. Arbeitsgänge visualisiert werden. Diese sind im Leitstand noch nicht eingeplant.

Fertigungsleitstand
Auftrag

Synonyme
Auftragspool,
Auftragsvorrat

Arbeitszähltag

Definition
siehe Betriebskalender

Arbeitszeitmodell

Definition
siehe Schichtenmodell

Arbeitszuteilung

Definition
siehe Zuteilung

Artikel

Definition
Der Artikel bezeichnet im allgemeinen das verkaufs-
fähige Produkt bzw. Erzeugnis und ist ein eher
vertriebsorientierter Begriff.

Auftrag

Definition
Allgemein ist ein Auftrag die Aufforderung an eine organisatorische Einheit, eine bestimmte Aufgabe zu bearbeiten.

Mit einem Auftrag wird festgelegt, welche Leistung zu welchem Termin zu erbringen ist.

In der Produktionsplanung und -steuerung ist der Begriff "Auftrag" eine häufig verwendete Kurzform für den Fertigungsauftrag und den Arbeitsgang.

Fertigungsauftrag
Arbeitsgang

Beispiel
* Kundenauftrag
  Auftrag zur Lieferung eines Teils.

* Fertigungsauftrag
  Auftrag zur Fertigung eines Teils.

* Transportauftrag
  Auftrag zum Transport eines Teils.

Literatur
REFA: Methodenlehre der Planung und Steuerung -
Teil 3: Steuerung, Carl Hanser Verlag München 1985;
VDI-Gesellschaft Produktionstechnik (Hrsg.):
Lexikon der Produktionsplanung und -steuerung,
VDI Verlag Düsseldorf 1992

Auftragsabwicklung

Definition
Unter Auftragsabwicklung wird der vollständige Vorgang von der Annahme bis zur Beendigung eines Auftrags verstanden.

Fertigungssteuerung
Fertigungsauftrag
Im Rahmen der Fertigungssteuerung bezieht sich die Auftragsabwicklung im allgemeinen auf die Durchführung von Fertigungsaufträgen und die damit verbundenen Transport-, Handhabungs- und Lagervorgänge.

Auftragsauslösungsart

Definition
Die Auftragsauslösungsart gibt an, durch welchen Vorgang ein für die Produktionsplanung und -steuerung relevanter Auftrag in einem Unternehmen ausgelöst wird.

Die Auftragsauslösungsart beschreibt hinsichtlich der Auslösung des Primärbedarfs die Bindung der Produktion an den Absatzmarkt.

Folgende Auftragsauslösungsarten werden unterschieden:

Kundenauftrag • Fertigung auf Bestellung (Kundenauftrag),
Abrufauftrag • Fertigung auf Bestellung mit Rahmenaufträgen (Abrufauftrag),
Lagerauftrag • Fertigung auf Lager (Lagerauftrag).

Auftrags-auslösungsart	Art der Primärbedarfs-auslösung
Fertigung auf Bestellung	durch Kundenauftrag
Fertigung auf Bestellung mit Rahmen-aufträgen	durch Abrufauftrag
Fertigung auf Lager	durch Lagerauftrag

Literatur

Schomburg, E.: Betriebsindividuelle Einflußgrößen   *
für die Gestaltung und Bewertung von PPS-   **
Systemen, in: PPS-Fachmann, Bd. 4, Hrsg. RKW,
Verlag TÜV Rheinland Köln 1987

Auftragsbestand

Definition

Unter Auftragsbestand wird die Menge der unerledigten Aufträge verstanden.

Der auf die Fertigung bezogene Auftragsbestand wird Fertigungsauftragsbestand genannt.

Literatur

VDI-Richtlinie 2815 Blatt 4: Begriffe für die
Produktionsplanung und -steuerung -
Materialbedarfsermittlung, VDI Verlag Düsseldorf
Mai 1978

Auftragsbezogener Arbeitsplan

Definition
Der auftragsbezogene Arbeitsplan enthält alle Angaben, die zur Herstellung eines Teils, einer Baugruppe oder eines Erzeugnisses benötigt werden.

Auftrag Neben den allgemeinen Angaben des auftragsneutralen Arbeitsplans werden Angaben zu einem bestimmten Fertigungsauftrag gemacht. Auf Basis dieser Angaben kann der Auftrag vollständig bearbeitet werden.

Anwendung
Auf der Basis eines auftragsneutralen Arbeitsplans wird durch Erweiterung um die auftragsspezifischen Angaben (Auftragsnummer, Menge und Termine etc.) ein auftragsbezogener Arbeitsplan erstellt.

Diese Vorgehensweise wird bei fast allen Fertigungsarten angewendet. Eine Ausnahme bildet die Einmalfertigung. Hierbei wird sofort ein auftragsbezogener Arbeitsplan erstellt, d.h. die Erstellung eines auftragsneutralen Arbeitsplans entfällt.

Die in den Arbeitsplänen enthaltenen Start- und Endtermine werden häufig in Arbeitszähltagen angegeben.

Beispiel

Arbeitsplan

Benennung:	Arbeitsplan-Nr.:	Zeichnungs-Nr.:	
Deckel	835 911	78-6981	

Werkstoff:	Rohform:	Abmessung:	
St 50-2	Rundstahl	$\varnothing\,60$	

Auftrags-Nr.:	Auftragsmenge:	Start-termin:	End-termin:
124048	3000	1024	1027

Arbeits-gang-Nr.	Arbeits-gangbe-schreibung	Maschinen-gruppe	Kosten-stelle	Fertigungs-mittel	Lohn-gruppe	Rüst-zeit	Stück-zeit
10	Innendrehen	Drehen Gruppe 57	710	Vierbackenfutter/ Innendrehmeißel	3	15	3
	Stirnfläche plandrehen			Drehmeißel			
20	4 Löcher bohren	Bohren Gruppe 87	712	Bohrvorrichtung Bohrer	3	20	5
	und senken		712	Senker			
30	2 Flächen fräsen	Fräsen Gruppe 12	721	Fräsvorrichtung Fräser	4	15	4

Literatur

Brankamp, K.: Handbuch der modernen Fertigung *
und Montage, Verlag moderne industrie München **
1975;
Eversheim, W.: Organisation in der Produktionstechnik - Bd. 3: Arbeitsvorbereitung, VDI Verlag
Düsseldorf 1989;
Geitner, U. W.: Betriebsinformatik für Produktions- *
betriebe - Teil 3: Methoden der Produktionsplanung **
und -steuerung, Carl Hanser Verlag München Wien
1987

Auftragsdaten

Definition
Die Auftragsdaten umfassen alle Daten, die zur Verwaltung von Aufträgen erforderlich sind.

Beispiel
- Fertigungsauftrag
  Fertigungsauftrags-Nr., Material-Nr., Kostenstellen-/ Arbeitsplatzgruppe-Nr., Arbeitsgangbezeichnung, Vorgabezeiten.

- Transportauftrag
  Transportauftrag-Nr., Ort zum Materialabtransport (Quell-Ort), Ort zum Materialantransport (Ziel-Ort).

Auftragsdisposition

Definition
siehe Reihenfolgeplanung

Auftragsdurchlauf

Definition
Unter Auftragsdurchlauf versteht man die vollständige Abwicklung eines Auftrags von der Freigabe zur Durchführung, über die Materialbereitstellung und Bearbeitung bis zur Fertigstellung.

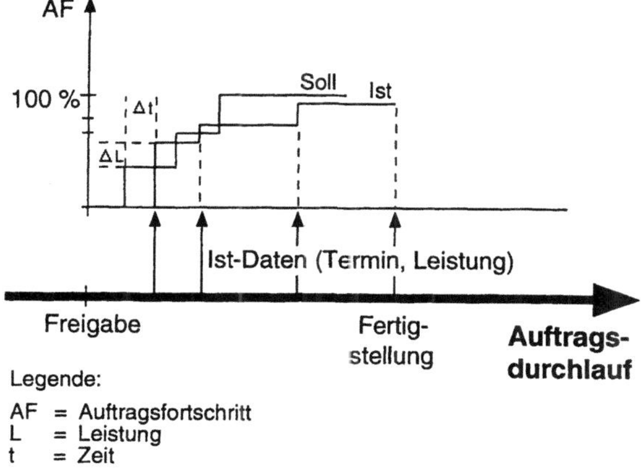

Da im Bereich der Fertigung der Auftragsdurchlauf
im allgemeinen DV-gestützt ist, ist in Erweiterung
dieser Begriffsdefinition auch der zugehörige Informationsfluß in und zwischen den beteiligten DV-
Systemen zu berücksichtigen.

Beispiel

Bei Zusammenwirken eines zentralen PPS-Systems,
DV-Systemen zur Lagerverwaltung und Transportsystemsteuerung sowie eines dezentralen Fertigungs-
leitsystems stellt sich der Auftragsdurchlauf wie folgt
dar:

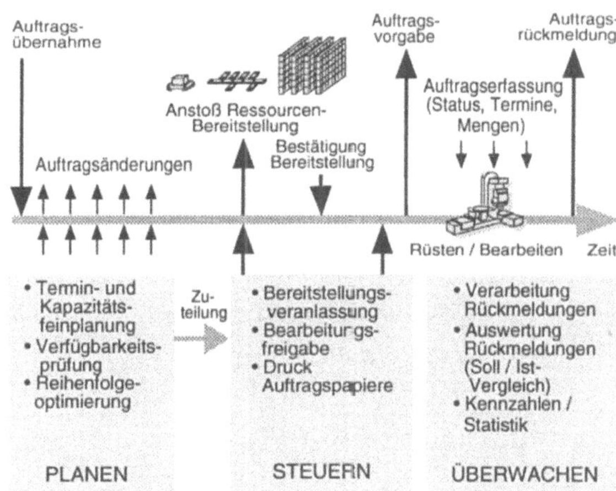

Die vom PPS-System freigegebenen Aufträge werden vom Leitsystem übernommen und im Baustein "Planen" einer Reihenfolgeplanung unterzogen. Dabei wird die grundsätzliche Machbarkeit eines Auftrags hinsichtlich der vom PPS-System vorgegebenen Ecktermine überprüft. Eventuell auftretende Ecktermin-Verletzungen werden - je nach DV-Konzept - dem PPS-System gemeldet. Im Rahmen der Verfügbarkeitsprüfung für die benötigten Betriebsmittel und das Material findet eine Kommunikation mit den zuständigen Verwaltungssystemen statt. Sie beinhaltet ggf. eine Reservierung.

Mit der Zuteilung wird die in der Planung festgesetzte Abarbeitungsreihenfolge auf den einzelnen Arbeitsplätzen festgeschrieben (fixiert).

Der Baustein "Steuern" hat u.a. die Aufgabe, die Bereitstellung der benötigten Ressourcen zu veranlassen. Dazu erfolgt eine Beauftragung der vorhandenen DV-Systeme zur Lagerverwaltung und Transportsystemsteuerung, die Ressourcen auszulagern, ggf. zu kommissionieren und am vorgesehenen Arbeitsplatz bereitzustellen. Bis zum Bearbeitungsstart erfolgt die Überwachung der Bereitstellung. Nach Bestätigung der Bereitstellung durch die Transportsystemsteuerung wird die Auftragsfreigabe durchgeführt und ggf. der Druck von Auftragspapieren angestoßen.

Im Baustein "Überwachen" wird der Auftragsfortschritt aufgrund von BDE-/MDE-Rückmeldungen überwacht und im Leitsystem visualisiert. Nach Beendigung der Bearbeitung werden die Fertigmeldungen auftragsbezogen an das PPS-System rückgemeldet.

Literatur

Hoff Industrie Rationalisierung GmbH (Hrsg.): HIR   **
Marktstudie "Elektronische Leitstände" , Wiesbaden
1991;

Ploenzke-Informatik (Hrsg.): Fertigungsleitstand   *
Report, Kiedrich 1990   **

Auftragsdurchlaufzeit

Definition

Die Auftragsdurchlaufzeit bezeichnet die Zeitspanne
zwischen der Freigabe des ersten Arbeitsgangs und
dem Abschluß des letzten Arbeitsgangs eines (Ferti-
gungs-)Auftrags.

Die Auftragsdurchlaufzeit ergibt sich damit aus der   *Durchlaufzeit*
Summe der Durchlaufzeiten der einzelnen (dem Auf-
trag zugehörigen) Arbeitsgänge. Allgemein wird zur
Veranschaulichung das folgende Bild verwendet,
wobei der Zeitraum zwischen Freigabe und Start des
ersten Arbeitsgangs nicht dargestellt wird.

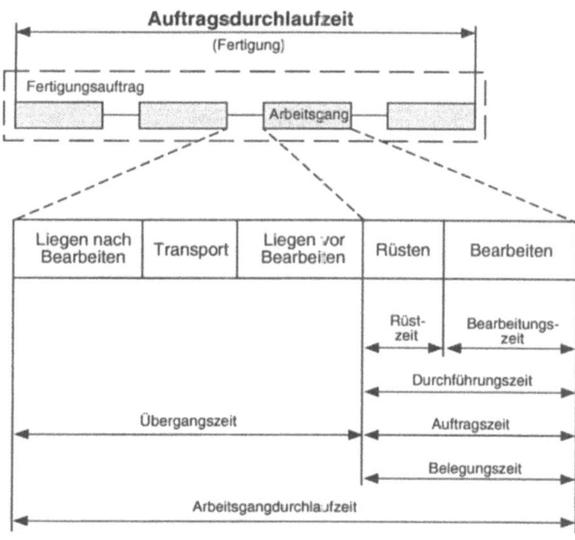

Synonyme
Globale Durchlaufzeit

Literatur
Heinemeyer, W.: Durchlaufzeiten, in: Handwörterbuch der Produktionswirtschaft, Hrsg. Kern, W., Poeschel Verlag Stuttgart 1979;
RKW (Hrsg.): PPS-Fachmann, Grundlagen, Planung, Steuerung - Bd. 5: Steuerung, Verlag TÜV Rheinland Köln 1987;
* Strack, M.: Organisatorische Gestaltung einer zentralen Werkstattsteuerung, Springer-Verlag Berlin Heidelberg u.a. 1987

Auftragsfertigung

Definition
Bei der Auftragsfertigung wird die Produktion unmittelbar durch einen Kundenauftrag ausgelöst.

Lagerfertigung
Fertigungsart
Die Fertigung erfolgt im Gegensatz zur Lagerfertigung mit einem konkreten Kundenbezug. Auftragsfertigung liegt im allgemeinen bei den Fertigungsarten Einmalfertigung sowie der Einzel- und Kleinserienfertigung vor.

Abrufauftrag
Abrufaufträge nehmen in diesem Zusammenhang eine besondere Rolle ein, da sie zwar einen konkreten Kundenbezug aufweisen, jedoch nicht unmittelbar zur Produktion führen.

Synonyme
Kundenbezogene Fertigung

Literatur
* Dorninger, C.; u.a.: PPS Produktionsplanung und -steuerung, Ueberreuter Verlag Wien 1990

Auftragsfortschritt

Definition

Unter Auftragsfortschritt versteht man allgemein, inwieweit ein vorgegebener Auftrag abgearbeitet ist.

Der Auftragsfortschritt wird damit anhand von Ist-
Daten über Termine und die bis dahin erbrachte
Leistung ermittelt.

*Auftragsfortschritts-
überwachung*

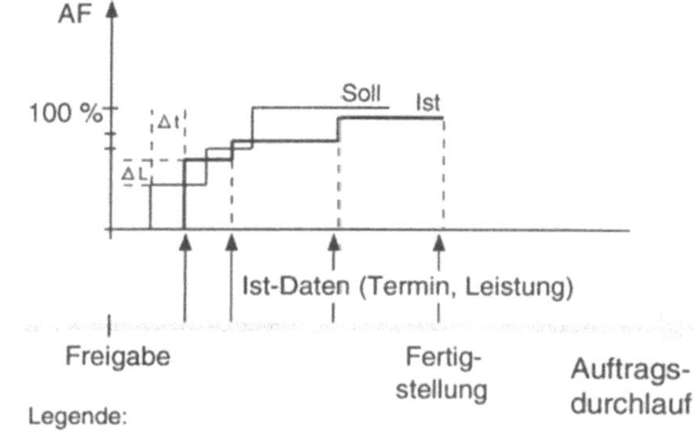

Die Ist-Daten werden im Rahmen der Auftragsfortschrittsüberwachung den Soll-Daten gegenübergestellt und durch Soll-Ist-Vergleich ausgewertet.

Der Fortschritt von Aufträgen in der Fertigung wird
auch als Fertigungsfortschritt bezeichnet.

Literatur

Dorninger, C.; u.a.: PPS Produktionsplanung und
-steuerung, Ueberreuter Verlag Wien 1990

Auftragsfortschrittsüberwachung

Definition

Unter Auftragsfortschrittsüberwachung versteht man die Kontrolle des Bearbeitungsstandes von Aufträgen. Sie beinhaltet ebenfalls einen Vergleich der auftragsbezogen vorgegebenen Soll-Daten mit den erfaßten Ist-Daten (Soll-Ist-Vergleich) sowie die daraus bei Planabweichungen resultierenden Steuerungsmaßnahmen.

Auftragsfortschritt
Auftragsüberwachung

Die Ermittlung des Auftragsfortschritts setzt eine Betriebsdatenerfassung voraus. In der Regel wird der Fortschritt an bestimmten Kontrollstellen im Auftragsdurchlauf erfaßt. Bei der Überwachung von Fertigungsaufträgen (Auftragsüberwachung) können die Kontrollstellen mit den Arbeitsplätzen identisch sein. Zu dem jeweiligen Arbeitsgang werden die Ist-Daten über Termine (Anfangs- und Endtermin) und Mengen erfaßt.

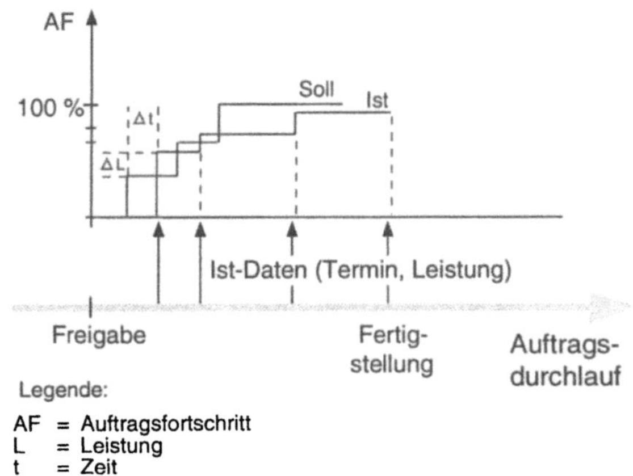

Oft werden die Ist-Daten nicht zu jedem einzelnen Arbeitsgang eines Fertigungsauftrags ermittelt, sondern nur bei Erreichen eines bestimmten "Meilensteins" im Auftragsdurchlauf (Meilenstein-Arbeitsgang).

Die Fortschrittsüberwachung von Fertigungsaufträgen wird auch Fertigungsfortschrittsüberwachung genannt.

Literatur
Dorninger, C.; u.a.: PPS Produktionsplanung und -steuerung, Ueberreuter Verlag Wien 1990;
Glaser, H.; u.a.: PPS Produktionsplanung und -steuerung - Grundlagen, Konzepte, Anwendungen, Gabler Verlag Wiesbaden 1992;
Hackstein, R.: Produktionsplanung und -steuerung (PPS), VDI Verlag Düsseldorf 1989

Auftragsfreigabe

Definition
Die Auftragsfreigabe erfolgt für Aufträge, die vorgegebene Kriterien erfüllen, und daher für eine nachfolgende Planungsstufe oder aber direkt an die Produktion weitergegeben werden können.

Die Freigabekriterien beziehen sich im allgemeinen auf den Anfangstermin der Aufträge und die Verfügbarkeit benötigter Betriebsmittel (meist im engeren Sinne Fertigungsmittel) sowie auf die Materialverfügbarkeit.

Die Kontrolle der Verfügbarkeit wird im Rahmen der Verfügbarkeitsprüfung vorgenommen.   *Verfügbarkeitsprüfung*

Die Freigabe von Fertigungsaufträgen wird Fertigungsauftragsfreigabe genannt.

Je nach Fertigungs- und Systemumgebung kann mit der Freigabe auch eine Reservierung der für den Auftrag benötigten Betriebsmittel oder des Materials verbunden sein.

Beispiel
Fertigungsaufträge können dann freigegeben werden, wenn deren Anfangstermine in einen definierten Freigabehorizont (z.B. 2 Tage) fallen und die auftragsbezogen notwendigen Werkzeuge und Vorrichtungen (grundsätzlich) sowie Material verfügbar sind.

Synonyme
Freigabe

Literatur
Dorninger, C.; u.a.: PPS Produktionsplanung und -steuerung, Ueberreuter Verlag Wien 1990;
Wiendahl, H.-P.: Belastungsorientierte Fertigungssteuerung, Carl Hanser Verlag München Wien 1987

Auftragsklammerung

Definition
siehe Raffung

Auftragsnetz

Definition
Unter Auftragsnetz versteht man die Vorgänger-Nachfolger-Beziehungen von Arbeitsgängen eines Auftrags.

Lineare Fertigung
Vernetzte Fertigung
Besitzen Arbeitsgänge jeweils nur einen vorausgehenden oder einen nachfolgenden Arbeitsgang, spricht man von linearer Fertigung. Existieren allerdings für einen Arbeitsgang mehrere Vorgänger- oder Nachfolge-Arbeitsgänge, spricht man von vernetzter Fertigung.

Sinngemäß trifft diese Definition auch auf Aufträge zu, für die zusammenhängende Teil-Aufträge festgelegt werden.

Auftragsnetz lineare Fertigung

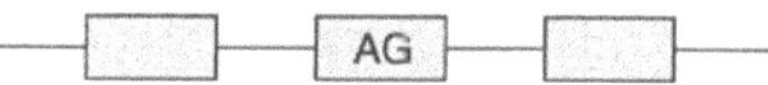

Auftragsnetz vernetzte Fertigung

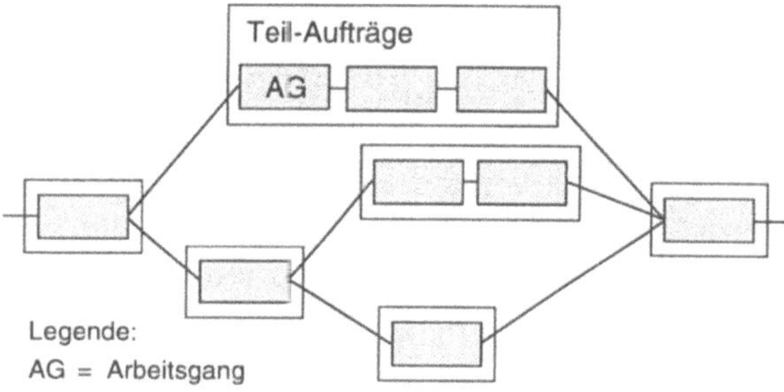

Hilfsmittel zur Termin- und Ablaufplanung eines Auftragsnetzes ist die Netzplantechnik, mit der die Auftrags- bzw. Fertigungsstruktur aufgezeigt und wesentliche Parameter (Abhängigkeiten, Reihenfolgen, Anfangs- und Endtermine) berechnet werden können.

Netzplantechnik

Synonyme
Auftragszusammenhang,
Netzzusammenhang

Auftragsneutraler Arbeitsplan

Definition
Der auftragsneutrale Arbeitsplan enthält alle Angaben, die zur Herstellung von Teilen, Baugruppen oder Erzeugnissen benötigt werden.

Unter anderem werden in einem auftragsneutralen Arbeitsplan folgende Angaben gemacht:

- das zu verwendende Material,
- die Reihenfolge der Arbeitsgänge,
- die Arbeitsgänge mit den dazugehörigen Arbeitsplätzen bzw. Arbeitsplatzgruppen und Kostenstellen,
- die Fertigungsmittel (z.B. Vorrichtungen und Werkzeuge) zu den Arbeitsgängen,
- die Lohngruppen,
- die Vorgabezeiten.

Der auftragsneutrale Arbeitsplan enthält keine Mengenangaben, Termine oder sonstige auftragsspezifischen Daten. Diese Angaben werden erst im auftragsbezogenen Arbeitsplan ergänzt.

Beispiel

<table>
<tr><th colspan="9">Arbeitsplan</th></tr>
<tr><td colspan="3">Benennung:
Deckel</td><td colspan="3">Arbeitsplan-Nr.:
835 900</td><td colspan="3">Zeichnungs-Nr.:
78-6981</td></tr>
<tr><td colspan="3">Werkstoff:
St 50-2</td><td colspan="3">Rohform:
Rundstahl</td><td colspan="3">Abmessung:
⌀ 60</td></tr>
<tr><td colspan="4">Auftrags-Nr.:</td><td colspan="3">Auftragsmenge:</td><td>Start-
termin:</td><td>End-
termin:</td></tr>
<tr><th>Arbeits-
gang-
Nr.</th><th>Arbeits-
gangbe-
schreibung</th><th>Maschinen-
gruppe</th><th>Kosten-
stelle</th><th>Fertigungs-
mittel</th><th>Lohn-
gruppe</th><th>Rüst-
zeit</th><th>Stück-
zeit</th></tr>
<tr><td>10</td><td>Innendrehen</td><td>Drehen
Gruppe 57</td><td>710</td><td>Vierbackenfutter/
Innendrehmeißel</td><td>3</td><td>15</td><td>3</td></tr>
<tr><td></td><td>Stirnfläche
plandrehen</td><td></td><td></td><td>Drehmeißel</td><td></td><td></td><td></td></tr>
<tr><td>20</td><td>4 Löcher
bohren</td><td>Bohren
Gruppe 87</td><td>712</td><td>Bohrvorrichtung
Bohrer</td><td>3</td><td>20</td><td>5</td></tr>
<tr><td></td><td>und senken</td><td></td><td>712</td><td>Senker</td><td></td><td></td><td></td></tr>
<tr><td>30</td><td>2 Flächen
fräsen</td><td>Fräsen
Gruppe 12</td><td>721</td><td>Fräsvorrichtung
Fräser</td><td>4</td><td>15</td><td>4</td></tr>
</table>

Synonyme
Basisarbeitsplan,
Normalarbeitsplan

Literatur
Brankamp, K.: Handbuch der modernen Fertigung   *
und Montage, Verlag moderne industrie München   **
1975;
Eversheim, W.: Organisation in der Produktionstechnik - Bd. 3: Arbeitsvorbereitung, VDI Verlag
Düsseldorf 1989;
Geitner, U. W.: Betriebsinformatik für Produktions-   *
betriebe - Teil 3: Methoden der Produktionsplanung   **
und -steuerung, Carl Hanser Verlag München Wien
1987

Auftragspapiererstellung

Definition
Unter Auftragspapiererstellung wird die Erstellung
bzw. Zusammenstellung der Auftragspapiere verstanden.

Die Art und der Inhalt der verwendeten Auftragspapiere sind von der jeweiligen Organisation der
Fertigung abhängig.

Grundsätzlich sollten die Auftragspapiere erst kurz   *Auftragsfreigabe*
vor dem Fertigungsbeginn erstellt werden. Die
Auftragspapiererstellung erfolgt in der Regel nach der
Auftragsfreigabe.

Beispiel
Zu den Auftragspapieren zählen beispielsweise der
Arbeitsplan sowie Lohn- und Rückmeldescheine.

Synonyme
Arbeitsbelegerstellung,
Arbeitspapiererstellung,
Fertigungsbelegerstellung

Literatur
Dorninger, C.; u.a.: PPS Produktionsplanung und
-steuerung, Ueberreuter Verlag Wien 1990

Auftragspool

Definition
siehe Arbeitsvorrat

Auftragssplittung

Definition
siehe Splittung

Auftragsüberlappung

Definition
siehe Überlappung

Auftragsüberwachung

Definition
Die Auftragsüberwachung übernimmt die für die
Fertigung freigegebenen Fertigungsaufträge und die
vom Einkauf veranlaßten Bestellungen und prüft, ob
die in der Planung vorgegebenen Mengen und
Termine bei der Durchführung der Aufträge
eingehalten werden.

Die Auftragsüberwachung ist eine Funktion der Produktionssteuerung. Voraussetzung zur effizienten Durchführung der Überwachung von Fertigungsaufträgen sind aktuelle und zeitnahe Rückmeldungen der Ist-Daten durch die Betriebsdatenerfassung. Die erfaßten Daten lassen sich in auftragsbezogene und arbeitsplatzbezogene Daten unterscheiden.

Produktionssteuerung

Betriebsdatenerfassung

Produktionsplanung

| Produktions-programm-planung | Mengen-planung | Termin- und Kapazitäts-planung |

Grunddatenverwaltung

| Auftrags-veranlassung | Auftrags-überwachung |

Produktionssteuerung

Die auftragsbezogenen Daten beziehen sich im wesentlichen auf die Termine und auf die produzierten Mengen von Aufträgen und spiegeln damit den Auftragsfortschritt wider. Die arbeitsplatzbezogenen Daten beziehen sich auf die am Arbeitsplatz eingesetzten Mitarbeiter und Betriebsmittel. Diese Daten beinhalten im wesentlichen Angaben über die Verfügbarkeit der Kapazitäten und werden dahingehend ausgewertet, inwieweit die Ist-Verfügbarkeit der Kapazitäten den geplanten Auftragsdurchlauf nachteilig beeinflussen. Beispielsweise kann der Ausfall einer Maschine dazu führen, daß die für

Verfügbarkeit

diesen Arbeitsplatz vorgesehenen Aufträge aus Termingründen auf Ausweicharbeitsplätze umzuplanen sind.

Auftrags-fortschrittsüberwachung Die Ist-Daten über den Auftragsfortschritt der Fertigungsaufträge (Fertigungsfortschritt) werden den Soll-Daten im Rahmen der Auftragsfortschrittsüberwachung gegenübergestellt. Je nach Art und Umfang der durch den Soll-Ist-Vergleich festgestellten Abweichungen werden Steuerungsmaßnahmen vorgenommen, die z.B. ein Priorisieren von in Verzug geratenen Aufträgen vorsehen.

Synonyme
Überwachung

Literatur
** Dorninger, C.; u.a.: PPS Produktionsplanung und -steuerung, Ueberreuter Verlag Wien 1990;
** Glaser, H.; u.a.: PPS Produktionsplanung und -steuerung - Grundlagen, Konzepte, Anwendungen, Gabler Verlag Wiesbaden 1992;
** Hackstein, R.: Produktionsplanung und -steuerung (PPS), VDI Verlag Düsseldorf 1989

Auftragsveranlassung

Definition
Die Auftragsveranlassung umfaßt alle Maßnahmen, die für eine planungsgerechte Einsteuerung der Fertigungs- und Bestellaufträge erforderlich sind.

Produktionssteuerung
Auftragsfreigabe Die Auftragsveranlassung ist eine Funktion der Produktionssteuerung. Im Rahmen der Auftragsveranlassung werden die aus der Termin- und Kapazitätsplanung vorliegenden Fertigungsaufträge zur

Durchführung freigegeben (Auftragsfreigabe) und ggf. Auftragspapiere erstellt.

Im Bereich der kurzfristigen Steuerung erfolgt die Auftragsfreigabe im allgemeinen erst nach veranlaßter und durchgeführter Materialbereitstellung (Bereitstellungsveranlassung).

Bereitstellungs-veranlassung

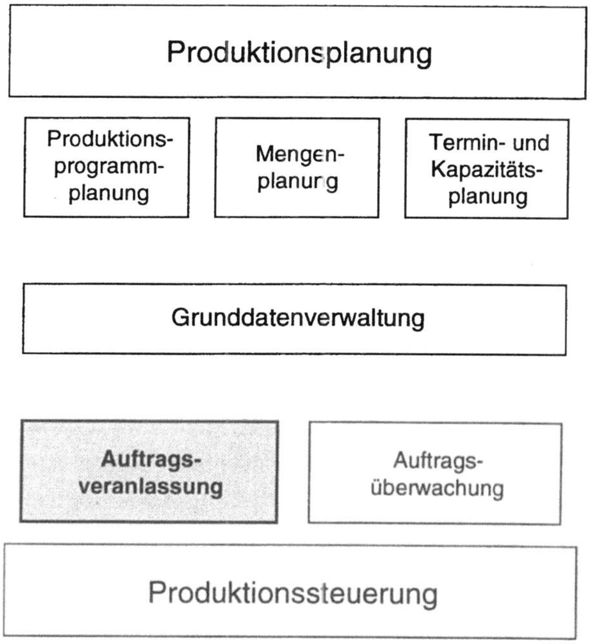

Zur Veranlassung von Bestellungen werden im allgemeinen die Funktionen Bestellauftragsfreigabe und Bestellschreibung durchgeführt.

Bestellung

Synonyme
Veranlassung

Literatur
Dorninger, C.; u.a.: PPS Produktionsplanung und -steuerung, Ueberreuter Verlag Wien 1990;

**

** Glaser, H.; u.a.: PPS Produktionsplanung und -steuerung - Grundlagen, Konzepte, Anwendungen, Gabler Verlag Wiesbaden 1992;

** Hackstein, R.: Produktionsplanung und -steuerung (PPS), VDI Verlag Düsseldorf 1989

Auftragsvorrat

Definition
siehe Arbeitsvorrat

Auftragszeit

Definition
Die Auftragszeit ist die Zeit für die manuelle Durchführung eines Auftrags bzw. Arbeitsgangs.

Vorgabezeit
Rüstzeit
Bearbeitungszeit

Die Auftragszeit ist eine Vorgabezeit und setzt sich aus der Rüstzeit (manchmal auch als Personal-Rüstzeit bezeichnet) und der Bearbeitungszeit zusammen.

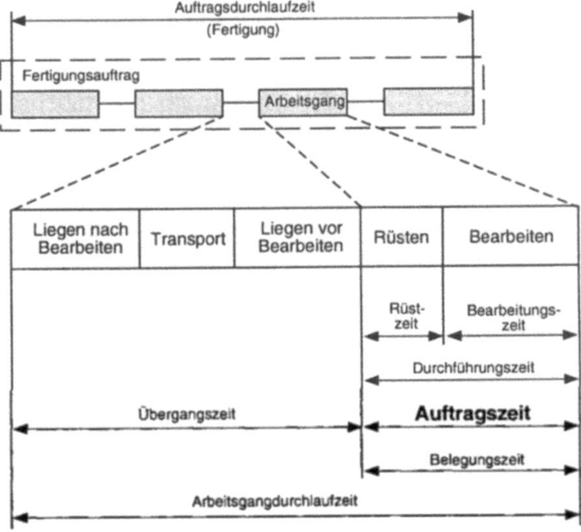

Der Auftragszeit entspricht der Bedarf an Personal-
kapazität, der zur Durchführung eines Auftrags bzw.
Arbeitsgangs an einem Arbeitsplatz notwendig ist.

Literatur
Geitner, U. W.: Betriebsinformatik für Produktions-   *
betriebe - Teil 3: Methoden der Produktionsplanung
und -steuerung, Carl Hanser Verlag München Wien
1987;
RKW (Hrsg.): PPS-Fachmann: Grundlagen, Planung,   *
Steuerung - Bd. 2: Planung, Verlag TÜV Rheinland
Köln 1987;
Sonnenberg, H.: Betriebslehre und Arbeitsvor-   *
bereitung - Bd. 2: Kostenrechnung, Arbeitsstudium,
Vieweg Verlag Braunschweig 1991

Auftragszusammenhang

Definition
siehe Auftragsnetz

Ausfallzeit

Definition
Die Ausfallzeit kennzeichnet den Zeitraum, in dem
ein Betriebsmittel während seiner theoretisch möglichen Einsatzzeit infolge von technischen Störungen
oder infolge von Maßnahmen, die der Erhaltung des
Betriebsmittels dienen, nicht verfügbar ist.

Beispiel
Ausfallzeit einer Maschine wegen geplanter Wartungsarbeiten.

Literatur
* REFA: Methodenlehre der Betriebsorganisation: Lexikon der Betriebsorganisation, Carl Hanser Verlag München 1993

Ausführungszeit

Definition
siehe Bearbeitungszeit

Auslastung

Definition
siehe Kapazitätsauslastung

Ausplanen

Definition
siehe Plantafelfunktionen

Ausschuß

Definition
Ausschuß bezeichnet die Erzeugnisse, Teile oder Baugruppen, die nicht die jeweils vorgegebenen Qualitätsanforderungen erfüllen.

Je nachdem, in welchem Maße die Qualitätsanforderungen nicht eingehalten werden, wird wie folgt differenziert:

* Ausschuß, der auch ohne Nacharbeit in eine niedrigere Preis- oder Qualitätsstufe eingeordnet werden kann (2. Wahl bzw. B-Teil),

- Ausschuß, der durch Nacharbeit die gewünschte Qualität erhalten kann,

- Ausschuß, der selbst durch Nacharbeit nicht mehr verwendbar ist.

Beispiel

Ausschuß		
ohne Nacharbeit verwendbar	**mit Nacharbeit verwendbar**	**nicht verwendbar**
Elektronische Baugruppe	eingeschränkter Funktionsumfang	Nachlöten	Schrott
Porzellan	mit Glasurfehlern	-	Schrott
Automobil-Lackierstraße	-	Nachlackieren	Schrott

Literatur

Bartels, H.-G.: Ausschuß und Abfall, in: Handwörterbuch der Produktionswirtschaft, Hrsg. Kern, W., Poeschel Verlag Stuttgart 1979;   **

VDI-Richtlinie 2815 Blatt 4: Begriffe für die Produktionsplanung und -steuerung - Materialbedarfsermittlung, VDI Verlag Düsseldorf Mai 1978   *

Ausschußfaktor

Definition
siehe Ausschußquote

Ausschußquote

Definition

Die Ausschußquote ist eine Maßzahl für das Verhältnis von Ausschußmenge zur insgesamt gefertigten Menge an Material und Erzeugnissen.

$$\text{Ausschußquote} = \frac{\text{Ausschußmenge}}{\text{gefertigte Menge}} * 100\,\% \;.$$

Synonyme

Ausschußfaktor

Literatur

VDI-Richtlinie 2815 Blatt 4: Begriffe für die Produktionsplanung und -steuerung - Materialbedarfsermittlung, VDI Verlag Düsseldorf Mai 1978

Ausweicharbeitsplatz

Definition

Ein Ausweicharbeitsplatz ist ein Arbeitsplatz, der als Ausweichkapazität vorgesehen ist.

Arbeitsplatz Ein Ausweicharbeitsplatz wird im allgemeinen dann in Anspruch genommen, wenn der sonst (gemäß Normalzuordnung laut Arbeitsplan) vorgesehene Arbeitsplatz gestört bzw. ausgefallen ist oder an diesem eine Kapazitätsüberlastung vorliegt.

Synonyme

Alternativarbeitsplatz

Literatur
VDI-Richtlinie 2815 Blatt 6: Begriffe für die Produktionsplanung und -steuerung - Kapazität, VDI Verlag Düsseldorf Mai 1978

Automatisierung

Definition
Im Rahmen der Automatisierung werden Systeme eingesetzt, die einen selbständigen Ablauf eines Vorgangs ermöglichen.

Die Automatisierung in der Produktion betrifft die Bearbeitung von Werkstücken oder das zugehörige Rüsten ohne direkte Unterstützung des Menschen. Im Gegensatz zur Mechanisierung, bei der nur wiederkehrende Abläufe maschinell vereinheitlicht werden, wird bei der Automatisierung mit Hilfe eines von außen vorgegebenen veränderbaren Programms der Prozeß gesteuert oder geregelt.

Programm

Mit Hilfe des Programms trifft ein automatisiertes System (Automat) selbst Entscheidungen zur Steuerung und ggf. zur Regelung von Prozessen. Bei der geregelten Automatisierung wird der Ablauf auch bei auftretenden Störungen (Abweichungen) selbständig ausgeführt.

Je nach Automatisierungsgrad wird von Teil- oder Vollautomatisierung gesprochen.

Automatisierungsgrad

Literatur
DIN 19233: Automat/Automatisierung, Juli 1972;
Gabler Wirtschaftslexikon, Gabler Verlag Wiesbaden 1993;

* Kernforschungszentrum Karlsruhe (Hrsg.): Der
** Einsatz flexibler Fertigungssysteme - Forschungs-
bericht KfK-PFT 41, Kernforschungszentrum
Karlsruhe 1982

Automatisierungsgrad

Definition

Der Automatisierungsgrad ist eine Kennzahl dafür,
inwieweit ein System automatisiert ist.

Automatisierung Der Grad der Automatisierung ergibt sich aus dem
Anteil der automatisierten Funktionen bzw. Tätigkeiten zu den Gesamtfunktionen bzw. Gesamt-
tätigkeiten. Der Automatisierungsgrad stellt somit
eine Verhältniszahl dar:

$$\text{Automat.-grad} = \frac{\text{automat. Funktionen}}{\text{Gesamtfunktionen}} * 100\,\% \, .$$

Literatur

DIN 19233: Automat/Automatisierung, Juli 1972;
Gabler Wirtschaftslexikon, Gabler Verlag Wiesbaden
1993;
* Kernforschungszentrum Karlsruhe (Hrsg.): Der
Einsatz flexibler Fertigungssysteme - Forschungs-
bericht KfK-PFT 41, Kernforschungszentrum
Karlsruhe 1982

B

Basisarbeitsplan

Definition
siehe Auftragsneutraler Arbeitsplan

Batchbetrieb

Definition
Der Batchbetrieb stellt eine Eigenschaft eines Betriebssystems dar. Die Programme der Benutzer werden abgearbeitet, ohne daß der Benutzer während der (rechnerseitigen) Bearbeitung Eingriffsmöglichkeiten hat.

Heute wird diese Eigenschaft der Betriebssysteme zum größten Teil durch den Dialogbetrieb ersetzt. Umfangreiche zeitaufwendige Programme, die sehr große Datenmengen verarbeiten und insbesondere keinen Benutzereingriff benötigen, werden nach wie vor im Batch abgewickelt (Batchprogramme).

Betriebssystem
Programm

Beispiel
Lohn- und Gehaltsabrechnungen, Durchlaufterminierung in PPS-Systemen, Übernahme von Aufträgen aus einem PPS-System in einen Fertigungsleitstand.

Synonyme
Stapelbetrieb

Literatur
Duden Informatik, Bibliographisches Institut & F. A. Brockhaus AG Mannheim 1993;
Grieser, F.; u.a.: Computer Lexikon, Deutscher Taschenbuch Verlag München 1994;
Richter, L.: Betriebssysteme, Teubner Verlag Stuttgart 1985

*

**

Baugruppe

Definition

Baugruppen sind in sich geschlossen und bestehen aus zwei oder mehr Teilen oder Baugruppen niederer Ordnung.

Material   Baugruppen zählen zum Oberbegriff "Material".

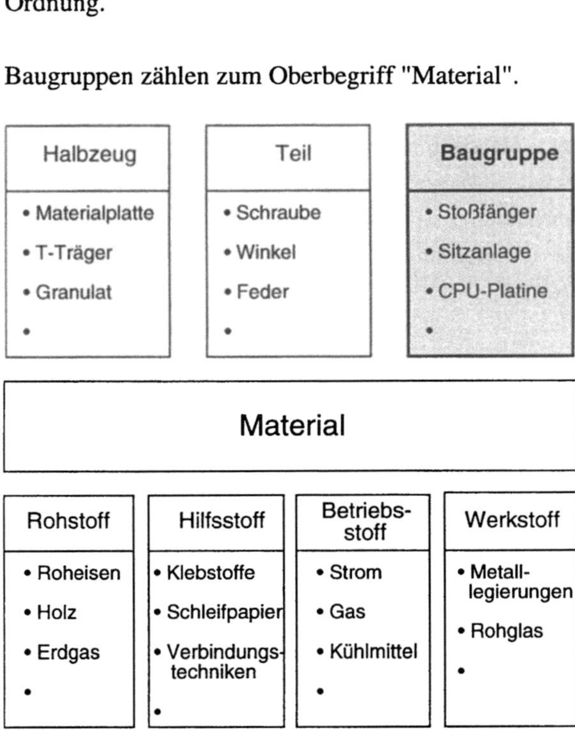

Beispiel
Stoßfänger für ein Automobil:

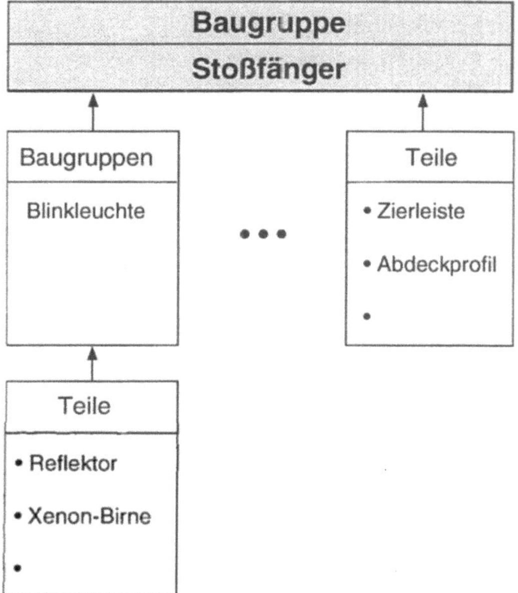

Weitere Beispiele sind Sitzanlagen für ein Automobil
und CPU-Platinen für einen Computer.

Synonyme
Gruppe,
Teilerzeugnis

Literatur
DIN 6789: Zeichnungssystematik, Febr. 1965;   *
REFA: Methodenlehre der Planung und Steuerung -   *
Teil 1: Grundlagen, Carl Hanser Verlag München
1985

Baukastenstückliste

Definition
In der Baukastenstückliste werden nur zwei Ebenen einer Erzeugnisstruktur erfaßt.

Erzeugnis
Baugruppe
Teil
Wenn die Baukastenstückliste für ein Erzeugnis gilt (Ebene 0), enthält sie nur die Baugruppen und Teile der Ebene 1. Gilt sie für eine Baugruppe der Ebene n, dann enthält sie ausschließlich Baugruppen und Teile der Ebene n+1. Bei mehrfacher Verwendung an unterschiedlichen Stellen des Erzeugnisses oder des Erzeugnissortiments wird eine Baugruppe nur einmal in einer Baukastenstückliste erfaßt. Die Baugruppen und Teile in der Baukastenstückliste werden ohne bestimmte Zuordnung erfaßt.

Wiederholteil
Für ein mehrgliedriges Erzeugnis sind bei diesem Stücklistenaufbau immer mehrere Stücklisten erforderlich, die jedoch einen geringeren Umfang haben als die anderen Sücklistenarten. Änderungen müssen auch für Wiederholteile nur auf einer Stückliste geändert werden.

Einzelstückliste
Die Baukastenstückliste ist die am häufigsten verwendete Einzelstückliste.

Beispiel
Baukastenstücklistensatz für das Erzeugnis E1, der durch die Auflösung der Erzeugnisstruktur in mehrere einstufige Stücklisten entsteht:

Erzeugnisstruktur

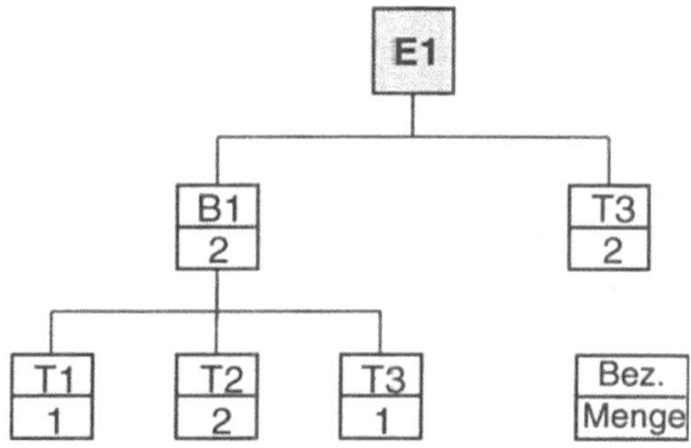

Baukastenstücklistensatz

Baukastenstückliste			
für :	Erzeugnis E1		
Pos.	Bez.	Menge	AK
1	B1	2	1
2	T3	2	2

Baukastenstückliste			
für :	Baugruppe B1		
Pos.	Bez.	Menge	AK
1	T1	1	2
2	T2	2	2
3	T3	1	2

AK = 1: Auflösen, weitere Stückliste angegeben

AK = 2: Nicht auflösen, Einzelteil

Literatur

Gerlach, H. H.: Stücklisten, in: Handwörterbuch der Produktionswirtschaft, Hrsg. Kern, W., Poeschel Verlag Stuttgart 1979;

* REFA: Methodenlehre der Planung und Steuerung - Teil 1: Grundlagen, Carl Hanser Verlag München 1985

Baustellenfertigung

Definition

Die Baustellenfertigung ist eine Fertigungsorganisation, bei der zeitlich begrenzt eine räumliche Zuordnung der Betriebsmittel und des Personals zu dem ortsgebundenen Fertigungsobjekt erfolgt.

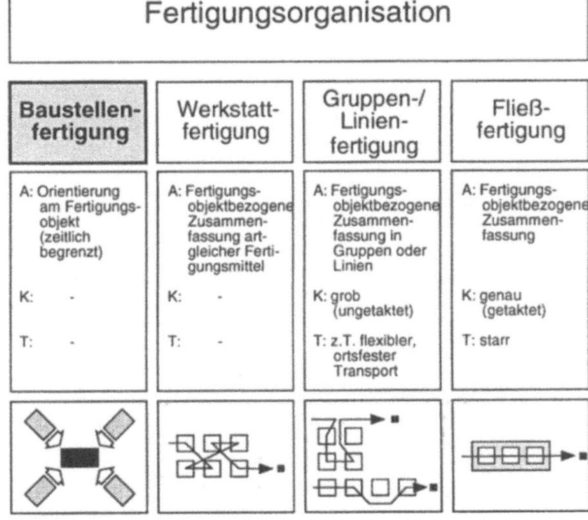

Fertigungsorganisation Bei dieser Fertigungsorganisation ist der Ort der Bearbeitung entweder der Ort der Verwendung des

Erzeugnisses (außerbetriebliche Baustellenfertigung) oder der Montageort innerhalb des Herstellerbetriebes (innerbetriebliche Baustellenfertigung).

Anwendung
Die Baustellenfertigung ist häufig bei der Einmalfertigung kundenindividueller Erzeugnisse anzutreffen.

Beispiel
Anlagenbau, Schiffsbau, Flugzeugbau bzw. -montage.

Literatur
Schomburg, E.: Betriebsindividuelle Einflußgrößen   *
für die Gestaltung und Bewertung von PPS-Systemen, in: PPS-Fachmann, Bd. 4, Hrsg. RKW, Verlag TÜV Rheinland Köln 1987

Bauteil

Definition
siehe Teil

BDE

Definition
siehe Betriebsdatenerfassung

BDE-System

Definition
siehe Betriebsdatenerfassungssystem

Bearbeitungszeit

Definition

Die Bearbeitungszeit ist die Zeit für die Bearbeitung (Ausführung) eines Auftrags bzw. Arbeitsgangs ohne die Rüstzeit.

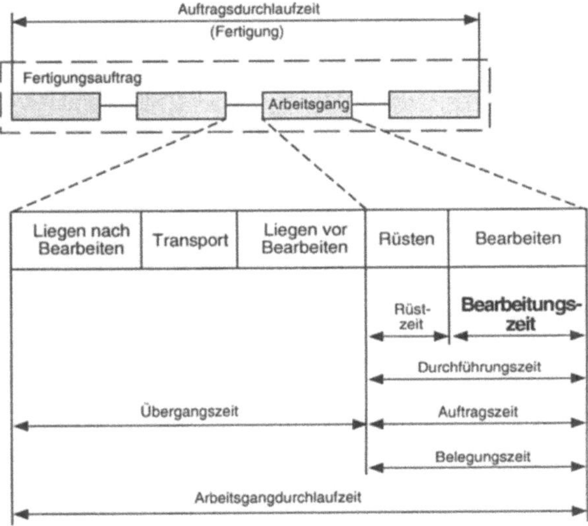

Durchführungszeit
Auftragszeit
Belegungszeit

Rüstzeit und Bearbeitungszeit werden zur Durchführungszeit zusammengefaßt. Die Durchführungszeit wird bei der manuellen Ausführung eines Auftrags als Auftragszeit bezeichnet. Analog bei Maschinen als Belegungszeit.

Vorgabezeit

Die Bearbeitungszeit als Vorgabezeit für die manuelle Bearbeitung eines Auftrags ergibt sich aus der Zeit je Stückzahleinheit multipliziert mit der im Auftrag vorgegebenen Stückzahl. Sie ist ein Teil der Auftragszeit.

Als Vorgabezeit für die maschinelle Bearbeitung eines Auftrags ergibt sich die Bearbeitungszeit analog aus der Betriebsmittelzeit multipliziert mit der im Auftrag vorgegebenen Stückzahl. Bei der Bearbeitung

eines Auftrags durch ein Betriebsmittel spricht man
auch von der Betriebsmittel-Bearbeitungszeit. Sie ist
ein Teil der Belegungszeit.

Synonyme
Ausführungszeit,
Operationszeit

Literatur
Geitner, U. W.: Betriebsinformatik für Produktionsbetriebe - Teil 3: Methoden der Produktionsplanung
und -steuerung, Carl Hanser Verlag München Wien
1987;
Sonnenberg, H.: Betriebslehre und Arbeitsvorbereitung - Bd. 2: Kostenrechnung, Arbeitsstudium,
Vieweg Verlag Braunschweig 1991

*

Bearbeitungszentrum

Definition
Ein Bearbeitungszentrum ist eine NC-Maschine mit
hohem Automatisierungsgrad und mit mindestens drei
numerisch gesteuerten Maschinenachsen.

Bearbeitungszentren beherrschen mehrere unterschiedliche Fertigungsverfahren wie Bohren, Fräsen,
Ausdrehen und Gewindeschneiden.

Moderne NC-Maschinen ermöglichen die Fertig-
bearbeitung von Werkstücken in ein oder zwei Auf-
spannungen. Dazu sind sie meist mit einem Werkzeugmagazin und einer Wechselvorrichtung für die
Werkstücke ausgerüstet.

NC-Maschine

Programmgesteuert werden die Werkzeuge nacheinander aus einem Werkzeugmagazin in die Spindel
und wieder zurückgebracht. Werden auch die Werk-

Flexible Fertigungszelle

stücke mit Spannvorrichtung auf Paletten automatisch zu- und abgeführt, spricht man von einer Flexiblen Fertigungszelle.

Literatur
* Kief, H. B.: FFS Handbuch 92/93, Carl Hanser
** Verlag München Wien 1992;
* Kief, H. B.: NC/CNC Handbuch, Carl Hanser Verlag München Wien 1992

Bedarf

Definition
Unter Bedarf wird allgemein eine zu einem bestimmten Termin erforderliche Menge verstanden.

Bruttobedarf
Nettobedarf
Von Bedarf wird beispielsweise im Zusammenhang mit Erzeugnissen, Material, Betriebsmitteln und Handelswaren gesprochen. Man unterscheidet den Bruttobedarf und den Nettobedarf.

Literatur
* VDI-Richtlinie 2815 Blatt 4: Begriffe für die Produktionsplanung und -steuerung - Materialbedarfsermittlung, VDI Verlag Düsseldorf Mai 1978

Bedarfsermittlung

Definition
siehe Materialbedarfsermittlung

Bedienoberfläche

Definition
siehe Benutzeroberfläche

Belastungsorientierte Auftragsfreigabe

Definition
Die Belastungsorientierte Auftragsfreigabe (BOA) ist ein Verfahren der Fertigungssteuerung, das bei der Einplanung von Aufträgen das Kapazitätsangebot über alle Arbeitsgänge prüft.

Die BOA basiert auf dem "Trichtermodell", dessen Grundgedanke darin besteht, den Zusammenhang zwischen Durchlaufzeit, Auftragsbestand, Kapazität und Leistung für ein Arbeitssystem darzustellen.

Durchlaufzeit
Auftragsbestand
Kapazität
Arbeitssystem

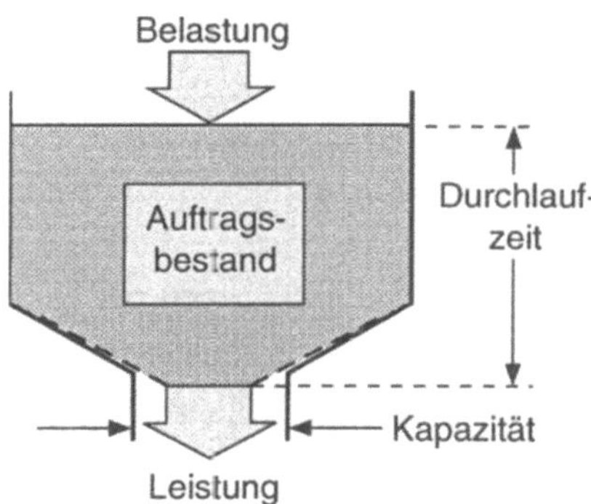

Das Verfahren der Belastungsorientierten Auftragsfreigabe vollzieht sich in zwei Schritten.

Ausgangspunkt für dieses Verfahren der Fertigungssteuerung sind vorliegende Fertigungsaufträge mit ihren spätesten Soll-Anfangstermin, die im Rahmen einer Rückwärtsterminierung ermittelt werden. Hierzu

Fertigungssteuerung, Verfahren der

müssen der späteste Soll-Endtermin (meist Liefertermin) und die Auftragsdurchlaufzeit bekannt sein.

Spätester Anfangstermin
Priorität

Im ersten Schritt der BOA werden diejenigen
Aufträge, die mit ihrem Spätesten Anfangstermin in
einen zulässigen terminlichen Vorgriffshorizont
fallen, in den dringlichen Auftragsbestand übernommen. Alle anderen Aufträge werden bis zur nächsten
Planung zurückgestellt.

Die dringlichen Aufträge werden nach Prioritäten, die
sich aus dem Soll-Anfangstermin ergeben, geordnet.

Verfügbarkeitsprüfung
Kapazitätseinheit

Im zweiten Schritt erfolgt für jeden Arbeitsgang eines
Auftrags eine Verfügbarkeitsprüfung der jeweils benötigten Kapazitäten. Dabei werden die abzuarbeitenden Arbeitsgänge in der Reihenfolge der Priorität
ihrer Aufträge den vorgegebenen Kapazitätseinheiten
bzw. -gruppen zugeordnet.

Wenn die Belastungsschranke (Produkt aus festge-
legtem Einlastungsprozentsatz und Kapazitätsangebot) an nur einer Kapazitätseinheit überschritten wird,
wird der gesamte Auftrag abgewiesen. Anderenfalls
wird er freigegeben.

Derselbe Vorgang wiederholt sich dann mit dem
nächsten Auftrag, bis an allen Kapazitätseinheiten die
Belastungschranke erreicht ist oder alle dringlichen
Aufträge verplant sind.

Die zeitversetzte Inanspruchnahme der Kapazitäten
durch einen Auftrag berücksichtigt die BOA mit
einem Abwertungsfaktor für die einzelnen Arbeits-
gangzeiten ("Abzinsung").

Anwendung

Die BOA wird typisch bei Vorliegen folgender Fertigungsumgebung eingesetzt:

- Fertigungsorganisation
  Werkstattfertigung.

- Fertigungsart
  Variantenreiche Einzel- und Kleinserienfertigung.

Die BOA kommt zur Unterstützung der Grobplanung oft in zentralorientierten PPS-Systemen zum Einsatz.

Beispiel

1. Dringender Auftragsbestand

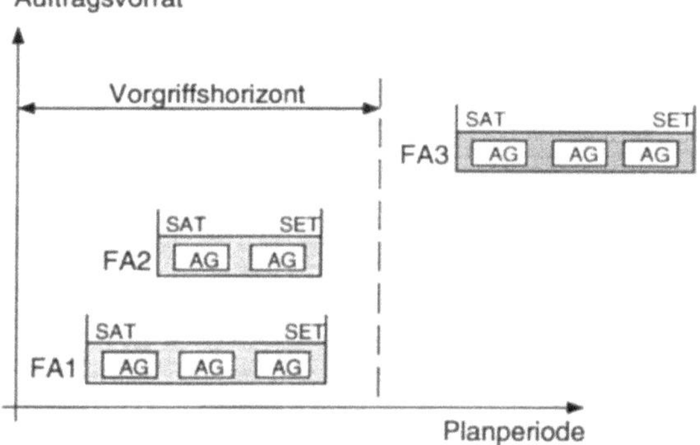

Legende:

AG = Arbeitsgang
FA = Fertigungsauftrag
SAT= Spätester Anfangstermin
SET= Spetester Endtermin

Der Fertigungsauftrag FA 3 wird nicht in den dringenden Auftragsbestand übernommen, da er mit seinem Spätesten Anfangstermin nicht mehr innerhalb des Vorgriffshorizonts liegt.

2. Auftragsfreigabe

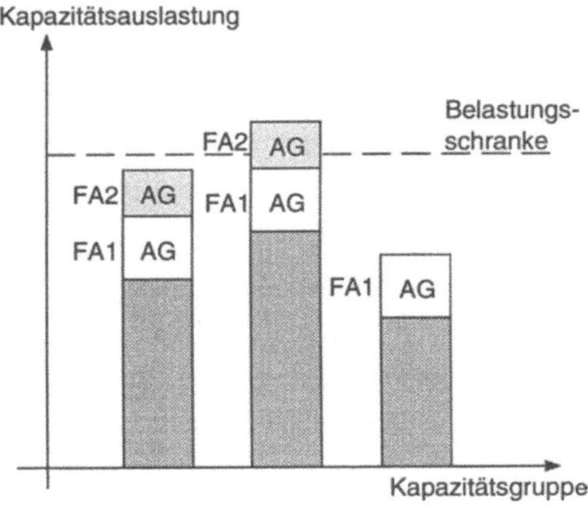

Der Auftrag FA 2 wird nicht freigegeben, da ein Arbeitsgang dieses Auftrags oberhalb der Belastungsschranke liegt.

Literatur

* Wiendahl, H.-P.: Belastungsorientierte Fertigungssteuerung, Carl Hanser Verlag München Wien 1987;
** Wiendahl, H.-P.: Modellbasiertes Planen und Steuern reaktionsschneller Produktionssysteme, Verlag gmft München 1991

Beleg

Definition
Allgemein trägt ein Beleg für den Menschen sichtbare Informationen zur Dokumentation von Vorgängen.

Daten Die auf einem Beleg enthaltenen Informationen beziehen sich auf Soll- und Ist-Daten.

Beispiel
Auftrag, Rechnung, Arbeitsplan.

Belegungsplanung

Definition
siehe Reihenfolgeplanung

Belegungszeit

Definition
Die Belegungszeit bezeichnet die Zeit, während der
ein Betriebsmittel durch einen Auftrag bzw. Arbeitsgang belegt ist.

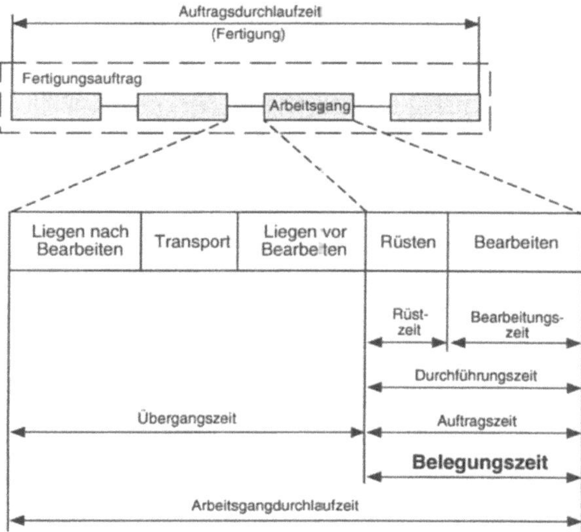

Die Belegungszeit ist eine Vorgabezeit und setzt sich
aus der Rüstzeit und der Bearbeitungszeit zusammen.
Rüstzeit und Bearbeitungzeit werden bei der Durchführung eines Auftrags durch ein Betriebsmittel als
Betriebsmittel-Rüstzeit und Betriebsmittel-Bearbei-
tungsszeit bezeichnet. Diese Zeiten sind als Vorgabe-

Vorgabezeit
Rüstzeit
Bearbeitungszeit

zeiten im (auftragsbezogenen) Arbeitsplan angegeben und Grundlage für die termin- und kapazitätsbezogenen Planungen im Bereich der Produktionsplanung und -steuerung.

Die Belegungszeit entspricht dem Kapazitätsbedarf für ein Betriebsmittel zur Durchführung eines Auftrags bzw. Arbeitsgangs.

Literatur
Geitner, U. W.: Betriebsinformatik für Produktionsbetriebe - Teil 3: Methoden der Produktionsplanung und -steuerung, Carl Hanser Verlag München Wien 1987;

* RKW (Hrsg.): PPS-Fachmann: Grundlagen, Planung,
** Steuerung - Bd. 2: Planung, Verlag TÜV Rheinland Köln 1987;
* Sonnenberg, H.: Betriebslehre und Arbeitsvor-
** bereitung - Bd. 2: Kostenrechnung, Arbeitsstudium, Vieweg Verlag Braunschweig 1991

Benutzeroberfläche

Definition
Eine Benutzeroberfläche stellt allgemein die Schnittstelle zwischen Mensch und Computer dar. Der Anwender kann über die Benutzeroberfläche mit einem Softwaresystem arbeiten.

Alphanumerische Benutzeroberfläche Graphische Benutzeroberfläche

Zur Benutzeroberfläche gehören auch die technischen Kommunikationsmittel wie z.B. Tastatur, Maus und Bildschirm. Bezüglich der Darstellungen auf dem Bildschirm unterscheidet man alphanumerische (zeichenorientierte) und graphische Benutzeroberflächen.

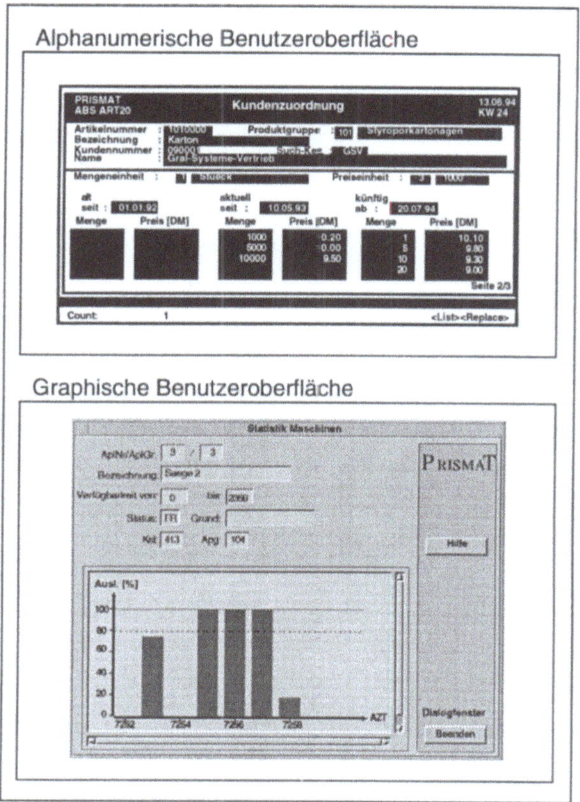

Synonyme

Bedienoberfläche,

Benutzerschnittstelle

Literatur

Grieser, F.; u.a.: Computer Lexikon, Deutscher   *
Taschenbuch Verlag München 1994

Benutzerschnittstelle

Definition

siehe Benutzeroberfläche

Bereitstellungsveranlassung

Definition
Die Bereitstellungsveranlassung löst die termingerechte Bereitstellung der für die Fertigung am Arbeitsplatz benötigten Betriebsmittel und des Materials aus.

Zuteilung Die Bereitstellungsveranlassung ergibt sich aus der Zuteilung und erfolgt mit einem zeitlichen Vorlauf zur eigentlichen Fertigung. Je nach DV-Umgebung wird die Veranlassung zur Bereitstellung manuell oder rechnerunterstützt durchgeführt.

Neben den Werkstücken können beispielsweise auch Zeichnungen (Aufspannpläne), Werkzeuge sowie Spannmittel und Vorrichtungen bereitgestellt werden.

Literatur
Jansen, F. J.; u.a.: Rechnergestützte Betriebsorganisation, Springer-Verlag Berlin Heidelberg u.a. 1993;
** Ploenzke-Informatik (Hrsg.): Fertigungsleitstand Report, Kiedrich 1990

Beschäftigungsgrad

Definition
Der Beschäftigungsgrad ist eine Kennzahl, die das Verhältnis von personeller Ist-Einsatzzeit zur Soll-Einsatzzeit ausdrückt.

$$\text{Beschäftigungsgrad} = \frac{\text{Ist-Einsatzzeit}}{\text{Soll-Einsatzzeit}} * 100\,\% \,.$$

Literatur
VDI-Richtlinie 2815 Blatt 6: Begriffe für die Produk-   *
tionsplanung und -steuerung - Kapazität, VDI Verlag
Düsseldorf Mai 1978

Bestand

Definition
Unter Bestand wird allgemein die mengen- oder wert-
bezogene Substanz eines Bereiches zu einem bestimmten Termin verstanden.

Je nach Anwendungsbezug kann der Bestand unterschieden werden nach Art des Objektes, des Auftrags,
Ort, Zweck oder Zeitpunkt.

Im Zusammenhang mit Planungsaufgaben und   *Gesperrter Bestand*
Material wird der Bestand differenziert betrachtet.   *Reservierter Bestand*
Man unterscheidet im allgemeinen den gesperrten   *Bestellter Bestand*
Bestand, reservierten Bestand, bestellten Bestand und   *Verfügbarer Bestand*
den verfügbaren Bestand. Der Gesamtbestand ergibt
sich aus der Summe dieser einzelnen Bestandsarten.

$$BS = BS_{gesp.} + BS_{res.} + BS_{best.} + BS_{verf.}$$
(BS : Bestand).

Bestellter und verfügbarer Bestand werden zusammen   *Disponibler Bestand*
auch als disponibler Bestand bezeichnet.

$$BS_{disp.} = BS_{best.} + BS_{verf.}$$
(BS : Bestand).

Beispiel

Unterscheidung des Bestandes nach folgenden Arten:

- Objekt
  Material, Betriebsmittel.

- Auftrag
  Kundenauftrag, Fertigungsauftrag.

- Ort
  Fertigungsbereich, Fertigwarenlager.

- Zweck
  Reste.

- Zeitpunkt
  Inventur.

Literatur

** Dorninger, C.; u.a.: PPS Produktionsplanung und -steuerung, Ueberreuter Verlag Wien 1990;

* VDI-Richtlinie 2815 Blatt 4: Begriffe für die Produktionsplanung und -steuerung - Materialbedarfsermittlung, VDI Verlag Düsseldorf Mai 1978

Bestandsführung

Definition

Die Bestandsführung hat die Aufgabe, mengenbezogene Zu- und Abgänge zu erfassen, zu verbuchen sowie die Reservierung von Beständen zu verwalten.

Bedarf   Die Bestandsführung wird unter anderem benötigt, um aus vorgegebenen Bruttobedarfen die zugehörigen Nettobedarfe zu ermitteln.

Bestandsreservierung

Definition
Bei der Bestandsreservierung erfolgt die zeitliche und mengenbezogene Zuordnung von verfügbaren Lager-beständen (und Bestellbeständen) zu Aufträgen.

Die Bestandsreservierung kann summarisch (über Artikel) oder bezogen auf einzelne Objekte erfolgen.

Bestellauftrag

Definition
siehe Bestellung

Bestellbestand

Definition
siehe Bestellter Bestand

Bestellmenge

Definition
Die Bestellmenge ist eine vom Lieferanten zu liefernde Menge, die unter wirtschaftlichen und beschaffungstechnischen Gesichtspunkten festgelegt wird.

Grundlage für die Festlegung der Bestellmenge, die in der Bestellung fixiert ist, ist im allgemeinen die Bestellvorschlagsmenge.

Bestellung
Bestellvorschlagsmenge

Literatur
* VDI-Richtlinie 2815 Blatt 4: Begriffe für die Produktionsplanung und -steuerung - Materialbedarfsermittlung, VDI Verlag Düsseldorf Mai 1978

Bestellprogramm

Definition
Ein Bestellprogramm ist eine Zusammenstellung von Kaufteilen und durch den Betrieb zu bestellende Handelswaren, die für eine bestimmte Periode oder zu bestimmten Terminen geliefert werden sollen.

Kaufteil
Handelsware
Produktionsprogramm Die zu bestellenden Kaufteile und Handelswaren werden im allgemeinen aus dem Produktionsprogramm abgeleitet.

Literatur
* VDI-Richtlinie 2815 Blatt 4: Begriffe für die Produktionsplanung und -steuerung - Materialbedarfsermittlung, VDI Verlag Düsseldorf Mai 1978

Bestellter Bestand

Definition
Unter dem bestellten Bestand wird der wert- oder mengenbezogene Bestand der laufenden bzw. offenen Bestellungen verstanden.

Bestellung Die Bestellung ist an einen Lieferanten gerichtet, ein Erzeugnis bzw. Produkt zu liefern.

Synonyme
Bestellbestand

Literatur
VDI-Richtlinie 2815 Blatt 4: Begriffe für die   *
Produktionsplanung und -steuerung - Materialbe-
darfsermittlung, VDI Verlag Düsseldorf Mai 1978

Bestellung

Definition
Eine Bestellung ist eine schriftliche oder mündliche
Aufforderung eines Kunden an einen Lieferanten, ein
Erzeugnis bzw. Produkt zu liefern.

Auf seiten des Lieferanten liegt damit ein Auftrag   *Lieferant*
durch Kundenbestellung bzw. ein Kundenauftrag vor,   *Kundenauftrag*
in dem die Bestellmenge angegeben ist.   *Bestellmenge*

Synonyme
Bestellauftrag

Literatur
REFA: Methodenlehre der Planung und Steuerung -   *
Teil 3: Steuerung, Carl Hanser Verlag München
1985;
VDI-Gesellschaft Produktionstechnik (Hrsg.):   *
Lexikon der Produktionsplanung und -steuerung,
VDI Verlag Düsseldorf 1992

Bestellvorschlag

Definition
Ein Bestellvorschlag ist eine schriftliche oder münd-
liche Aufforderung an den Einkauf, bis zu einem
bestimmten Termin mindestens die vorgeschlagene
Menge (Bestellvorschlagsmenge) an Material und
Handelswaren sowie im weiteren Sinne auch
Betriebsmittel oder Dienstleistungen zu beschaffen.

Bestellvorschlagsmenge
Bestellmenge Aus der Bestellvorschlagsmenge wird die Bestellmenge abgeleitet.

Literatur
* VDI-Richtlinie 2815 Blatt 4: Begriffe für die Produktionsplanung und -steuerung - Materialbedarfsermittlung, VDI Verlag Düsseldorf Mai 1978

Bestellvorschlagsmenge

Definition
Die Bestellvorschlagsmenge ist die zu bestellende Menge an Material, Handelsware oder Betriebsmitteln, die aus dem Nettobedarf abgeleitet ist.

Bestellvorschlag Die Bestellvorschlagsmengen werden zu Bestellvorschlägen für den Einkauf zusammengefaßt.

Literatur
* VDI-Richtlinie 2815 Blatt 4: Begriffe für die Produktionsplanung und -steuerung - Materialbedarfsermittlung, VDI Verlag Düsseldorf Mai 1978

Betrieb

Definition
Ein Betrieb ist eine wirtschaftlich-organisatorische und in der Regel räumliche Einheit eines Unternehmens, in dem Erzeugnisse hergestellt oder Dienstleistungen erbracht werden.

Literatur

VDI-Richtlinie 2815 Blatt 3: Begriffe für die Produk- *
tionsplanung und -steuerung - Stücklisten, VDI
Verlag Düsseldorf Mai 1978

Betriebsdaten

Definition

Unter Betriebsdaten werden die im Laufe eines
Produktionsprozesses anfallenden Daten bzw. verwendeten Daten verstanden.

Bei Betriebsdaten handelt es sich um technische und *Daten*
organisatorische Daten, insbesondere über das Verhalten bzw. den Zustand des Betriebes. Betriebsdaten
umfassen auftragsbezogene, maschinenbezogene,
mitarbeiterbezogene und materialbezogene Daten.

Beispiel

Angaben über produzierte Mengen, benötigte Zeiten,
Zustände von Fertigungsanlagen, Lagerbewegungen,
Qualitätsmerkmale, Personalzeiten, Personaltätig-
keiten.

Literatur

Nedeß, Ch. (Hrsg.): Von PPS zu CIM, Springer-
Verlag Berlin Heidelberg u.a. und Verlag TÜV
Rheinland Köln 1992;
Roschmann, K.: Betriebsdatenerfassung in Industrie- *
betrieben, AWF-Schrift 251 Verlag moderne **
industrie München 1979

Betriebsdatenerfassung

Definition
Die Betriebsdatenerfassung (BDE) umfaßt die
Maßnahmen, die erforderlich sind, um Betriebsdaten
eines Produktionsbetriebes in maschinell verarbei-
tungsfähiger Form am Ort ihrer Verarbeitung bereitzustellen. Hiermit können zum Erfassungsvorgang
gehörende Verarbeitungsfunktionen verbunden sein .

Literatur
Nedeß, Ch. (Hrsg.): Von PPS zu CIM, Springer-
Verlag Berlin Heidelberg u.a. und Verlag TÜV
Rheinland Köln 1992;
* Roschmann, K.: Betriebsdatenerfassung in Industrie-
** betrieben, AWF-Schrift 251 Verlag moderne
industrie München 1979

Betriebsdatenerfassungssystem

Definition
Ein Betriebsdatenerfassungssystem ist ein Hilfsmittel
zur Erfassung und Ausgabe betrieblicher Daten mit
Hilfe von automatisch arbeitenden Datengebern
(Sensoren) oder manuell bedienten Datenstationen im
Betriebsgeschehen.

Die Systeme können als ergänzende Eigenschaft über
Datenverarbeitungsmöglichkeiten verfügen. Daten-
station, Betriebsdatenerfassungsstation und Terminal
stellen die konstruktive Zusammenfassung der jeweils
benötigten Datengeräte dar, mit deren Hilfe die
unterschiedlichen Daten erfaßt bzw. Steuer-
informationen ausgegeben werden können.

Anwendung

DV-Systeme zur Betriebsdatenerfassung werden oft direkt an einem Arbeitsplatz in der Fertigung installiert, um Daten über den Auftragsfortschritt an einen Fertigungsleitstand zu übermitteln.

Auftragsfortschritt
Fertigungsleitstand

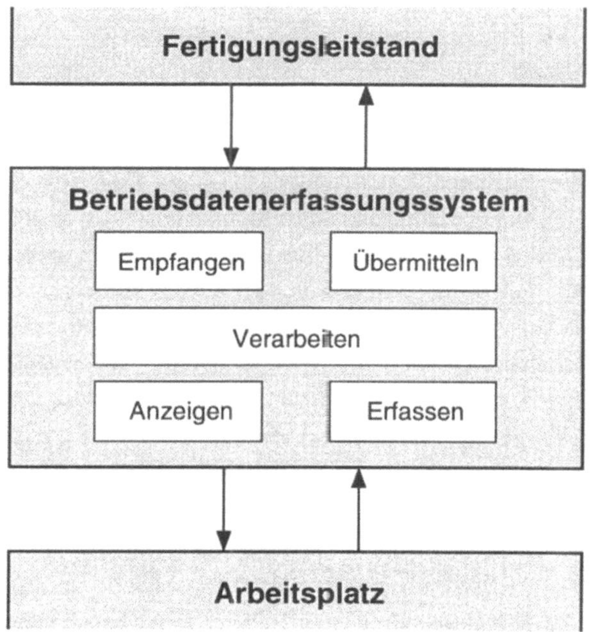

Literatur

Jansen, F. J.; u.a.: Rechnergestützte Betriebsorganisation, Springer-Verlag Berlin Heidelberg u.a. 1993;

Nedeß, Ch. (Hrsg.): Von PPS zu CIM, Springer-Verlag Berlin Heidelberg u.a. und Verlag TÜV Rheinland Köln 1992

*
**

Betriebskalender

Definition

In einem Betriebskalender werden für einen bestimmten Zeitraum in der Zukunft die Arbeitstage eines Unternehmens festgelegt.

Durch den Betriebskalender werden Rechenoperationen, die tages- oder schichtbezogen erfolgen, vereinfacht. Dazu werden in einem Normalkalender die einzelnen Kalendertage ab einem festgelegten Stichtag fortlaufend durchnumeriert. Entweder werden nur die tatsächlichen Arbeitstage benummert, oder es werden alle Kalendertage numeriert und zusätzlich gekennzeichnet, ob ein Arbeitstag oder ein arbeitsfreier Tag vorliegt. Die zweite Variante hat gegenüber der ersten bzgl. einer DV-technischen Verwaltung des Betriebskalenders den Vorteil, daß zusätzlich die arbeitsfreien Tage angesprochen werden können (z.B. können Überstunden an arbeitsfreien Tagen definiert werden).

Schichtenmodell Die Schichtregelungen für die im Betriebskalender festgehaltenen Arbeitstage werden im Schichtenmodell definiert.

Die Tage des Betriebskalenders werden mit Arbeitszähltag (AZT, Arbeitstage) oder mit Betriebskalendertag (BKT, alle Tage) bezeichnet.

Anwendung

Da in dem Betriebskalender die Arbeitstage hinterlegt sind, stellt er die Grundlage sämtlicher Terminplanungen und Kapazitätsbetrachtungen in einem Unternehmen dar.

Beispiel

Normalkalender

Mo		6	13	20	27
Di		7	14	21	28
Mi	1	8	15	22	29
Do	2	9	16	23	30
Fr	3	10	17	24	31
Sa	4	11	18	25	
So	5	12	19	26	

Betriebskalender

Mo		302	309	316	323
Di		303	310	317	324
Mi	297	304	311	318	325
Do	298	305	312	319	326
Fr	299	306	313	320	327
Sa	300	307	314	321	
So	301	308	315	322	

Legende:

nn : Arbeitstag, z.B. 298

nn : arbeitsfreier Tag, z.B. 300

Synonyme
Fabrikkalender,
Werkkalender

Literatur
Mai, W.; u.a.: CIM Marktübersicht: Fertigungs- und
Personalleitstand, Vieweg-Verlag Braunschweig
Wiesbaden 1992;
REFA: Methodenlehre der Planung und Steuerung -
Teil 1: Grundlagen, Carl Hanser Verlag München
1985

Betriebskalendertag

Definition
siehe Betriebskalender

Betriebsmittel

Definition
Unter Betriebsmitteln werden alle Anlagen, Geräte und Einrichtungen verstanden, die der betrieblichen Leistungserstellung dienen bzw. zur Durchführung des Fertigungsprozesses notwendig sind.

Zu den Betriebsmitteln gehören Organisationsmittel, Innenausstattung, Ver- und Entsorgungsanlagen, Fertigungsmittel, Meß- und Prüfmittel, Fördermittel, Lagermittel.

Organisationsmittel
Innenausstattung
Ver- und
Entsorgungsanlagen
Fertigungsmittel
Meß- und Prüfmittel
Fördermittel
Lagermittel

Organisations- mittel	Innen- ausstattung	Ver- und Entsorgungs- anlage
• DV-Anlage • Kartei • Kopiergerät •	• allgemeine Möbel • Leuchten •	• Strom- verteilungs- anlage • Filteranlage •

Betriebsmittel

Fertigungs- mittel	Meß- und Prüfmittel	Förder- mittel	Lager- mittel
• Maschinen • Werkzeuge • Zeichnungen •	• Maßstab • Fühlerlehre •	• Gabelstapler • Elektro- hängebahn •	• Regal • Lagerkasten •

Literatur
VDI-Richtlinie 2815 Blatt 5: Begriffe für die Produk-   *
tionsplanung und -steuerung - Betriebsmittel, VDI
Verlag Düsseldorf Mai 1978

Betriebsmittel-Bearbeitungszeit

Definition
siehe Bearbeitungszeit

Betriebsmittel-Rüstzeit

Definition
siehe Rüstzeit

Betriebsmittelkapazität

Definition
Die Betriebsmittelkapazität ist der durch Art und
Anzahl bestimmte Kapazitätsbestand von Betriebs-
mitteln.

Literatur
VDI-Richtlinie 2815 Blatt 6: Begriffe für die Produk-   *
tionsplanung und -steuerung - Kapazität, VDI Verlag
Düsseldorf Mai 1978

Betriebsstoff

Definition
Der Betriebsstoff ist ein Material, das die Nutzung
von Betriebsmitteln ermöglicht bzw. zu ihrer Erhaltung und Pflege dient.

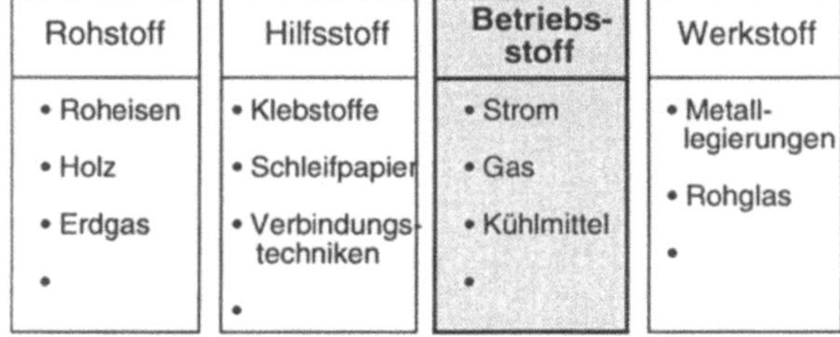

Werkstoff Betriebsstoffe gehören zu den Werkstoffen und stehen in keiner direkten Beziehung zum Erzeugnis und sind in diesem nicht enthalten.

Beispiel
Alle Arten von Energie und Treibstoff (Strom, Dampf, Gas, Öl, Benzin etc.), Schmiermittel, Kühlmittel.

Literatur
* VDI-Richtlinie 2815 Blatt 2: Begriffe für die Produktionsplanung und -steuerung - Material, Erzeugnis und Handelsware, VDI Verlag Düsseldorf Mai 1978

Betriebssystem

Definition
Das Betriebssystem bezeichnet die Gesamtheit aller Programme, die zusammen mit den Eigenschaften des

Computers die Grundlage der möglichen Betriebs-
arten des digitalen Rechensystems bilden

Das Betriebssystem hat die Aufgabe,

- die Abwicklung der Benutzerprogramme zu or-
  ganisieren,

- Dateien zu verwalten,

- die Hardware- und Software-Betriebsmittel zu
  verwalten.

Ein Betriebssystem schafft die Voraussetzung zur
Nutzung der Hardware durch Anwendungspro-
gramme und läßt sich in Organisations-, Dienst- und
Übersetzungsprogramme unterteilen.

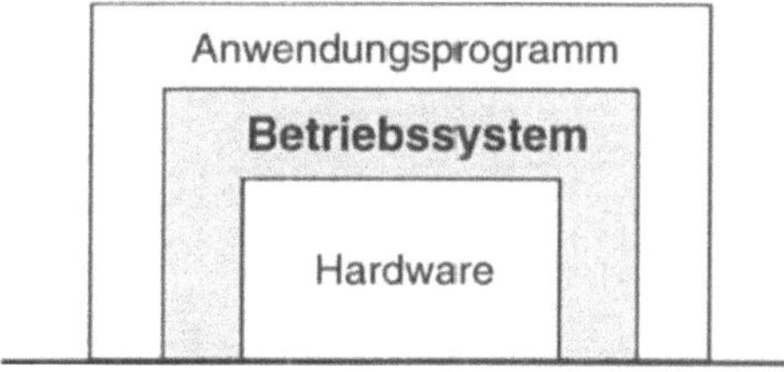

Organisationsprogramme haben z.B. die Aufgabe,
Speicher zu verwalten und die Zuteilung von Prozessoren zu veranlassen. Dienstprogramme lösen Stan-
dardanwendungsprobleme. Typische Dienstprogramme sind z.B. Sortierprogramme, Dateiverwaltungs-
programme und Binder. Übersetzungsprogramme
übersetzen Programme höherer Programmiersprachen
in von einem Computer ausführbare Programme.

Beispiel

Beispiele für Betriebssysteme sind:

- DOS   für IBM-kompatible PC,
- UNIX   für verschiedene Workstations, Mini-computer und Großrechner,
- OS400   für IBM AS400.

Literatur

* Duden Informatik, Bibliographisches Institut & F. A. Brockhaus AG Mannheim 1993;

* Grieser, F.; u.a.: Computer Lexikon, Deutscher Taschenbuch Verlag München 1994;

** Richter, L.: Betriebssysteme, Teubner Verlag Stuttgart 1985

Bewegungsdaten

Definition

Unter Bewegungsdaten werden alle Daten zusammengefaßt, die häufigen Veränderungen unterworfen sind oder nur eine kurzfristige Gültigkeit bzw. "Lebensdauer" besitzen.

Datenart Zusammen mit den Grunddaten stellen die Bewegungsdaten eine für die Produktionsplanung und -steuerung wichtige Datenart dar.

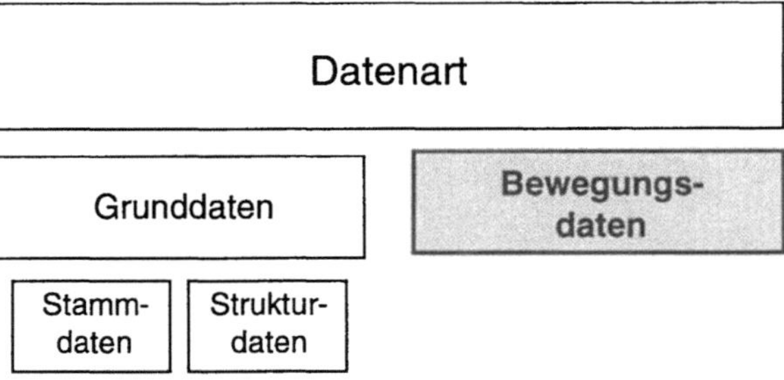

Beispiel
In der Produktion fallen beispielsweise folgende Bewegungsdaten an:

- Personal
  Anwesenheitszeit.

- Arbeitsplätze/Maschinen
  Auslastung/Leistungsgrad.

- Erzeugnis/Material
  Verkaufte Menge/Bestand.

Literatur
REFA: Methodenlehre der Planung und Steuerung -   *
Teil 1: Grundlagen, Carl Hanser Verlag München
1985

BOA

Definition
siehe Belastungsorientierte Auftragsfreigabe

Brachzeit

Definition
Die Brachzeit ist der Zeitraum, in der ein Betriebsmittel nicht genutzt wird, also "brach" liegt.

Eine Brachzeit ergibt sich durch ablauf- und störungs-
bedingte Nutzungsunterbrechung eines Betriebsmittels sowie durch Zeiten planmäßiger Außerbetrieb-
nahmen.

Synonyme
Stillstandszeit

Literatur
REFA: Methodenlehre der Betriebsorganisation: Lexikon der Betriebsorganisation, Carl Hanser Verlag München 1993;
* VDI-Gesellschaft Produktionstechnik (Hrsg.): Lexikon der Produktionsplanung und -steuerung, VDI Verlag Düsseldorf 1992

Bring-Prinzip

Definition
Unter Bring-Prinzip versteht man die Organisation des Materialflusses in Richtung vom Lieferanten zum Abnehmer.

Bruttobedarf

Definition
Der Bruttobedarf bezeichnet den periodenbezogenen Bedarf eines Materials, eines Erzeugnisses oder einer Handelsware ohne Berücksichtigung des verfügbaren Lagerbestandes.

Materialbedarfsart				
Nach Ursprung und Erzeugnissen			Unter Berücksichtigung der Erzeugnis- und Materialbestände	
Primär-bedarf	Sekundär-bedarf	Tertiär-bedarf	**Brutto-bedarf**	Netto-bedarf
Bedarf an Erzeugnissen (in der Regel zur Deckung des Marktbe-darfes)	Bedarf an Material zur Deckung des Primärbedarfes (ohne Betriebs- und Hilfsstoffe)	Bedarf an Betriebs- und Hilfsstoffen	Primär- Sekundär- oder Tertiärbedarf, der sich auf einen bestimmten Zeitabschnitt bezieht	Bruttobedarf reduziert um den verfügbaren Bestand

Literatur

VDI-Richtlinie 2815 Blatt 4: Begriffe für die Produkt-   *
ionsplanung und -steuerung - Materialbedarfsermittlung, VDI Verlag Düsseldorf Mai 1978

CA-Technik

Definition
CA-Technik ist der Oberbegriff für computerunter-
stützte (computer aided) Techniken und dort
eingesetzter DV-Systeme. Das PPS-System wird
ebenfalls unter diesen Oberbegriff gefaßt.

Synonyme
CAx

CAD

Definition
siehe Computer Aided Design

CAM

Definition
siehe Computer Aided Manufacturing

CAP

Definition
siehe Computer Aided Planning

CAQ

Definition
siehe Computer Aided Quality Assurance

CAx

Definition
siehe CA-Technik

Charge

Definition
Eine Charge bezeichnet die Menge eines Materials oder Erzeugnisses, die aus einem Produktionsvorgang unter gleichen Fertigungsbedingungen und mit Einsatz gleicher Roh- und Einsatzstoffe entstanden ist. Wesentliches Merkmal einer Charge ist die gewährleistete Homogenität der Beschaffenheit.

Anwendung
Chargenfertigung Chargen sowie die Chargenfertigung sind hauptsächlich in der pharmazeutischen und chemischen sowie in der Lebensmittelindustrie vorzufinden. Dem Begriff "Charge" entspricht in der metallverarbeitenden Industrie das Los.

Chargen haben eine große Bedeutung bei Erzeugnissen, die sehr hohen Ansprüchen genügen müssen, wie z.B. in der pharmazeutischen Industrie. In diesen Bereichen muß im allgemeinen jede Charge für sich verwaltet und gesteuert werden. Daraus resultiert ein zum Teil sehr hoher Aufwand für die Planung und Steuerung der Fertigung.

Literatur
* Helberg, P.: PPS als CIM-Baustein, Erich Schmidt Verlag Berlin 1987

Chargenfertigung

Definition
Chargenfertigung liegt im allgemeinen dann vor, wenn Fertigungseinrichtungen aus technologischen Gründen schubweise mit einer bestimmten Material- menge beschickt werden müssen.

Bei den Fertigungseinrichtungen handelt es sich oftmals um gefäßartige Apparaturen, wie z.B. Schmelzöfen, Mischtrommeln oder Galvanikbäder. Die Fertigungsmenge entspricht der für eine Füllung des Gefäßes erforderlichen Materialmenge. Diese Menge ist aufgrund der Abmessungen bzw. der maximalen Füllmenge des Gefäßes nach oben hin begrenzt. Vielfach ist dies aus technischen Gründen zugleich die Grenze nach unten, weil bei unvoll- ständigem Füllen der Fertigungseffekt nicht sicher- gestellt ist. Dies trifft im allgemeinen auch aus verfahrenstechnischer Sicht zu, da die Rezeptur bzw. die Bearbeitungsbedingungen auf die Gesamt- befüllung ausgelegt sind.

Das Ergebnis eines Fertigungsvorgangs der Chargen- fertigung ist die Charge. Sie ist unter gleichen Material- und Fertigungsbedingungen (z.B. Druck, Temperatur) entstanden und entspricht daher der Gesamtfüllmenge oder einem Teil davon.

Charge

Anwendung
Typische Chargenfertigung sind bei der chemischen und pharmazeutischen Industrie sowie in der Lebens- mittelindustrie vorzufinden.

Literatur
* Geitner, U. W.: Betriebsinformatik für Produktionsbetriebe - Teil 3: Methoden der Produktionsplanung
und -steuerung, Carl Hanser Verlag München Wien
1987

CIM

Definition
siehe Computer Integrated Manufacturing

CNC

Definition
Bei einer CNC handelt es sich um eine durch einen
Rechner erweiterte NC.

CNC ist die Abkürzung für "Computerized Numerical
Control" (manchmal auch "Computer Numerical
Control"), zu deutsch "rechnerunterstützte numerische
Steuerung".

NC CNC ist eine numerische Steuerung (NC), bei der ein
oder mehrere freiprogrammierbare Microcomputer
integriert sind, deren Programme sämtliche
Steuerungsfunktionen enthalten.

CNC-Maschine Eine mit einer CNC gesteuerte Werkzeugmaschine
wird als CNC-Maschine bezeichnet.

Literatur
Jansen, F. J.; u.a.: Rechnergestützte Betriebsorga-
nisation, Springer-Verlag Berlin Heidelberg u.a.
1993;
* Kief, H. B.: NC/CNC Handbuch, Carl Hanser Verlag
** München Wien 1992

CNC-Maschine

Definition
Bei einer CNC-Maschine handelt es sich um eine numerisch gesteuerte Werkzeugmaschine, die über einen eigenen Rechner verfügt.

Die bei einer NC-Maschine übliche Eingabe des NC-Programms per Lochstreifen wird durch eine Eingabe über Magnetbänder oder Disketten ersetzt.

NC-Maschine

Das NC-Programm wird über den Rechner eingelesen und abgespeichert. Es kann geändert oder angepaßt werden, ohne das NC-Programm vollständig umzuschreiben.

Literatur
Jansen, F. J.; u.a.: Rechnergestützte Betriebsorganisation, Springer-Verlag Berlin Heidelberg u.a. 1993

Computer

Definition
Ein Computer ist eine maschinelle Einrichtung zur automatischen Verarbeitung von Daten.

Ein Computer besteht nach allgemeiner Auffassung aus Geräten zur Eingabe von Daten in den Computer (z.B. Tastatur, Maus), einer Zentraleinheit (CPU) zur Verarbeitung der Daten und Geräten zur Ausgabe der ermittelten Ergebnisse (z.B. Bildschirm, Drucker).

Daten

Die Aufgabe der CPU liegt in der Ausführung der Programme. Die CPU besteht aus einem oder mehreren Prozessoren und dem Hauptspeicher.

Im Hauptspeicher werden das auszuführende Programm, die Eingabedaten und Zwischenergebnisse abgelegt. Zur dauerhaften Speicherung von Daten werden externe Speicher (z.B. Magnetplattenspeicher, optische Speicher) eingesetzt.

Anwendung
Im Umfeld der Fertigungstechnik werden Personal Computer (PC), Workstations und Minicomputer eingesetzt.

Synonyme
Datenverarbeitungssystem,
Rechner

Literatur
* Duden Informatik, Bibliographisches Institut & F. A.
** Brockhaus AG Mannheim 1993;
** Grieser, F.; u.a.: Computer Lexikon, Deutscher Taschenbuch Verlag München 1994

Computer Aided Design

Definition
Computer Aided Design (CAD) ist ein Sammelbegriff für alle Aktivitäten, bei denen die DV direkt oder indirekt im Rahmen von Entwicklungs- und Konstruktionstätigkeiten eingesetzt wird.

Dies bezieht sich im engeren Sinn auf die graphisch-interaktive Erzeugung und Manipulation einer digitalen Objektdarstellung, z.B. durch die zweidimensionale Zeichnungsdarstellung oder durch die dreidimensionale Modellbildung.

Die digitale Objektdarstellung wird in einer Datenbank abgelegt, die auch anderen betrieblichen Abteilungen für weitere Bearbeitungen zur Verfügung steht.

Im weiteren Sinne bezeichnet CAD allgemeine technische Berechnungen mit oder ohne graphische Ein- und Ausgabe.

Folgende Funktionen werden unterstützt:

- Entwicklungstätigkeiten,
- Technische Berechnungen,
- Konstruktionstätigkeiten,
- Zeichnungserstellung.

Beispiel
Objekte können beispielsweise Werkstücke, Anlagen oder Leiterplatten sein.

Literatur
AWF (Hrsg.): Integrierter EDV-Einsatz in der   *
Produktion - CIM:, AWF Eschborn 1985;
Neipp, G.; u.a. (Hrsg.): Einführung in die CIM-Praxis   **
- Rechnerintegrierte Produktion, VDI-Verlag Düssel-
dorf 1991;
Scheer, A.-W.: CIM, Computer Integrated Manu-   **
facturing, Springer Verlag Berlin Heidelberg u.a
1988

Computer Aided Manufacturing

Definition
Computer Aided Manufacturing (CAM) bezeichnet die DV-Unterstützung zur technischen Steuerung und Überwachung der Betriebsmittel bei der Herstellung von Objekten im Fertigungsprozeß.

Dies bezieht sich auf die direkte Steuerung von Arbeitsmaschinen, verfahrenstechnischen Anlagen, Handhabungsgeräten sowie Transport- und Lagersystemen.

CAM bezieht sich auf die technische Steuerung und Überwachung der Funktionen:

- Fertigen,
- Handhaben,
- Transportieren,
- Lagern.

Literatur
* AWF (Hrsg.): Integrierter EDV-Einsatz in der Produktion - CIM:, AWF Eschborn 1985;
** Scheer, A.-W.: CIM, Computer Integrated Manufacturing, Springer Verlag Berlin Heidelberg u.a 1988

Computer Aided Planning

Definition
Computer Aided Planning (CAP) bezeichnet die DV-Unterstützung bei der Arbeitsplanung.

Hierbei handelt es sich um Planungsaufgaben, die auf den konventionell oder mit CAD erstellten Arbeitsergebnissen der Konstruktion aufbauen, um Daten für Teilefertigungs- und Montageanweisungen zu erzeugen. Darunter werden die rechnerunterstützte Planung der Arbeitsvorgänge und der Arbeitsvorgangsfolgen, die Auswahl von Verfahren und Betriebsmitteln zur Erzeugung der Objekte sowie die rechnerunterstützte Erstellung von Daten für die Steuerung der Betriebsmittel des CAM verstanden.

Ergebnisse des CAP sind Arbeitspläne und Steuer-   *Arbeitsplan*
informationen für die Betriebsmittel des CAM.

CAP umfaßt die Funktionen:

- Arbeitsplanerstellung,
- Betriebsmittelauswahl,
- Erstellung von Teilefertigungsanweisungen,
- Erstellung von Montageanweisungen,
- NC-Programmierung.

Literatur
AWF (Hrsg.): Integrierter EDV-Einsatz in der   *
Produktion - CIM:, AWF Eschborn 1985;
Scheer, A.-W.: CIM, Computer Integrated Manu-   **
facturing, Springer Verlag Berlin Heidelberg u.a
1988

Computer Aided Quality Assurance

Definition
Computer Aided Quality Assurance (CAQ)
bezeichnet die DV-unterstützte Planung und
Durchführung der Qualitätssicherung.

Hierunter wird einerseits die Erstellung von Prüf-
plänen, Prüfprogrammen und Kontrollwerten verstanden, andererseits die Durchführung rechnerunterstützter Meß- und Prüfverfahren.

CAQ kann sich dabei der DV-technischen Hilfsmittel
des CAD, CAP und CAM bedienen.

CAQ umfaßt die Funktionen:

- Festlegen von Prüfmerkmalen,
- Erstellung von Prüfvorschriften und -plänen,

- Erstellung von Prüfprogrammen für rechnerunterstützte Prüfeinrichtungen,
- Überwachung der Prüfmerkmale am Objekt.

Literatur
*   AWF (Hrsg.): Integrierter EDV-Einsatz in der
    Produktion - CIM:, AWF Eschborn 1985;
** Scheer, A.-W.: CIM, Computer Integrated Manu-
    facturing, Springer Verlag Berlin Heidelberg u.a
    1988

Computer Integrated Manufacturing

Definition
Computer Integrated Manufacturing (CIM) beschreibt
- technisch gesehen - den integrierten Rechnereinsatz,
um eine schnelle und durchgängige Verarbeitung der
technischen und administrativen Informationsflüsse
über das gesamte Unternehmen hinweg zu
ermöglichen. CIM hat zum Ziel, durch
informatorische Verknüpfung aller am Produktions-
prozeß beteiligten Abteilungen die Auftragsbearbeitung insgesamt zu beschleunigen.

Kommunikationstechnisch sollen die nachfolgend
genannten Bereiche so verbunden werden, daß eine
Mehrfacheingabe der benötigten Daten und damit
eine redundante Datenhaltung möglichst vermieden
wird:

Computer Aided Design
- Entwicklung und Konstruktion
  Computer Aided Design (CAD).

Computer Aided Planning
- Arbeitsplanung und NC-Programmierung
  Computer Aided Planning (CAP).

- Fertigung und Montage
  Computer Aided Manufacturing (CAM).

  Computer Aided Manufacturing

- Qualitätssicherung
  Computer Aided Quality Assurance (CAQ).

  Computer Aided Quality Assurance

- Produktionsplanung und -steuerung
  PPS.

  Produktionsplanung und -steuerung

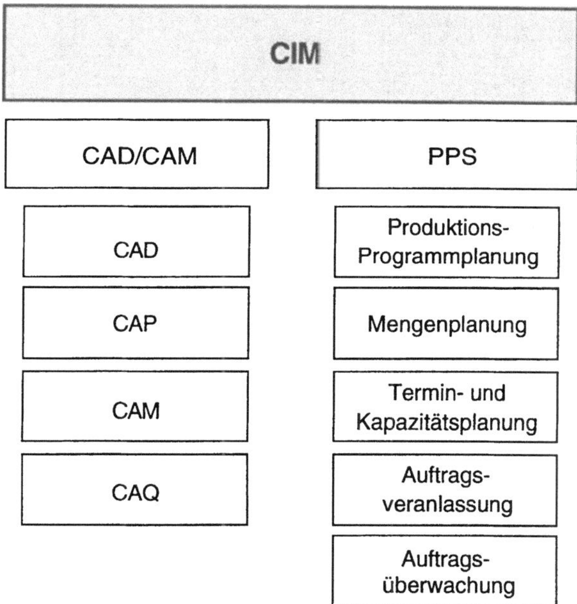

CIM umfaßt das informationstechnische Zusammenwirken dieser Bereiche, wobei die Integration der
technischen und organisatorischen Funktionen zur
Produkterstellung erreicht werden soll.

Literatur
AWF (Hrsg.): Integrierter EDV-Einsatz in der   *
Produktion - CIM:, AWF Eschborn 1985;
Scheer, A.-W.: CIM, Computer Integrated Manu-   **
facturing, Springer Verlag Berlin Heidelberg u.a
1988

Daten

Definition

Daten sind im allgemeinen Zeichen oder kontinuierliche Funktionen, die aufgrund bekannter oder unterstellter Abmachungen Informationen darstellen, vorrangig zum Zweck der Verarbeitung oder als deren Ergebnis.

Eine Information ist eine Nachricht, die eine für den Empfänger wesentliche Aussage enthält.

Anwendung

Die im Rahmen der Produktionsplanung und -steuerung relevanten Daten lassen sich grundsätzlich nach den Gesichtspunkten Datenbezug und Datenart strukturieren.

Die Gliederung der Daten nach ihrem Bezug führt beispielsweise auf die Differenzierung Personal-, Auftrags-, Erzeugnis- und Betriebsmitteldaten. Die Strukturierung nach Datenart führt auf die Unterscheidung nach Grunddaten und Bewegungsdaten, wobei sich die Grunddaten wiederum in Stammdaten und Strukturdaten aufteilen. Die Datenart ist ein wichtiger Ordnungsgesichtspunkt für die Produktionsplanung und -steuerung.

Grunddaten
Bewegungsdaten

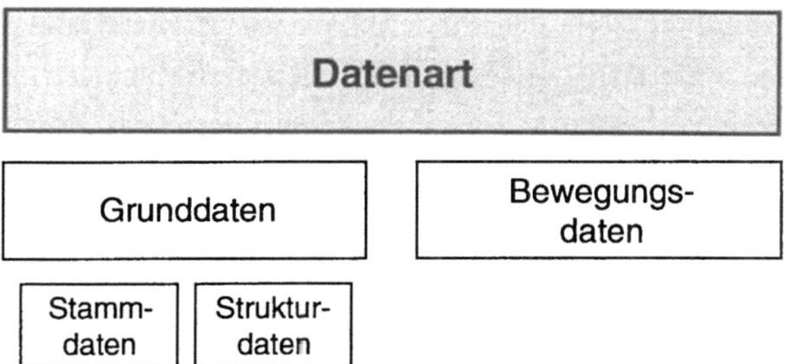

Eine weitere wichtige Unterscheidung von Daten ist die nach Plan- und Ist-Daten. Plan-Daten beruhen auf

Erfahrungen und Erkenntnissen über einen Vorgang oder ein Verfahren. Sie können aber auch das Ergebnis konkreter Planungen sein, die sich auf bestimmte Annahmen abstützen. Werden Plan-Daten im Rahmen einer Vorgabe verwendet, so werden sie auch als Soll-Daten bezeichnet.

Ist-Daten stellen tatsächlich ermittelte Daten dar. Sie werden auch als Real-Daten bezeichnet.

Literatur
Nedeß, Ch. (Hrsg.): Von PPS zu CIM, Springer-Verlag Berlin Heidelberg u.a. und Verlag TÜV Rheinland Köln 1992;
* REFA: Methodenlehre der Planung und Steuerung -
** Teil 1: Grundlagen, Carl Hanser Verlag München 1985

Datenaustausch

Definition
Unter Datenaustausch versteht man die Übertragung von Daten zwischen verschiedenen Programmen oder Computern.

Daten
Computer Der Datenaustausch setzt voraus, daß geeignete Funktionen zur Umwandlung der Daten in das auf der Empfangsseite erwartete Datenformat sowie geeignete Übertragungswege (z.B. Disketten, Netzwerke, Fernverbindung zwischen Computern via DFÜ) vorhanden sind.

Literatur
* Grieser, F.; u.a.: Computer Lexikon, Deutscher Taschenbuch Verlag München 1994

Datenbanksystem

Definition
Ein Datenbanksystem besteht aus einer Datenbank
(DB) und einem Datenbankmanagementsystem
(DBMS).

In der Datenbank sind die Daten in einer struk-   *Daten*
turierten systematischen Form gespeichert. Die Strukturierung kann auf Basis folgender Datenmodelle
vorgenommen werden:

- Hierarchisches Modell
  Zwischen den einzelnen Datensätzen bestehen
  hierarchische Beziehungen. Die Datensätze sind in
  einer Baumstruktur gespeichert. Der Zugriff auf
  die Datensätze erfolgt über die "Wurzel".

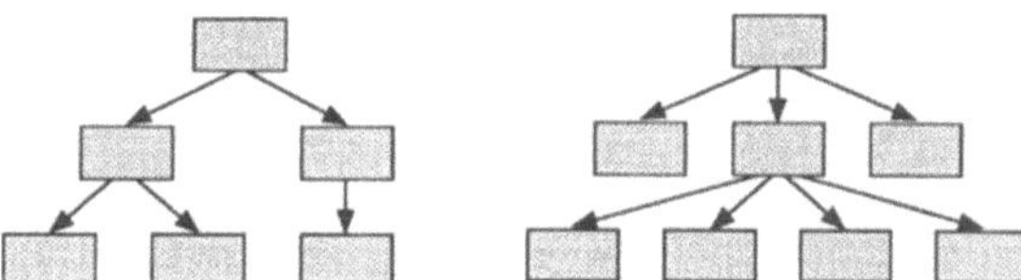

- Netzwerkmodell
  Alle Datensätze sind gleichberechtigt und unab-
  hängig voneinander. Die Beziehungen zwischen
  den Datensätzen können bidirektional sein. Ihre
  Anzahl ist nicht beschränkt. Dem Netzwerkmodell
  liegt eine Graphenstruktur zugrunde. Der Zugriff
  auf die Datensätze erfolgt durch "Navigieren" im
  Netz.

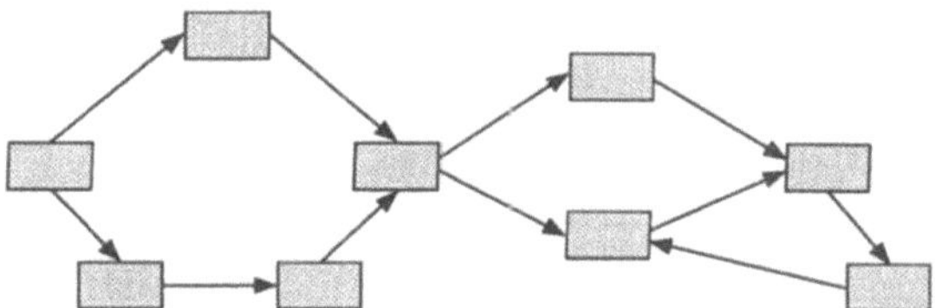

- Relationales Modell
  Die Daten werden in Form einfacher Tabellen
  präsentiert. Die Zusammenhänge zwischen den
  Tabellen (Relationen) werden mit Hilfe der eigent-
  lichen Daten hergestellt, indem in verschiedenen
  Tabellen die gleichen Attribute stehen.

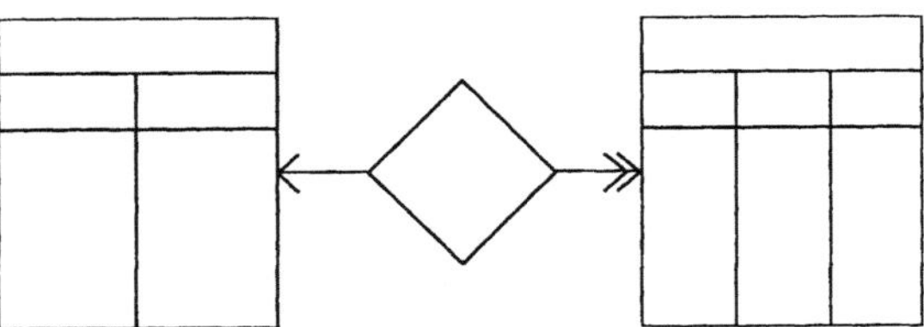

- Objektorientiertes Modell
  Objektorientierte Datenbanken erlauben die Speicherung komplexer Strukturen. Dabei werden
  neben den reinen Daten auch die Beziehungen, die
  zwischen den Strukturen bestehen, und die Funktionen, mit denen Inhalte der Strukturen verändert
  werden können, gespeichert.

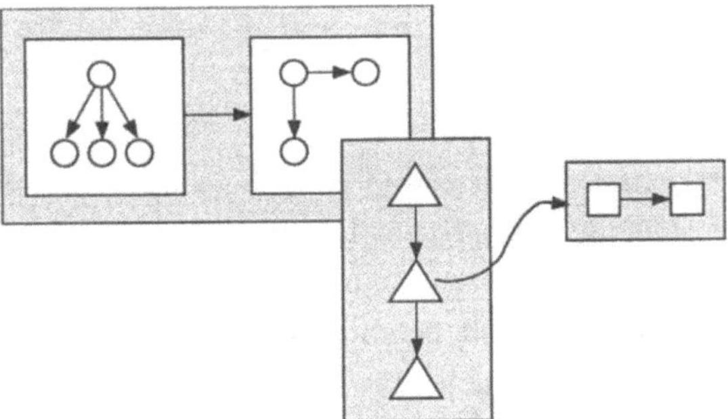

Das Datenbankmanagementsystem übernimmt die
Verwaltung der Datenbestände und koordiniert die
simultane Nutzung einer Datenbank durch viele inter-
aktive Anwender.

Die Schnittstelle zwischen Datenbank und Anwender
wird über eine Datenbanksprache realisiert (z.B. SQL
- Structured Query Language). Mit ihr können zum

einen die Grundoperationen auf Datenbanken wie beispielsweise das Einfügen, Ändern und Löschen von Datensätzen ausgeführt werden. Zum anderen besteht die Möglichkeit, mit Hilfe einfacher Datenbankverknüpfungen (Logik, Arithmetik, Stringverarbeitung) Berichte und Auswertungen aus den Datenbeständen zu erzeugen.

Literatur
Lockemann, P. C.; u.a. (Hrsg.): Datenbank   **
Handbuch, Springer-Verlag Berlin Heidelberg
u.a.1987;
Vossen, G.: Datenmodelle, Datenbanksprachen und   **
Datenbank-Management-Systeme, Addison-Wesley
Verlag Bonn München 1987

Datenverarbeitungssystem

Definition
siehe Computer

Dezentralisierung

Definition
Im Produktionsbereich wird unter Dezentralisierung eine Teilung der Produktion in mehrere Teilbereiche, die eigenverantwortlich arbeiten, verstanden.

Mit der organisatorischen Teilung ist im allgemeinen   *Datenaustausch*
auch eine DV-technische Teilung verbunden. Die einzelnen Bereiche besitzen eigene DV-Systeme, so daß sie autonom arbeiten können. Über ein Kommunikationssystem wird der Datenaustausch zwischen den einzelnen DV-Systemen sichergestellt.

Anwendung

PPS-System
Fertigungsleitstand

Ein häufig in der betrieblichen Praxis angewandtes Konzept ist die Verwendung eines zentralen PPS-Systems und dezentraler Fertigungsleitstände. Das PPS-System plant den Auftragsdurchlauf für einen mittel- bis langfristigen Planungshorizont (Grobplanung) über alle Teilbereiche. Die dezentralen Fertigungsleitstände übernehmen im kurzfristigen Bereich die Feinplanung der Fertigung.

Literatur

Nedeß, Ch. (Hrsg.): Von PPS zu CIM, Springer-Verlag Berlin Heidelberg u.a. und Verlag TÜV Rheinland Köln 1992

Direkte Kosten

Definition

siehe Einzelkosten

Disponibler Bestand

Definition

Der disponible Bestand ergibt sich durch Addition des Bestellbestands (offene Bestellungen) und des verfügbaren Bestands.

Material-
bedarfsermittlung

Der disponible Bestand wird u.a. im Rahmen der Materialbedarfsermittlung zur Festlegung des Nettobedarfs herangezogen.

Literatur

Dorninger, C.; u.a.: PPS Produktionsplanung und -steuerung, Ueberreuter Verlag Wien 1990

DLZ

Definition
siehe Durchlaufzeit

DNC

Definition
Unter DNC bzw. DNC-System versteht man eine Betriebsart, bei der mehrere numerisch gesteuerte Werkzeugmaschinen und andere Fertigungseinrichtungen wie Werkzeugeinstellgeräte, Meßmaschinen und Roboter direkt an einen Leitrechner angeschlossen sind.

DNC ist die Abkürzung für "Direct Numerical Control" (oder Distributed Numerical Control), zu deutsch "direkte numerische Steuerung".

Der DNC-Rechner ist nicht in die NC-Steuerung der Maschinen integriert, sondern stellt eine völlig getrennte Einheit dar.   *NC*

Jede in ein DNC-System integrierte NC-Maschine verfügt über eine voll ausgebaute CNC. Durch die direkte Datenübertragung auf elektronischem Wege entfallen die sonst üblichen Datenträger wie Lochstreifen, Magnetbänder oder Disketten samt der dafür erforderlichen Schreib- und Lesegeräte.   *CNC*

DNC-Systeme haben die Aufgabe, die vorhandenen NC-Programme zu verwalten und zeitgerecht an die einzelnen angeschlossenen Maschinen bzw. Steuerungseinheiten zu übertragen. Zu den erweiterten Funktionen eines DNC-Systems gehören die Betriebs- und Maschinendatenerfassung, die Werkzeugdatenverwaltung und die Transportsteuerung.   *Betriebsdatenerfassung*

DNC-Rechner übernehmen im allgemeinen keine Funktionen der numerischen Steuerung.

Literatur
Jansen, F. J.; u.a.: Rechnergestützte Betriebsorganisation, Springer-Verlag Berlin Heidelberg u.a. 1993;
* Kief, H. B.: NC/CNC Handbuch, Carl Hanser Verlag
** München Wien 1992

Dokumentation

Definition
Die Dokumentation bezeichnet alle Dokumente, die die Entstehung oder die Verwendung eines Produktes beschreiben.

Die Dokumentation läßt sich nach Verwendungszweck und Zielgruppen unterscheiden.

Man unterscheidet grob:

- Projektbezogene Dokumentation
  Sie umfaßt z.B. Schriftverkehr und Protokolle.

- Produktbezogene Dokumentation
  Sie umfaßt die Dokumentation der Zwischenergebnisse (z.B. Entwicklungsdokumentation) und endgültige Arbeitsergebnisse (z.B. Handbücher) sowie Informationen über Funktionen und Einsatzmöglichkeiten des Produktes.

Bei beiden Arten kann weiterhin zwischen interner Dokumentation (z.B. interne Absprachen, technisch orientierte Fixierung der Zwischenergebnisse) und externer Dokumentation (z.B. Pflichtenhefte, Handbücher) unterschieden werden.

Literatur

Duden Informatik, Bibliographisches Institut & F. A.   *
Brockhaus AG Mannheim 1993;
Grieser, F.; u.a.: Computer Lexikon, Deutscher
Taschenbuch Verlag München 1994

Durchführungszeit

Definition

Die Durchführungszeit ist die Zeit, die für die Durchführung eines Auftrags erforderlich ist. Sie setzt sich
aus der Rüstzeit und der Bearbeitungszeit zusammen.

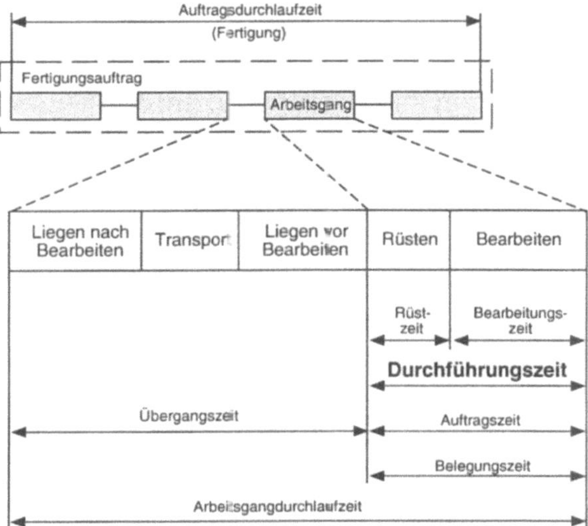

Während der Rüstzeit wird das Arbeitssystem für den
anstehenden Auftrag vorbereitet (Rüsten). Während
der Bearbeitungszeit findet die Bearbeitung statt. Die
Bearbeitungszeit wird auch als Ausführungszeit
bezeichnet.

Rüstzeit

Bearbeitungszeit

Bei der Durchführung eines Auftrags durch einen
Menschen, spricht man - statt von der Durch-

Auftragszeit

Belegungszeit

führungszeit - von der Auftragszeit. Analog bei Maschinen von der Belegungszeit.

Durchlaufzeit Durchführungszeit und Übergangszeit (Transport- und Liegezeit) ergeben zusammen die Durchlaufzeit.

Literatur
* Geitner, U. W.: Betriebsinformatik für Produktionsbetriebe - Teil 3: Methoden der Produktionsplanung und -steuerung, Carl Hanser Verlag München Wien 1987

Durchlaufterminierung

Definition
Die Durchlaufterminierung ist allgemein ein Verfahren zur Festlegung von Terminen ausgehend vom Anfangs- oder Endtermin eines Auftrags ohne Berücksichtigung der Kapazitätsgrenzen.

Durchlaufzeitanteile Grundlage für die Terminberechnungen sind die Durchlaufzeitanteile der Arbeitsgänge. Die Vorgabezeiten für das Rüsten und Bearbeiten sind in den Arbeitsplänen angegeben. Die Transport- und Liegezeiten sind oft in einer Übergangszeiten-Matrix abgelegt.

Auftragsnetz Voraussetzung für die Durchführung der Durchlaufterminierung ist die Kenntnis der strukturellen Abhängigkeiten der Arbeitsgänge jedes Auftrags (Auftragsnetz).

Betriebskalender
Kapazitätsterminierung Die Durchlaufterminierung berücksichtigt den Betriebskalender, um sicherzustellen, daß die ermittelten Termine jeweils auf einen Arbeitstag fallen. Kapazitätsgrenzen werden bei der Durchlaufterminierung nicht berücksichtigt. Die Berücksichtigung der Kapa-

zitätsgrenzen erfolgt erst im Rahmen der Kapazitätsterminierung.

Durchlaufterminierung und Kapazitätsterminierung sind Funktionen im Bereich der Termin- und Kapazitätsplanung. Die terminierten Arbeitsgänge werden den gemäß Arbeitsplan vorgesehenen Kapazitätseinheiten zugeordnet.

Termin- und Kapazitätsplanung

Man unterscheidet folgende Verfahren der Durchlaufterminierung:

- Vorwärtsterminierung,
- Rückwärtsterminierung,
- Engpaßterminierung.

Vorwärtsterminierung
Rückwärtsterminierung
Engpaßterminierung

Durchlaufterminierung

Vorwärts-terminierung	Engpaß-terminierung	Rückwärts-terminierung

AT

ET

Legende:
AT = Anfangstermin
ET = Endtermin
➞ = Terminierungsrichtung

Literatur

Geitner, U. W.: Betriebsinformatik für Produktionsbetriebe - Teil 3: Methoden der Produktionsplanung und -steuerung, Carl Hanser Verlag München Wien 1987;

**

Glaser, H.; u.a.: PPS Produktionsplanung und -steuerung - Grundlagen, Konzepte, Anwendungen, Gabler Verlag Wiesbaden 1992;

**

* VDI-Richtlinie 2815 Blatt 4: Begriffe für die Produktionsplanung und -steuerung - Materialbedarfsermittlung, VDI Verlag Düsseldorf Mai 1978

Durchlaufzeit

Definition

Als Durchlaufzeit (DLZ) bezeichnet man allgemein die Zeit, die für die Erfüllung einer Aufgabe in einem oder mehreren Arbeitssystemen benötigt wird.

Auftragsdurchlaufzeit
Arbeitsgangdurchlaufzeit

Die Durchlaufzeit stellt somit einen Oberbegriff dar und kann sich sowohl auf den gesamten Durchlauf eines Fertigungsauftrags durch die Fertigung (Auftragsdurchlaufzeit) als auch auf die Durchlaufzeit je Arbeitsgang (Arbeitsgangdurchlaufzeit) beziehen.

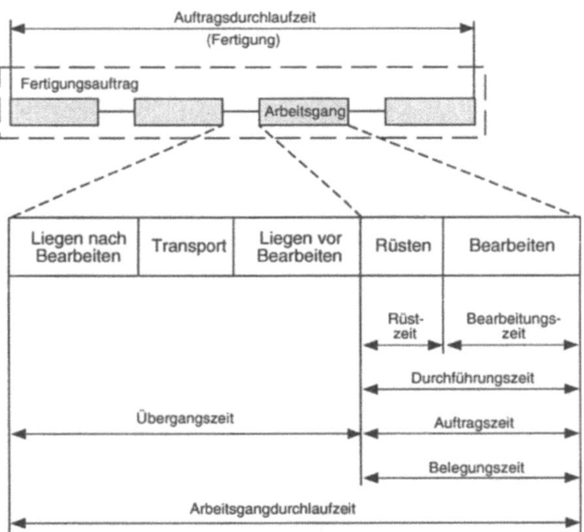

Durchlaufzeitanteile
Vorgabezeit

Bei der Einteilung der Durchlaufzeit in Durchlaufzeitanteile wird zwischen den Vorgabezeiten für den Menschen und den Vorgabezeiten für die Betriebsmittel unterschieden.

Literatur

Sonnenberg, H.: Betriebslehre und Arbeitsvor- **
bereitung - Bd. 2: Kostenrechnung, Arbeitsstudium,
Vieweg Verlag Braunschweig 1991;
Strack, M.: Organisatorische Gestaltung einer zen- *
tralen Werkstattsteuerung, Springer-Verlag Berlin **
Heidelberg u.a. 1987

Durchlaufzeitanteile

Definition

Die Anteile der Durchlaufzeit für einen Arbeitsgang
werden im allgemeinen wie folgt festgelegt:

- Liegen nach Bearbeiten,
- Transport,
- Liegen vor Bearbeiten,
- Rüsten,
- Bearbeiten.

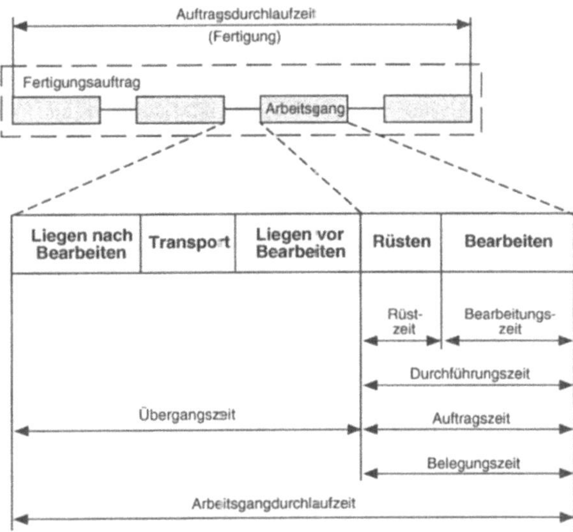

Die Zeiten für "Liegen vor Bearbeiten" und "Liegen   *Übergangszeit*
nach Bearbeiten" werden unter dem Begriff "Liege-

zeit" zusammengefaßt. Die Zeitanteile für den Transport werden unter Transportzeit zusammengefaßt. Die Summe aus Liegezeit und Transportzeit wird auch als Übergangszeit bezeichnet.

Durchführungszeit
Durchlaufzeit

Die Zeiten für das Rüsten und das Bearbeiten werden Durchführungszeit genannt. Durchführungszeit und Übergangszeit bilden zusammen die Durchlaufzeit.

Durchlaufzeitanalysen in Fertigungsbetrieben zeigen, daß die Liegezeiten einen sehr großen Anteil an der Arbeitsgangdurchlaufzeit besitzen.

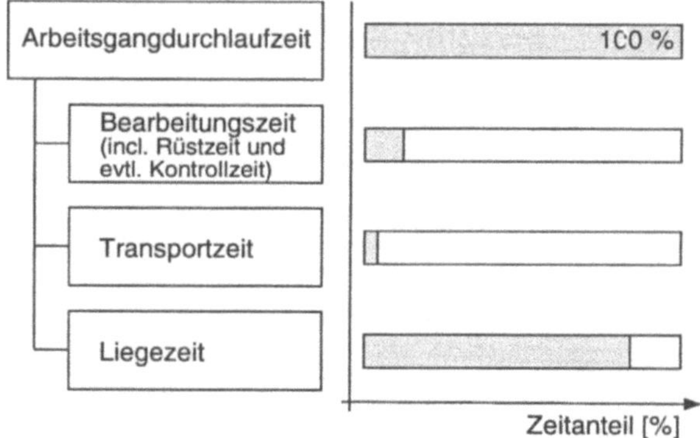

Literatur

* Hackstein, R.: Produktionsplanung und -steuerung (PPS), VDI Verlag Düsseldorf 1989;
* Strack, M.: Organisatorische Gestaltung einer zentralen Werkstattsteuerung, Springer-Verlag Berlin Heidelberg u.a. 1987

Durchlaufzeitverkürzung

Definition

Im Rahmen von Maßnahmen der Durchlaufzeitverkürzung wird versucht, die Auftragsdurchlaufzeit zu reduzieren.

Zur Verkürzung der Durchlaufzeiten können folgende Verfahren eingesetzt werden:

Durchlaufzeit

* Reduktion der Übergangszeiten,
* Überlappung,
* Splittung.

Reduktion der Übergangszeiten
Überlappung, Splittung

Beispiel

Eine Verkürzung der Durchlaufzeit wird beispiels- weise erforderlich, wenn sich bei der Rückwärts- terminierung ein Anfangstermin ergibt, der in der Vergangenheit liegt, oder bei der Vorwärtstermi- nierung ein Fertigstellungstermin errechnet wird, der nach dem geplanten Liefertermin liegt. In beiden Fällen der Durchlaufterminierung kann der geplante Liefertermin nicht ohne Verkürzung der Auftrags- durchlaufzeiten eingehalten werden.

Durchlaufterminierung

Literatur

Dorninger, C.; u.a.: PPS Produktionsplanung und -steuerung, Ueberreuter Verlag Wien 1990;
Glaser, H.; u.a.: PPS Produktionsplanung und -steuerung - Grundlagen, Konzepte, Anwendungen, Gabler Verlag Wiesbaden 1992

*
**
**

Durchsatz

Definition

Der Durchsatz beschreibt die Anzahl der pro Zeiteinheit im betrachteten System vollständig bearbeiteten Teile. Der Durchsatz wird in Stück pro Zeiteinheit angegeben.

Der Durchsatz kann sich sowohl auf einzelne Arbeitsplätze als auch auf ganze Bereiche bzw. die gesamte Produktion beziehen.

Ebenenmodell

Definition

Ein Ebenenmodell gliedert ein System in hierarchisch angeordnete Teilsysteme. Die Einteilung erfolgt meist nach funktionalen Gesichtspunkten.

Anwendung

Im allgemeinen wird ein Ebenenmodell für die Produktion in folgende Hierarchiestufen unterteilt:

- administrative (strategische) Ebene,
- dispositive (taktische) Ebene,
- operative Ebene.

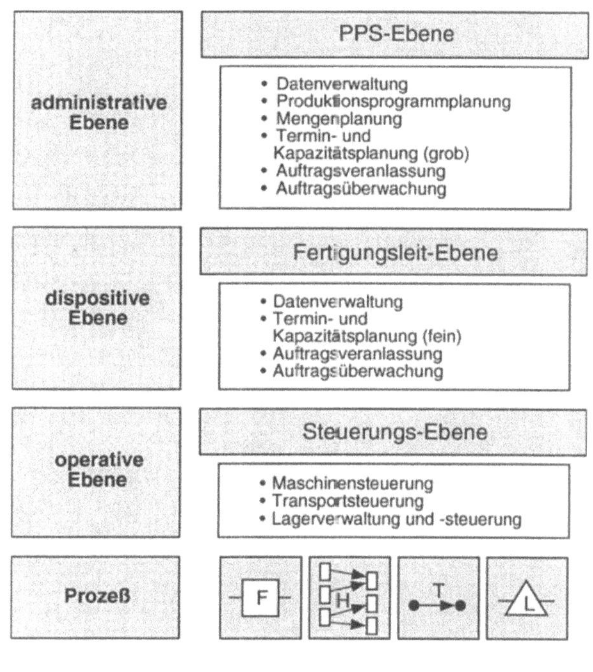

Legende:

F = Fertigung
H = Handhabung
L = Lager
T = Transport

In der betrieblichen Praxis können die Ebenen weiter untergliedert werden. Jede Ebene beinhaltet unterschiedliche Aufgaben und Funktionen.

PPS-System

Im PPS-Bereich sind auf der administrativen Ebene lang- bis mittelfristige Funktionen angesiedelt. Sie beinhaltet das Produktionsplanungs- und Steuerungssystem (PPS-System). Sie wird daher häufig als PPS-Ebene bezeichnet.

Fertigungsleitstand

Die dispositive Ebene umfaßt Funktionen, die einen mittel- bis kurzfristigen Planungshorizont aufweisen. Auf dieser Ebene sind z.B. Fertigungsleitstände angesiedelt.

Die operative Ebene umfaßt alle Funktionen zur direkten steuerungstechnischen Umsetzung der Planungsvorgaben aus der dispositiven Ebene für die Bereiche Fertigung, Lager und Transport.

Literatur
Mai, W.; u.a.: CIM Marktübersicht: Fertigungs- und Personalleitstand, Vieweg-Verlag Braunschweig Wiesbaden 1992;
REFA: Methodenlehre der Betriebsorgnisation: Lexikon der Betriebsorganisation, Carl Hanser Verlag München 1993;
** Scheer, A.-W. (Hrsg.): Neue Architekturen für EDV-Systeme zur Produktionsplanung und -steuerung, Institut für Wirtschafsinformatik (IWi) an der Universität des Saarlands Saarbrücken 1986

Ecktermin

Definition

Unter Ecktermin wird allgemein ein für die Planung
und Steuerung bedeutender Zeitpunkt im Auftragsdurchlauf verstanden.

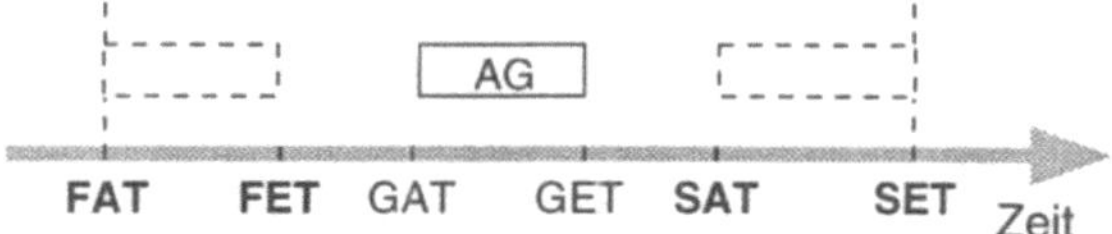

Legende:

AG = Arbeitsgang
FAT = Frühester Anfangstermin
FET = Frühester Endtermin
GAT = Geplanter Anfangstermin
GET = Geplanter Endtermin
SAT = Spätester Anfangstermin
SET = Spätester Endtermin

Anwendung

Ecktermine sind Solltermine, die im Rahmen der
Durchlaufterminierung errechnet werden. Sie werden
für Arbeitsgänge bzw. Aufträge ermittelt und setzen
sich im allgemeinen aus Frühesten Anfangsterminen
und Spätesten Endterminen zusammen. Die frühesten
und spätesten Termine sollen im Rahmen der Durchführung der Fertigungsaufgaben eingehalten werden,
um das Termingerüst eines Gesamtauftrags einhalten
zu können.

Durchlaufterminierung
Termingerüst

Die sich bei der Berechnung von Eckterminen oftmals
ergebenden Pufferzeiten können zur Optimierung bei
der Reihenfolgeplanung (Auftragsdisposition) genutzt
werden.

Reihenfolgeplanung

Ausgangspunkt für die Bestimmung der Ecktermine
ist im allgemeinen der Fertigstellungstermin des
Auftrags als Spätester Endtermin sowie das aktuelle
Datum als Frühester Anfangstermin. In Abhängigkeit
von diesen Terminen werden im Rahmen der

Durchlaufterminierung die Ecktermine der zugehörigen Arbeitsgänge ermittelt.

Folgende Ecktermine sind zu unterscheiden:

Frühester u. Spätester • Frühester Anfangstermin (FAT),
Anfangstermin • Spätester Anfangstermin (SAT),
Frühester u. Spätester • Frühester Endtermin (FET),
Endtermin • Spätester Endtermin (SET).

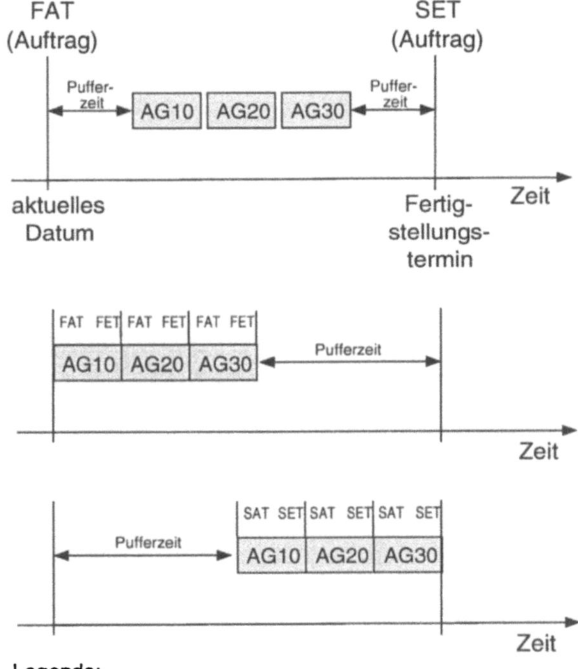

Beispiel

Der Späteste Anfangstermin (SAT) eines Arbeitsganges gibt an, wann der Arbeitsgang spätestens beginnen muß, damit er und alle nachfolgenden

Arbeitsgänge termingerecht fertiggestellt werden können.

Literatur
VDI-Richtlinie 2815 Blatt 4: Begriffe für die Produk- *
tionsplanung und -steuerung - Material, Erzeugnis
und Handelsware, VDI Verlag Düsseldorf Mai 1978

Eigenfertigung

Definition
Eigenfertigung bezeichnet der Umfang der Fertigung,
der von Fertigungskapazitäten des eigenen Unternehmens übernommen wird.

Zur Reduzierung der Fertigungstiefe können Ferti-   *Fertigungstiefe*
gungsaufträge durch Fremdfertigung abgedeckt   *Fremdfertigung*
werden.

Eigenfertigungsteil

Definition
siehe Eigenteil

Eigenteil

Definition
Ein Eigenteil ist ein Teil eigener Entwicklung und
überwiegend eigener Fertigung.

Im Gegensatz zum Kaufteil liegen die Entwicklungs-   *Kaufteil*
und Fertigungsverantwortung bei Eigenteilen im   *Fertigungsprogramm*
eigenen Unternehmen. Die Planungs- und Steuerungs-
aufgaben zur Fertigung eines Eigenteils sind im
Fertigungsprogramm festgelegt.

Synonyme
Eigenfertigungsteil

Literatur
* VDI-Richtlinie 2815 Blatt 2: Begriffe für die Produktionsplanung und -steuerung - Material, Erzeugnis und Handelsware, VDI Verlag Düsseldorf Mai 1978

Eilauftrag

Definition
Ein Eilauftrag ist ein Auftrag, der eine sehr hohe (extern vergebene) Priorität besitzt.

Eilaufträge werden im Rahmen der Durchführung gegenüber anderen Aufträgen mit niedriger Priorität vordringlich bearbeitet.

Eindeckung

Definition
Eindeckung ist die Summe aus Lagerbestand und unerledigten Fertigungsaufträgen (Auftragsmengen) bzw. unerledigten Bestellungen (Bestellmengen) in einem Betrachtungszeitraum.

Ist die Eindeckung größer als der Bedarf in diesem Zeitraum, spricht man von Übereindeckung. Anderenfalls von Untereindeckung.

Literatur
* VDI-Gesellschaft Produktionstechnik (Hrsg.): Lexikon der Produktionsplanung und -steuerung, VDI Verlag Düsseldorf 1992

Eindimensionale Prioritätsregel

Definition
siehe Elementare Prioritätsregel

Einfahren

Definition
siehe Einrichten

Einmalfertigung

Definition
Unter Einmalfertigung versteht man eine Fertigungsart, die darauf ausgerichtet ist, daß die Gesamtmenge
eines Erzeugnisses nur einmalig hergestellt wird.

Für die Fertigungsart der Einmalfertigung ist kenn- *Fertigungsart*
zeichnend, daß jeder Fertigungsauftrag die Losgröße *Einzelfertigung*
eins hat und die Wiederholhäufigkeit identischer oder
im Ablauf gleicher Fertigungsvorgänge den Wert null
annimmt. Sie ist hinsichtlich der Wiederholhäufigkeit
von der Einzelfertigung zu unterscheiden.

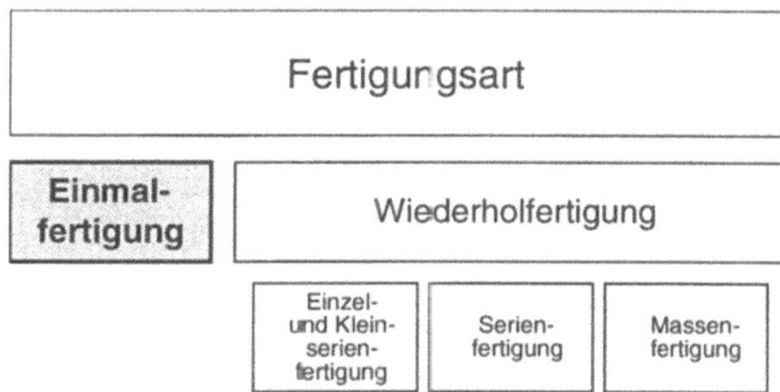

Bei der Einmalfertigung handelt es sich fast *Auftragsfertigung*
ausschließlich um eine Auftragsfertigung (kundenbezogene Fertigung), d.h. die Fertigung wird auf-

grund einer konkreten Bestellung eines Kunden zur Herstellung eines definierten Erzeugnisses durchgeführt. Die Eigenschaften des Erzeugnisses werden auf die individuellen Kundenwünsche ausgerichtet (Individualprodukt). Der Fertigungsablauf und damit die Arbeitspläne müssen speziell für das einzelne Erzeugnis konzipiert bzw. angefertigt werden.

Baustellenfertigung Die Aufträge werden typischerweise in Baustellenfertigung bearbeitet.

Beispiel
Schiffsbau, Prototypenbau.

Literatur
Geitner, U. W.: Betriebsinformatik für Produktionsbetriebe - Teil 3: Methoden der Produktionsplanung und -steuerung, Carl Hanser Verlag München Wien 1987;
* Schomburg, E.: Betriebsindividuelle Einflußgrößen für die Gestaltung und Bewertung von PPS-Systemen, in: PPS-Fachmann, Bd. 4, Hrsg. RKW, Verlag TÜV Rheinland Köln 1987;
* VDI-Richtlinie 2815 Blatt 7: Begriffe für die Produktionsplanung und -steuerung - Fertigungsarten, Fertigungsablaufarten, VDI Verlag Düsseldorf Mai 1978

Einplanen

Definition
siehe Plantafelfunktionen

Einrichtbetrieb

Definition
Der Einrichtbetrieb ist ein Probelauf, in dem das aufgerüstete Arbeitssystem für die Durchführung des speziellen Fertigungsvorganges in Betrieb genommen, d.h. getestet, korrigiert und optimiert wird.

Dies geschieht durch schrittweises und überwachtes Abfahren des NC-Programms mit Probebearbeitungen und anschließenden Qualitätskontrollen am Werkstück (Einrichten).

Einrichten

Literatur
Klaiber, M.: Produktivitätssteigerung durch rechnerunterstütztes Einfahren von NC-Programmen - Forschungsberichte, Institut für Werkzeugmaschinen und Betriebstechnik an der Universität Karlsruhe 1992

*
**

Einrichten

Definition
Unter Einrichten versteht man den Rüstabschnitt, der das Austesten, Korrigieren und Optimieren einer mit NC-Programm und weiteren Betriebsmitteln gerüsteten Werkzeugmaschine umfaßt.

Das Einrichten ist eine Teilphase des gesamten Rüstens. Das Arbeitssystem wird durch wiederholte, überwachte Probefertigung, Qualitätskontrolle, Diagnose und darauf einzuleitende Korrekturmaßnahmen in den geforderten Soll-Zustand gebracht.

Rüsten
Arbeitssystem

Der Einrichtbetrieb bzw. -vorgang ist dann beendet, wenn die Werkzeugmaschine die Werkstücke in der geforderten Qualität automatisch bearbeitet.

Einrichtbetrieb

Synonyme
Einfahren

Literatur
* Klaiber, M.: Produktivitätssteigerung durch rechner-
** unterstütztes Einfahren von NC-Programmen - Forschungsberichte, Institut für Werkzeugmaschinen und
Betriebstechnik an der Universität Karlsruhe 1992

Einrichtezuschlag

Definition
Der Einrichtezuschlag ist die Menge an Material, die
zur Abdeckung des beim Einrichten entstehenden
Ausschusses benötigt wird.

Einrichten Der beim Einrichten anfallende Ausschuß ist das
Ausschuß Material, das vorgegebene Qualitätsanforderungen
nicht erfüllt.

Literatur
* VDI-Richtlinie 2815 Blatt 4: Begriffe für die
Produktionsplanung und -steuerung -
Materialbedarfsermittlung, VDI Verlag Düsseldorf
Mai 1978

Einsatzstoff

Definition
siehe Material

Einzel- und Kleinserienfertigung

Definition
Unter Einzel- und Kleinserienfertigung versteht man
eine Fertigungsart mit kleinen bis mittleren Losgrößen und einer Wiederholhäufigkeit größer als null.

Die Einzel- und Kleinserienfertigung ist eine Form
der Wiederholfertigung.

Wiederholfertigung

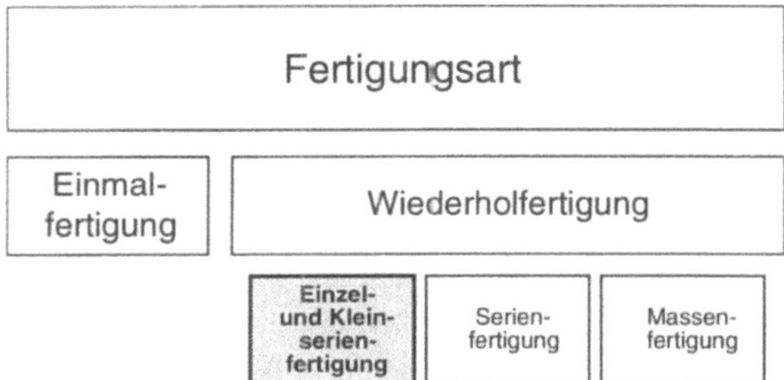

Bei der Einzel- und Kleinserienfertigung handelt es
sich wie bei der Einmalfertigung fast ausschließlich
um eine kundenauftragsbezogene Fertigung (Auftragsfertigung). Neben Individualprodukten kommen
bei dieser Fertigungsart Erzeugnisse mit kunden-
spezifischen Varianten hinzu.

Auftragsfertigung
Variante

Typisch für die Einzel- und Kleinserienfertigung ist
die Organisationsform der Werkstattfertigung. Je
nach Produktspektrum sind aber auch andere Formen
der Fertigungsorganisation vorzufinden, wie z. B. die
Baustellen- und die Gruppenfertigung.

Fertigungsorganisation

Literatur
Geitner, U. W.: Betriebsinformatik für Produktionsbetriebe - Teil 3: Methoden der Produktionsplanung
und -steuerung, Carl Hanser Verlag München Wien
1987;

REFA: Methodenlehre der Planung und Steuerung - Teil 2: Planung, Carl Hanser Verlag München 1985;
* Schomburg, E.: Betriebsindividuelle Einflußgrößen für die Gestaltung und Bewertung von PPS-Systemen, in: PPS-Fachmann, Bd. 4, Hrsg. RKW, Verlag TÜV Rheinland Köln 1987

Einzelarbeitsplan

Definition
Ein Einzelarbeitsplan enthält Angaben, die sich auf ein bestimmtes Teil, eine bestimmte Baugruppe oder ein bestimmtes Erzeugnis beziehen.

Arbeitsplanart Im Gegensatz zum Variantenarbeitsplan kann auf Basis des Einzelarbeitsplans immer nur ein Teil, eine Baugruppe oder ein Erzeugnis gefertigt werden. Für jede Abweichung muß somit bei dieser Arbeitsplanart ein neuer Einzelarbeitsplan erstellt werden.

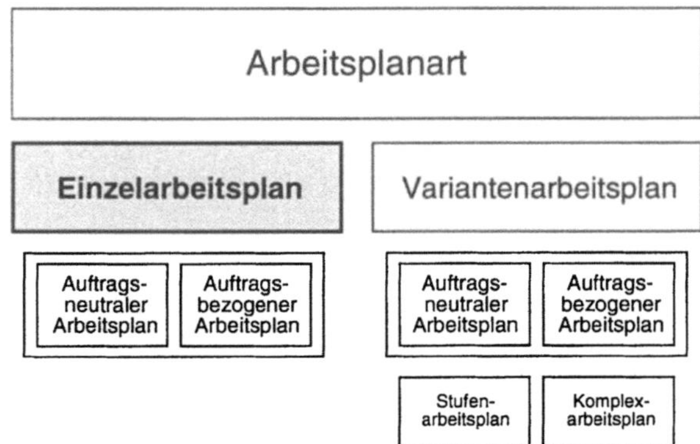

Literatur
* Geitner, U. W.: Betriebsinformatik für Produktionsbetriebe - Teil 3: Methoden der Produktionsplanung und -steuerung, Carl Hanser Verlag München Wien 1987

Einzelfertigung

Definition
Die Einzelfertigung ist eine Fertigungsart mit der Auftragsmenge eins und einer Wiederholhäufigkeit größer null.

Die Einzelfertigung ist eine Form der Wieder-   *Wiederholfertigung*
holfertigung.

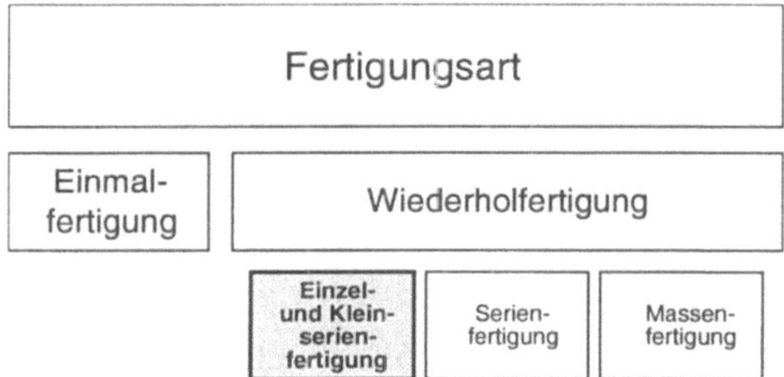

Im Gegensatz zur Einmalfertigung, bei der ein Erzeugnis einmalig hergestellt wird, kann bei der Einzelfertigung das gleiche Erzeugnis nach einer gewissen Zeitspanne wieder mit der Stückzahl eins gefertigt werden. Einzel- und Einmalfertigung unterscheiden sich daher in der Wiederholhäufigkeit (Einmalfertigung = 0, Einzelfertigung > 0).

Bei der Einzelfertigung liegt fast immer eine Auf-   *Auftragsfertigung*
tragsfertigung vor, d.h. das Erzeugnis wird erst auf Bestellung eines bestimmten Kunden hergestellt.

Literatur
Geitner, U. W.: Betriebsinformatik für Produktionsbetriebe - Teil 3: Methoden der Produktionsplanung und -steuerung, Carl Hanser Verlag München Wien 1987;

REFA: Methodenlehre der Planung und Steuerung -
Teil 2: Planung, Carl Hanser Verlag München 1985;
* VDI-Gesellschaft Produktionstechnik (Hrsg.):
Lexikon der Produktionsplanung und -steuerung,
VDI Verlag Düsseldorf 1992

Einzelkapazität

Definition

Die Einzelkapazität stellt die Kapazität einer Kapazitätseinheit bzw. eines einzelnen Arbeitsplatzes dar.

Kapazitätseinheit Die Kapazitätseinheit ist der kleinste gewählte Bereich eines Betriebes, der aus der Sicht der Planung und Steuerung von Fertigungsaufträgen relevant ist.

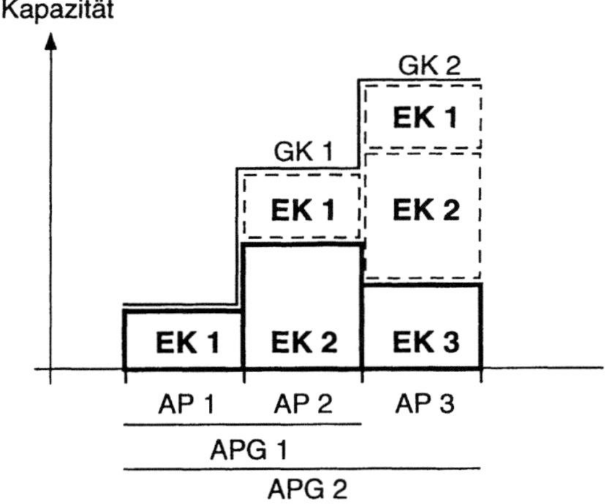

Literatur

REFA: Methodenlehre der Planung und Steuerung -
Teil 2: Planung, Carl Hanser Verlag München 1985;

VDI-Richtlinie 2815 Blatt 6: Begriffe für die Produk- *
tionsplanung und -steuerung - Kapazität, VDI Verlag
Düsseldorf Mai 1978

Einzelkosten

Definition

Einzelkosten bezeichnen Kosten, die einem
bestimmten Kostenträger (Bezugsgröße) direkt
zugeordnet werden können. Sie werden, nachdem sie
in der Kostenartenrechnung erfaßt worden sind, direkt
an die Kostenträgerrechnung weitergegeben.

Beispiel

Den Kostenträgern lassen sich verursachungsgemäß
Einzelkosten in der Form

- Fertigungsmaterial,
- Fertigungslöhne,
- Sondereinzelkosten.

zuordnen.

Synonyme

Direkte Kosten

Literatur

Gabler Wirtschaftslexikon, Gabler Verlag Wiesbaden
1993;
Hummel, S.; Männel, W.: Kostenrechnung, Gabler- *
Verlag 1986; **
Kilger, W.: Einführung in die Kostenrechnung, **
Gabler-Verlag Wiesbaden 1987

Einzelstückliste

Definition

Die Einzelstückliste ist eine Stückliste, die sich jeweils auf ein Erzeugnis oder auf eine einzige Baugruppe bezieht.

Stücklistenart Die wichtigsten Stücklistenarten der Einzelstücklisten sind in dem nachfolgenden Bild dargestellt.

Mengenstückliste
Strukturstückliste
Baukastenstückliste

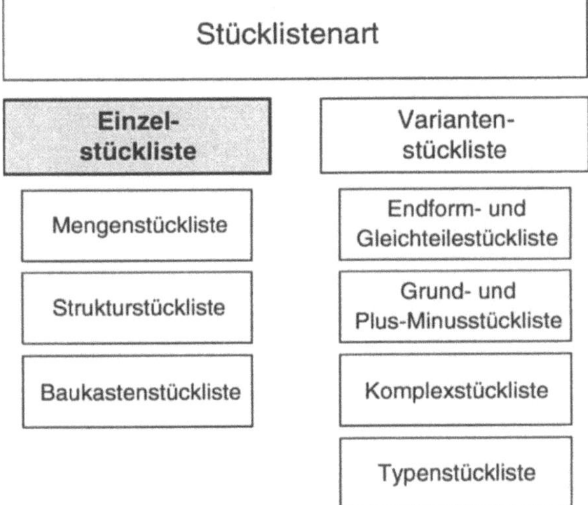

Literatur

** Gerlach, H. H.: Stücklisten, in: Handwörterbuch der Produktionswirtschaft, Hrsg. Kern, W., Poeschel Verlag Stuttgart 1979;

** REFA: Methodenlehre der Planung und Steuerung - Teil 1: Grundlagen, Carl Hanser Verlag München 1985;
VDI Richtlinie 2215: Datenverarbeitung und Konstruktion, VDI Verlag Düsseldorf Nov. 1980

Einzelteil

Definition
siehe Teil

Elektronischer Leitstand

Definition
siehe Fertigungsleitstand

Elementare Prioritätsregel

Definition
Eine elementare bzw. einfache Prioritätsregel beinhaltet genau ein Kriterium, mit dem die Bearbeitungsreihenfolge von Aufträgen an einem Arbeitsplatz bestimmt wird.

In der Literatur ist eine Vielzahl von elementaren
Prioritätsregeln beschrieben.

Häufig werden zur Reihenfolgebildung beispielsweise
folgende Prioritätsregeln eingesetzt:

Prioritätsregel

- Kürzeste Operationszeitregel (KOZ-Regel),

  Kürzeste Operationszeitregel

- Längste Operationszeitregel (LOZ-Regel),

  Längste Operationszeitregel

- Kleinste Restbearbeitungszeitregel (KRB-Regel),

  Kleinste Restbearbeitungszeitregel

- Größte Restbearbeitungszeitregel (GRB-Regel),

  Größte Restbearbeitungszeitregel

- First-Come-First-Served-Regel (FCFS-Regel),

  First-Come-First-Served-Regel

- Schlupfzeitregel,

  Schlupfzeitregel

Synonyme
Eindimensionale Prioritätsregel

Literatur
** Berg, C.: Prioritätsregeln in der Reihenfolgeplanung, in: Handwörterbuch der Produktionswirtschaft, Hrsg. Kern, W., Poeschel Verlag Stuttgart 1979;
Hackstein, R.: Produktionsplanung und -steuerung (PPS), VDI Verlag Düsseldorf 1989;
Kernler, H.: PPS der 3. Generation, Hüthig Buch Verlag Heidelberg 1993

Endformstückliste

Definition
In der Endformstückliste werden pro Variante die variierenden Baugruppen und Teile eines Erzeugnisses aufgeführt.

Baugruppe
Teil
Erzeugnis

Gemeinsam mit der Gleichteilestückliste, die die gleichbleibenden Baugruppen und Teile eines Erzeugnisses enthält, ergibt sich die vollständige Stückliste für die gewünschte Variante.

Variantenstückliste
Gleichteilestückliste

Die Endformstückliste gehört zur Gruppe der Variantenstücklisten. Es handelt sich hierbei um die einfachste Form zur Erfassung von Varianten. Sie wird ausschließlich in Verbindung mit der Gleichteilestückliste eingesetzt.

Anwendung
Die Gleichteile- und Endformstücklisten finden Verwendung bei der Serienfertigung von weitgehend ausgereiften Erzeugnissen mit festliegenden Varianten.

Beispiel
Beispiel siehe Gleichteilestückliste

Synonyme
Ergänzungsstückliste

Literatur
Geitner, U. W.: Betriebsinformatik für Produktions-
betriebe - Teil 1: Grundlagen der Informationsverar-
beitung, Carl Hanser Verlag München Wien 1983;
Gerlach, H. H.: Stücklisten, in: Handwörterbuch der
Produktionswirtschaft, Hrsg. Kern, W., Poeschel
Verlag Stuttgart 1979;
REFA: Methodenlehre der Planung und Steuerung -
Teil 1: Grundlagen, Carl Hanser Verlag München
1985

Endtermin

Definition
Der Endtermin stellt den Zeitpunkt dar, zu dem ein
Auftrag bzw. Arbeitsgang abgeschlossen sein soll
oder abgeschlossen worden ist.

Früheste und Späteste Endtermine werden auch als *Ecktermin*
Ecktermine bezeichnet.

Geplante Endtermine zählen zu den Soll-Terminen, *Geplanter Endtermin*
die rückgemeldeten Endtermine stellen Ist-Termine
dar.

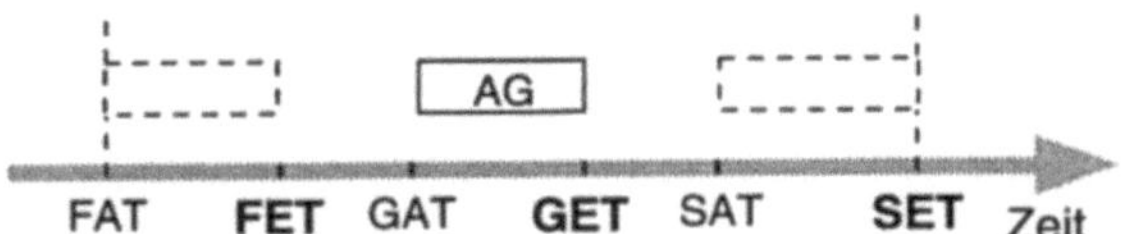

Legende:

FAT = Frühester Anfangstermin
FET = Frühester Endtermin
GAT = Geplanter Anfangstermin
GET = Geplanter Endtermin
SAT = Spätester Anfangstermin
SET = Spätester Endtermin
AG = Arbeitsgang

Literatur

VDI-Richtlinie 2815 Blatt 4: Begriffe für die Produktionsplanung und -steuerung - Materialbedarfsermittlung, VDI Verlag Düsseldorf Mai 1978

Engpaß

Definition
Allgemein versteht man unter einem Engpaß eine Unterdeckung an Personal, Betriebsmitteln oder Material.

Arbeitsplatz
Engpaßterminierung

Im engeren Sinne ist ein Engpaß ein Arbeitsplatz oder eine Arbeitsplatzgruppe, wo Kapazitätsüberlastungen entstehen. Die davon betroffenen Arbeitsplätze werden auch als Engpaßstellen bezeichnet. Sie sind terminbestimmend für die Planung des Fertigungsablaufs (Engpaßterminierung).

Man unterscheidet zwischen statischen und dynamischen Engpässen.

Ein statischer Engpaß ist ein Arbeitsplatz, der grundsätzlich Kapazitätsprobleme besitzt.

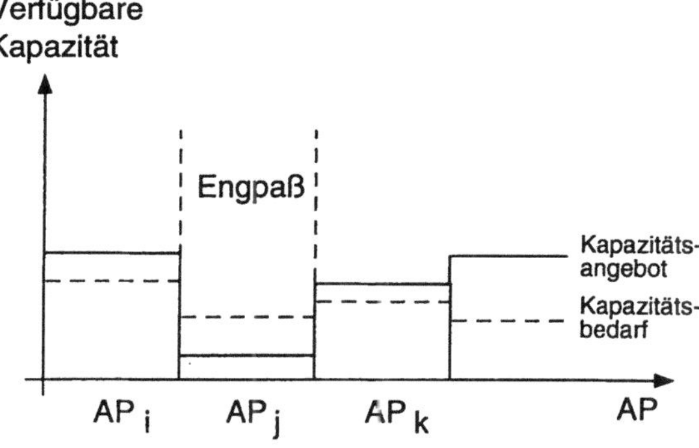

Ein dynamischer Engpaß entsteht demgegenüber durch eine bestimmte Auftragssituation und ist nicht ständig auf einen bestimmten Arbeitsplatz bezogen. Je nach Auftragsbelastung bilden einzelne oder mehrere Arbeitsplätze zeitlich versetzt durch zeitweise Überlastung einen dynamischen Engpaß (wandernder Engpaß).

Literatur
VDI-Richtlinie 2815 Blatt 6: Begriffe für die Produktionsplanung und -steuerung - Kapazität, VDI Verlag Düsseldorf Mai 1978   *

Engpaßsteuerung

Definition
siehe Optimized Production Technology

Engpaßterminierung

Definition
Die Engpaßterminierung ist ein Verfahren der Durchlaufterminierung. Sie ergibt sich aus einer kombinier-

ten Anwendung der Vorwärtsterminierung und der Rückwärtsterminierung.

Durchlaufterminierung Befindet sich im Durchlauf eines Fertigungsauftrags
Engpaß ein Engpaßarbeitsplatz, kann die Durchlaufterminierung von diesem Engpaß aus durchgeführt werden. Alle im Anschluß an den Engpaß folgenden Arbeitsgänge werden vom Engpaß aus vorwärtsterminiert. Alle vor dem Engpaßarbeitsplatz durchzuführenden Arbeitsgänge werden vom Engpaß aus rückwärtsterminiert.

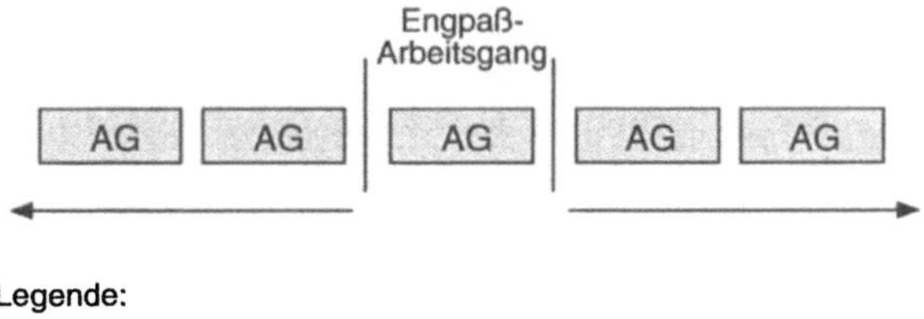

Legende:
AG = Arbeitsgang
→ = Terminierungsrichtung

Synonyme
Mittelpunktterminierung

Literatur
* Helfrich, C.: PPS-Praxis, Resch Verlag München 1989;
* Scheer, A.-W. (Hrsg.): Neue Architekturen für EDV-Systeme zur Produktionsplanung und -steuerung, Institut für Wirtschafsinformatik (IWi) an der Universität des Saarlands Saarbrücken 1986

Ergänzungsstückliste

Definition
siehe Endformstückliste

Erzeugnis

Definition

Erzeugnisse sind in sich geschlossene, aus einer Anzahl von Baugruppen oder Teilen bestehende Gegenstände als Endergebnis der Fertigung.

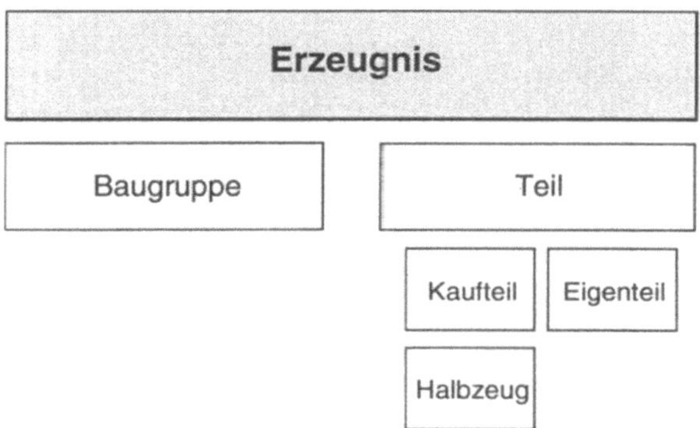

In bestimmten Fällen kann auch Material wie ein *Material*
Erzeugnis behandelt werden, wenn es ein End- *Primärbedarf*
ergebnis der Fertigung ist und damit im Rahmen der
Materialbedarfsermittlung als Primärbedarf auftritt.

In der chemischen Industrie setzen sich Erzeugnisse
aus Grund- bzw. Einsatzstoffen und Komponenten
zusammen.

Literatur

DIN 6789: Zeichnungssystematik, Febr. 1965; *

REFA: Methodenlehre der Planung und Steuerung - *
Teil 1: Grundlagen, Carl Hanser Verlag München
1985;

VDI-Richtlinie 2815 Blatt 2: Begriffe für die Produk- *
tionsplanung und -steuerung - Material, Erzeugnis
und Handelsware, VDI Verlag Düsseldorf Mai 1978

Erzeugnisgliederung

Definition
siehe Erzeugnisstruktur

Erzeugnisstruktur

Definition
Die Erzeugnisstruktur beschreibt den Aufbau der Erzeugnisse aus untergeordneten Baugruppen und Teilen und ggf. Rohstoffen.

Erzeugnis
Gozintograph
Zur Veranschaulichung der Struktur von Erzeugnissen werden Gozintographen eingesetzt. Bei der Erzeugnisstruktur unterscheidet man nach folgenden Gliederungsaspekten:

* Gliederung nach Funktionsebenen
  Bei der Erzeugnisgliederung nach Funktionsebenen stehen alle Rohstoffe und alle Teile jeweils auf einer Auflösungsebene.

Fertigungsebene
* Gliederung nach Fertigungsebenen
  Die Erzeugnisgliederung nach Fertigungsebenen entspricht dem fertigungstechnischen Ablauf der Fertigung der Teile und Baugruppen.

* Gliederung nach Dispositionsstufen
  Bei der Erzeugnisgliederung nach Dispositionsstufen werden alle gleichen Teile und Baugruppen der Ebene zugeordnet, in der sie zum erstenmal von der Rohstoffebene ausgehend vorkommen.

Synonyme
Erzeugnisgliederung

Literatur

Dorninger, C.; u.a.: PPS Produktionsplanung und
-steuerung, Ueberreuter Verlag Wien 1990;
REFA: Methodenlehre der Planung und Steuerung -   **
Teil 1: Grundlagen, Carl Hanser Verlag München
1985

F

Fabrikkalender

Definition
siehe Betriebskalender

FCFS-Regel

Definition
siehe First-Come-First-Served-Regel

Fehlmenge

Definition
Ist die benötigte Menge zur Herstellung eines Erzeugnisses größer als die zu diesem Zeitpunkt vorhandene Menge, so bezeichnet man die sich daraus ergebende Differenz als Fehlmenge.

Das Teil, zu dem eine Fehlmenge existiert, wird Fehlteil genannt.   *Fehlteil*

Anwendung
Fehlmengen können in der Produktion auftreten, wenn bestimmte Materialien zum Bedarfszeitpunkt nicht in ausreichender Menge durch die Materialwirtschaft bereitgestellt werden können.

Literatur
Gabler Wirtschaftslexikon, Gabler Verlag Wiesbaden   *
1993;
VDI-Richtlinie 2815 Blatt 4: Begriffe für die Produktionsplanung und -steuerung - Materialbedarfsermittlung, VDI Verlag Düsseldorf Mai 1978

Fehlteil

Definition

Ein Fehlteil bezeichnet ein Teil, für das eine negative Differenz zwischen Auftragsmenge und gefertigter bzw. gelieferter Menge oder Liefermenge vorliegt.

Feinplanung

Definition

Die Feinplanung bezieht sich im Gegensatz zur Grobplanung auf einen kurzfristigen in naher Zukunft liegenden Planungshorizont und hat zum Ziel, die anstehenden Produktionsaufgaben detailliert festzulegen.

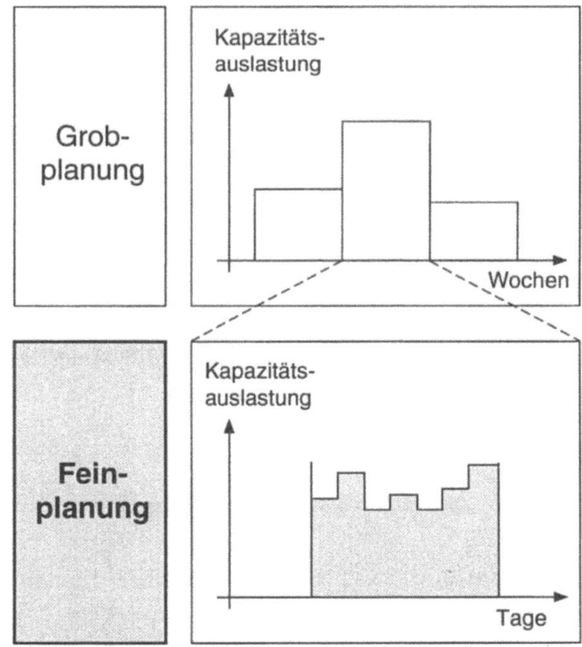

Die Feinplanung detailliert Vorgaben aus der Grobplanung. Dazu zählen beispielsweise das Ermitteln
von Auftrags- bzw. Arbeitsgangreihenfolgen (Reihen-
folge- bzw. Maschinenbelegungsplanung) für die
Arbeitsplätze mit dem dazugehörigen Termingerüst
(Anfangs- und Endtermine) sowie die Planung der
Materialbereitstellung.

In einem DV-gestützten Fertigungsumfeld werden die
im kurzfristigen Planungshorizont durchzuführenden
Feinplanungsaufgaben oft durch den Einsatz eines
Fertigungsleitstands unterstützt.

Synonyme
Feinterminierung

Literatur
Glaser, H.; u.a.: PPS Produktionsplanung und
-steuerung - Grundlagen, Konzepte, Anwendungen,
Gabler Verlag Wiesbaden 1992;
Hackstein, R.: Produktionsplanung und -steuerung
(PPS), VDI Verlag Düsseldorf 1989

Grobplanung
Reihenfolgeplanung
Termingerüst

Feinterminierung

Definition
siehe Feinplanung

Fenster

Definition
Unter einem Fenster versteht man einen rechteckigen
Arbeitsbereich auf dem Bildschirm, in dem Daten auf
unterschiedliche Art und Weise angezeigt oder vom
Benutzer eingegeben, verändert und gelöscht werden
können.

Graphische Benutzeroberfläche Das Fenster ist eine wesentliche Komponente einer graphischen Benutzeroberfläche.

Literatur
** Jenz & Partner GmbH (Hrsg.): Grafische Bediener-Oberflächen, Jenz & Partner GmbH Erlensee 1992

Fertigung

Definition
Allgemein umfaßt die Fertigung alle organisatorischen und technischen Maßnahmen zur Herstellung von Material oder Erzeugnissen.

Material Zur Fertigung gehören die Teilefertigung (Vorfertigung) und die Montage, welche die eigentliche Wertschöpfung am Material vornehmen.

Produktion Die Fertigung ist funktional ein Teilbereich der Produktion.

Literatur
** Steinbuch, P.; u.a.: Fertigungswirtschaft, Kiehl Verlag Ludwigshafen (Rhein) 1993;
* VDI-Richtlinie 2815 Blatt 1: Begriffe für die Produktionsplanung und -steuerung - Einführung, Grundlagen, VDI Verlag Düsseldorf Mai 1978

Fertigungsablaufart

Definition
siehe Fertigungsorganisation

Fertigungsart

Definition
Allgemein ist die Fertigungsart eine Kennzeichnung
für die Einmalfertigung oder Wiederholfertigung.

Die Fertigungsart kennzeichnet zum einen die Auf- *Fertigungsorganisation*
lagenhöhe (Losgröße) der Fertigungsaufträge und
zum anderen die Wiederholhäufigkeit identischer
oder im Ablauf gleicher Fertigungsvorgänge in der
Produktion. Die Fertigungsart eines Unternehmens
steht im engen Zusammenhang mit dem Produktspektrum und der Fertigungsorganisation.

Häufig werden die Fertigungsarten unterschieden *Einmalfertigung*
nach Einmalfertigung und hinsichtlich der *Wiederholfertigung*
Wiederholfertigung nach Einzel- und Kleinserienfertigung, Serienfertigung sowie Massenfertigung.

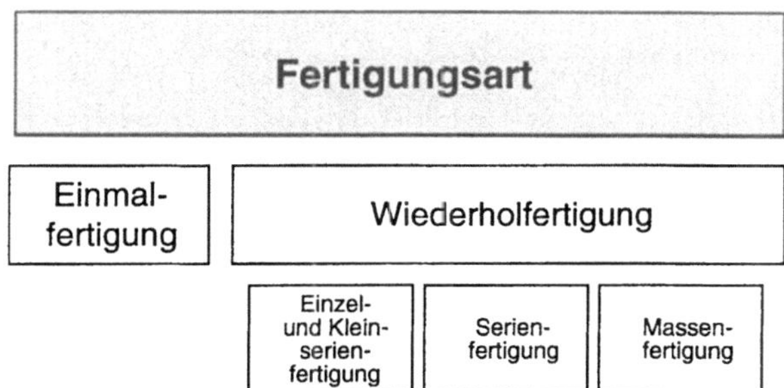

Beispiel
Folgende Tabelle gibt eine Übersicht über typische
Zusammenhänge zwischen der Fertigungsart und dem
Erzeugnisspektrum sowie der Fertigungsorganisation.

Fertigungs- art	Erzeugnis- spektrum	Fertigungs- organisation
Einmal- fertigung	einmaliges Erzeignis nach Kunden- spezifikation	Baustellen- fertigung
Einzel- und Kleinserien- fertigung	Erzeugnisse mit kunden- spezifischen Varianten	Werkstatt- fertigung
Serien- fertigung	Standard- erzeugnisse mit Varianten	Werkstatt- und Gruppen- ferigung
Massen- fertigung	Standard- erzeugnisse ohne Varianten	Fließ- fertigung

Synonyme
Fertigungstyp

Literatur
** Geitner, U. W.: Betriebsinformatik für Produktionsbetriebe - Teil 3: Methoden der Produktionsplanung
und -steuerung, Carl Hanser Verlag München Wien
1987;
* Schomburg, E.: Betriebsindividuelle Einflußgrößen
** für die Gestaltung und Bewertung von PPS-
Systemen, in: PPS-Fachmann, Bd. 4, Hrsg. RKW,
Verlag TÜV Rheinland Köln 1987;
* VDI-Richtlinie 2815 Blatt 7: Begriffe für die Produktionsplanung und -steuerung - Fertigungsarten, Fertigungsablaufarten, VDI Verlag Düsseldorf Mai 1978

Fertigungsauftrag

Definition
Ein Fertigungsauftrag bezeichnet im Rahmen der
Fertigungssteuerung eine Anweisung an die Fertigung
zur Herstellung eines Erzeugnisses, einer Baugruppe
oder eines Teils.

Der Fertigungsauftrag ist im allgemeinen das
Ergebnis der Mengenplanung.

Mengenplanung

Alle für die Fertigung wichtigen Daten, wie z.B.
Fertigungsmenge und Termine sind in dem Auftrag
enthalten. Ein Fertigungsauftrag setzt sich im
allgemeinen aus mehreren Arbeitsgängen zusammen,
in denen sämtliche fertigungsrelevanten Aktivitäten
beschrieben sind.

Auftrag
Arbeitsgang

Anwendung
Bei einer rechnerintegrierten Fertigung werden
Fertigungsaufträge zusammen mit ihren zugehörigen
Arbeitsgängen von einem PPS-System an einen
Fertigungsleitstand überstellt, der die Fertigungs-
planung und -steuerung im Kurzfristbereich über-
nimmt.

Beispiel
Das Beispiel zeigt den Aufbau eines Fertigungsauftrags in der spanenden Industrie.

Arbeitsplan				

FA-Nr.   : 10438794/001/00
Material-Nr.   : 77439008
Anzahl Zuschnitte: 100
Länge   : 500mm
Breite   : 300mm
FAT   : 6533
SET   : 6538

KST/APG	Arbeitsgang	Dauer (min)	FAT	SET
413/100	Sägen	40	6533	6536
414/521	Vorfertigung	135	6535	6538

Literatur

Gabler Wirtschaftslexikon, Gabler Verlag Wiesbaden 1993;

* VDI-Gesellschaft Produktionstechnik (Hrsg.): Lexikon der Produktionsplanung und -steuerung, VDI Verlag Düsseldorf 1992

Fertigungsauftragsbestand

Definition
siehe Auftragsbestand

Fertigungsauftragsfreigabe

Definition
siehe Auftragsfreigabe

Fertigungsbelegerstellung

Definition
siehe Auftragspapiererstellung

Fertigungsdaten

Definition
Fertigungsdaten sind Daten, die für die Fertigung eines Teils, einer Baugruppe oder eines Erzeugnisses erforderlich sind.

Beispiel
Vorgabezeiten, Kostenstellen und Werkzeugnummern stellen Fertigungsdaten dar, die beispielsweise in Arbeitsplänen enthalten sind.

Literatur
VDI-Gesellschaft Produktionstechnik (Hrsg.): Lexikon der Produktionsplanung und -steuerung, VDI Verlag Düsseldorf 1992

*

Fertigungsebene

Definition
Eine Fertigungsebene kennzeichnet eine Ebene einer Erzeugnisstruktur.

Aus fertigungstechnischer Sicht entspricht die letzte Ebene (Ebene 0) der Erzeugnisstruktur dem Erzeugnis. Die erste Ebene (Ebene n) enthält die Teile bzw. Halbzeuge, die als Basis zur Herstellung des Erzeugnisses dienen. Die übrigen Ebenen zwischen der ersten und der letzten Ebene stellen Baugruppen dar. Es kann sich auch um Teile handeln, die auf dieser Ebene erst in den Fertigungsablauf aufgenommen werden.

Erzeugnisstruktur

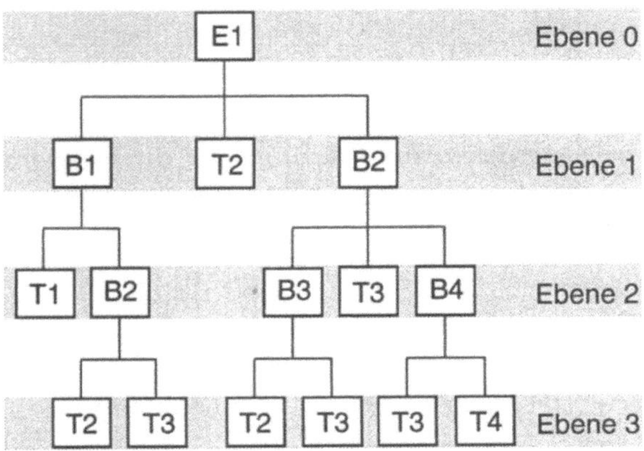

Fertigungsstufe Der Übergang zwischen zwei Ebenen wird als Fertigungsstufe bezeichnet.

Literatur

** REFA: Methodenlehre der Planung und Steuerung - Teil 3: Steuerung, Carl Hanser Verlag München 1985;

* VDI-Richtlinie 2815 Blatt 1: Begriffe für die Produktionsplanung und -steuerung - Einführung, Grundlagen, VDI Verlag Düsseldorf Mai 1978

Fertigungsfamilie

Definition

Eine Fertigungsfamilie besteht aus Teilen, deren Form in Einzelheiten ähnlich ist und die demzufolge bei einzelnen Arbeitsgängen gemeinsam bearbeitet werden können.

Grundlage für die Bildung von Fertigungsfamilien ist daher die Klassifizierung von Teilen aus fertigungstechnischer bzw. ablaufbezogener Sicht. *Teil*

Im Gegensatz zu Teilefamilien werden bei Fertigungsfamilien verschiedene Teile nur für einen bestimmten Arbeitsvorgang zusammengefaßt. Bei der Durchführung eines vor- oder nachgelagerten Arbeitsgangs desselben Auftrags können durchaus wieder andere Teile zusammengefaßt werden. *Teilefamilie*

Literatur
REFA: Methodenlehre der Planung und Steuerung -   *
Teil 1: Grundlagen, Carl Hanser Verlag München   **
1985;
VDI-Gesellschaft Produktionstechnik (Hrsg.):   *
Lexikon der Produktionsplanung und -steuerung,
VDI Verlag Düsseldorf 1992

Fertigungsfortschritt

Definition
siehe Auftragsfortschritt

Fertigungsfortschrittsüberwachung

Definition
siehe Auftragsfortschrittsüberwachung

Fertigungsinsel

Definition
Unter einer Fertigungsinsel versteht man einen abgegrenzten Werkstattbereich mit mehreren Maschinen und weiteren Einrichtungen, in dem an einer

begrenzten Auswahl von Teilen (Werkstücken) alle erforderlichen Arbeiten durchgeführt werden können.

Teilefamilie
Fertigungsorganisation

Die in einer Fertigungsinsel bearbeiteten Teile weisen im allgemeinen fertigungstechnische Ähnlichkeiten auf (Teilefamilie). Wesentlich für eine Fertigungsinsel ist eine räumliche und organisatorische Zusammenfassung der Betriebsmittel, um eine möglichst vollständige Bearbeitung der Teilefamilien zu erreichen (Komplettbearbeitung). Die zugehörige Fertigungsorganisation wird auch als Inselfertigung bezeichnet.

Die in einer Fertigungsinsel beschäftigten Mitarbeiter verplanen den zugeteilten Arbeitsvorrat und steuern und kontrollieren die durchzuführenden Fertigungsaufgaben weitgehend selbst.

Literatur
Kief, H. B.: FFS Handbuch 92/93, Carl Hanser Verlag München Wien 1992

Fertigungsleitstand

Definition
Als Fertigungsleitstand bezeichnet man einen fertigungsnah eingesetzten Arbeitsplatzrechner, der die klassische manuelle Plantafel mit den Möglichkeiten des Rechners zum interaktiven Ein- und Umplanen ganzer Aufträge und Arbeitsgänge verbindet.

Gantt-Diagramm
Graphische
Benutzeroberfläche

Die kurzfristige Termin- und Kapazitätsplanung in der Plantafel wird durch graphische Darstellungen (Gantt-Diagramm) auf Farbmonitoren mit Fenstertechnik und Eingaben über Maus oder Lichtstift unterstützt (graphische Benutzeroberfläche).

Anwendung
Der Leitstand als Bindeglied zwischen dem PPS-System und der Fertigung stellt ein Instrument zur kurzfristigen Planung und Steuerung dar (Feinplanung). Die Rückmeldungen aus dem Fertigungsbereich erfolgen je nach System- bzw. Fertigungsumfeld direkt am Leitstand oder über angeschlossene Betriebsdatenerfassungssysteme.

PPS-System
Feinplanung
Betriebsdaten-
erfassungssystem

Synonyme
Elektronischer Leitstand,
Graphischer Leitstand

Literatur
Hoff Industrie Rationalisierung GmbH (Hrsg.): HIR **
Marktstudie "Elektronische Leitstände" , Wiesbaden
1991;
Ploenzke-Informatik (Hrsg.): Fertigungsleitstand **
Report, Kiedrich 1990

Fertigungsleitstand, Funktionsstruktur

Definition
Die Funktionsstruktur eines Fertigungsleitstandes bildet die organisatorischen Abläufe der Fertigungssteuerung DV-technisch ab.

Folgende allgemeingültige Funktionsstruktur liegt den meisten Fertigungsleitständen zugrunde:

Fertigungsleitstand

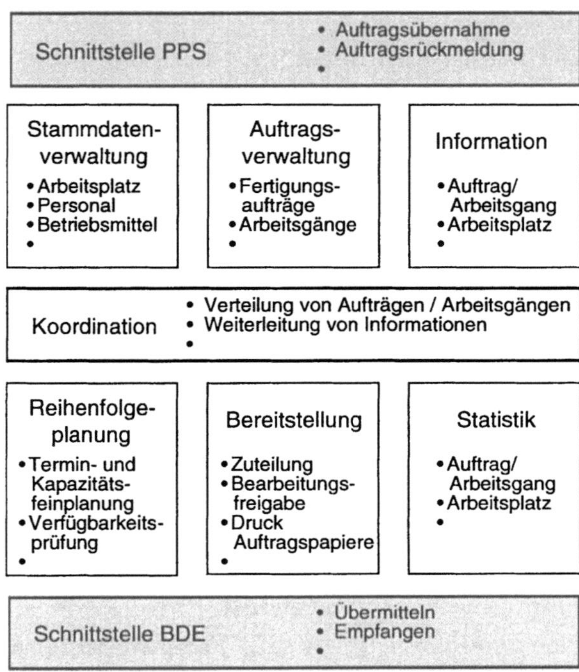

Der zeitliche Durchlauf eines Fertigungsauftrags durch den Leitstandsbereich bestimmt die Funktionsstruktur und ihre Ausprägung.

Fertigungsleitsystem Werden über die Anbindung zu PPS- und Betriebsdatenerfassungssystemen weitere Schnittstellen zu Verwaltungs- und Steuerungssystemen realisiert oder in den Leitstand integriert, spricht man von einem Fertigungsleitsystem.

Literatur
** Hoff Industrie Rationalisierung GmbH (Hrsg.): HIR Marktstudie "Elektronische Leitstände", Wiesbaden 1991;
* Ploenzke-Informatik (Hrsg.): Fertigungsleitstand
** Report, Kiedrich 1990

Fertigungsleitsystem

Definition
Fertigungsleitsysteme haben die Aufgabe, im Kurzfristbereich die Durchsetzung der Planungsvorgaben
eines PPS-Systems vorzunehmen und dazu alle relevanten fertigungsnahen Funktionsbereiche (DV-
technisch) zu koordinieren und zu steuern.

Fertigungsleitsysteme besitzen die typische Funk-   *Fertigungsleitstand*
tionalität eines Fertigungsleitstandes, sind aber um
Funktionen zur DV-technischen Integration weiterer
fertigungsorientierter Verwaltungs- und Steuerungssysteme ergänzt.

Die Integration besteht darin, daß die je nach
Fertigungsumgebung eingesetzten DV-Systeme, wie
z.B. zur Lagerverwaltung und Materialflußsteuerung
direkt in das Leitsystem implementiert werden. Zur
Integration können aber auch online-Schnittstellen
zwischen den DV-Systemen, die in den einzelnen
Funktionsbereichen eingesetzt sind, und dem Leitsystem realisiert werden.

Ein wesentlicher Aspekt der Integration ist der   *Datenaustausch*
schnelle und redundanzarme Datenaustausch, um den
Fertigungsablauf sicher und reibungsarm zu steuern.

Über das Fertigungsleitsystem werden beispielsweise
DV-Systeme für folgende Aufgabenbereiche integriert:

- Betriebsmittelverwaltung,
- Lagerverwaltung und Materialflußsteuerung,
- DNC-Steuerung.

Literatur
* Ploenzke-Informatik (Hrsg.): Fertigungsleitstand
** Report, Kiedrich 1990

Fertigungsmenge

Definition
siehe Losgröße

Fertigungsmittel

Definition
Fertigungsmittel dienen der direkten oder indirekten Form-, Substanz- oder Fertigungszustandsänderung mechanischer bzw. chemisch-physikalischer Art.

Betriebsmittel Die Fertigungsmittel sind Bestandteil der Betriebs- mittel, zu denen alle Einrichtungen gehören, die der betrieblichen Leistungserstellung dienen.

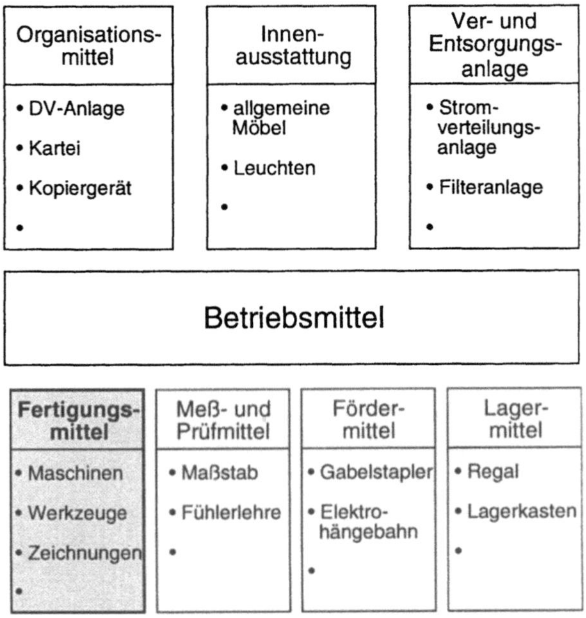

Organisations- mittel	Innen- ausstattung	Ver- und Entsorgungs- anlage
• DV-Anlage	• allgemeine Möbel	• Strom- verteilungs- anlage
• Kartei	• Leuchten	• Filteranlage
• Kopiergerät	•	•
•		

Betriebsmittel

Fertigungs- mittel	Meß- und Prüfmittel	Förder- mittel	Lager- mittel
• Maschinen	• Maßstab	• Gabelstapler	• Regal
• Werkzeuge	• Fühlerlehre	• Elektro- hängebahn	• Lagerkasten
• Zeichnungen	•	•	•
•			

Sämtliche Fertigungsmittel, die zur Durchführung eines Arbeitsgangs notwendig sind, sind im Arbeitsplan aufgeführt.

Arbeitsplan

Beispiel
Maschinelle Anlagen, NC-Maschinen (Werkzeugmaschinen), Werkzeuge, Vorrichtungen, Arbeitsanweisungen, Zeichnungen.

NC-Maschine
Werkzeug
Vorrichtung

In der rechnerintegrierten Fertigung (CIM) gehört auch das NC-Programm zu den Fertigungsmitteln.

CIM

Literatur
VDI-Richtlinie 2815 Blatt 5: Begriffe für die Produktionsplanung und -steuerung - Betriebsmittel, VDI Verlag Düsseldorf Mai 1978

*

Fertigungsorganisation

Definition
Die Fertigungsorganisation bezeichnet die räumliche Zusammenfassung und kapazitätsorientierte Abstimmung der Fertigungsmittel untereinander.

Die Fertigungsorganisation wird häufig in die Baustellen-, Werkstatt-, Gruppen- und Fließfertigung unterschieden. Die Fließfertigung unterteilt sich in weitere Organisationsformen.

Baustellenfertigung
Werkstattfertigung
Gruppenfertigung
Fließfertigung

Die sich durch eine Zusammenfassung der Betriebsmittel zu Fertigungsinseln ergebende Organisationsform wird auch als Inselfertigung bezeichnet.

Fertigungsinsel

Je nach räumlicher Anordnung und kapazitätsbezogener Abstimmung der Fertigungsmittel sowie der Transportbeziehungen zwischen den Fertigungsmitteln ergibt sich die jeweilige Organisationsform.

Fertigungsmittel

In nachfolgender Tabelle sind die unterschiedlichen Organisationsformen anhand ihrer wesentlichen Merkmale charakterisiert.

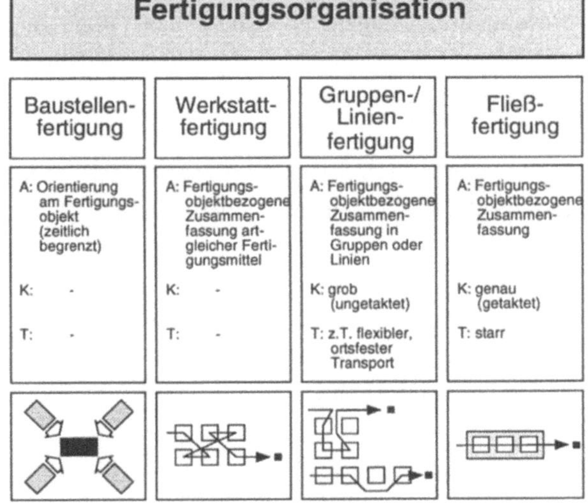

Legende:

A = Räumliche Anordnung der Fertigungsmittel
K = Kapazitätsbezogene Abstimmung der Fertigungsmittel
T = Transportbeziehungen zwischen den Fertigungsmitteln

Synonyme

Fertigungsablaufart,

Organisationstyp der Fertigung

Literatur

** Kreikebaum, H.: Organisationsformen in der Produktion, in: Handwörterbuch der Produktionswirtschaft, Hrsg. Kern, W., Poeschel Verlag Stuttgart 1979;

* Schomburg, E.: Betriebsindividuelle Einflußgrößen

** für die Gestaltung und Bewertung von PPS-Systemen, in: PPS-Fachmann, Bd. 4, Hrsg. RKW, Verlag TÜV Rheinland Köln 1987

Fertigungsplan

Definition
siehe Arbeitsplan

Fertigungsplanung

Definition
siehe Arbeitsplanung

Fertigungsprogramm

Definition
Im Fertigungsprogramm wird festgelegt, welche Aufgaben in welchem Zeitraum in der Fertigung durchzuführen sind.

Das Fertigungsprogramm wird im allgemeinen aus dem Produktionsprogramm abgeleitet. Es detailliert mit einem mittel- bis kurzfristigen Planungshorizont die mit dem Produktionsprogramm vorliegenden Planungsergebnisse hinsichtlich der herzustellenden Teile, Baugruppen und Erzeugnisse und der benötigten bzw. zur Verfügung stehenden Kapazitätseinheiten.

Produktionsprogramm
Erzeugnis
Kapazitätseinheit

Literatur
REFA: Methodenlehre der Planung und Steuerung - Teil 3: Steuerung, Carl Hanser Verlag München 1985; *

VDI-Richtlinie 2815 Blatt 4: Begriffe für die Produktionsplanung und -steuerung - Materialbedarfsermittlung, VDI Verlag Düsseldorf Mai 1978 *

Fertigungsregelung

Definition

Unter Fertigungsregelung wird allgemein das gezielte Festlegen und Veranlassen von Maßnahmen verstanden, um im Sinne der Planvorgaben und Fertigungsziele auf veränderte Situationen in der Fertigung (kurzfristig) zu reagieren.

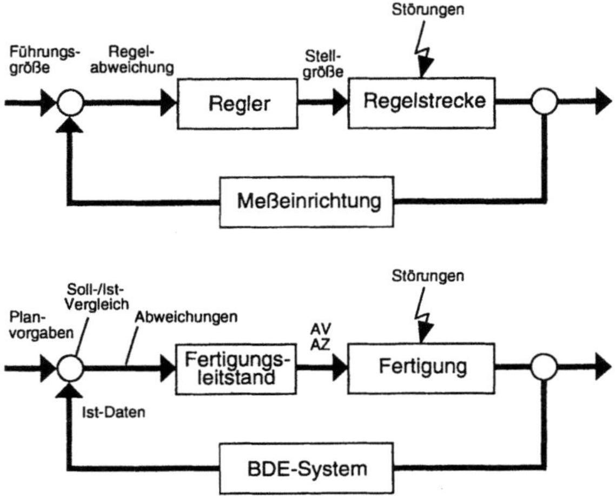

Legende:
AV = Arbeitsverteilung
AZ = Arbeitszuteilung

Die Fertigungsregelung bezieht sich im engeren Sinne auf rein organisatorische Maßnahmen und den damit verbundenen Informationsfluß und nicht auf technische Aspekte. Die Umsetzung in das betriebliche Umfeld wird allerdings durch den Einsatz technischer Systeme unterstützt.

Die Notwendigkeit zum Aufbau einer Fertigungsregelung erwächst aus der Tatsache, daß der Fertigungsprozeß nicht vollständig vorherbestimmbar ist. Auftretende Störungen machen ein Ausregeln erforderlich.

Dabei ist Regeln allgemein ein Vorgang, bei dem die Regelgröße (zu regelnde Größe) erfaßt, mit einer Führungsgröße verglichen und, abhängig vom Ergebnis dieses Vergleiches, im Sinne einer Angleichung an die Führungsgröße beeinflußt wird. Im Gegensatz zu einer reinen Steuerung stellt eine Regelung einen geschlossenen Wirkungsablauf (Regelkreis) dar.

Anwendung
Durch Übertragen des Regelkreismodells in den Bereich der Fertigungssteuerung ergeben sich die nachfolgend genannten Zusammenhänge.

- Der Regler ist die Fertigungssteuerung bzw. der Fertigungsleitstand.

- Die Regelstrecke ist die Fertigung.

- Die Meßeinrichtung bezieht sich auf die Erfassung der rückgemeldeten Ist-Daten, z.B. durch ein BDE-System.

- Führungsgröße sind die Planvorgaben der Produktionsplanung bzw. des PPS-Systems.

- Die Regelabweichung ergibt sich aus einem Soll-Ist-Vergleich zwischen den Plan-Vorgaben und den rückgemeldeten Daten.

- Stellgröße ist die (kurzfristig angepaßte) Arbeitsverteilung bzw. -zuteilung.

- Störungen können beispielsweise Werkzeugbruch, Maschinenausfall und Terminverschiebung sein.

- Regelgröße sind die Soll-Termine und -Mengen der Aufträge.

Literatur
** Nedeß, Ch. (Hrsg.): Von PPS zu CIM, Springer-Verlag Berlin Heidelberg u.a. und Verlag TÜV Rheinland Köln 1992

Fertigungssegmentierung

Definition
Bei der Fertigungssegmentierung handelt es sich um ein organisatorisches Konzept, das sowohl innerbetrieblich ("Fabrik in der Fabrik"-Konzept) als auch für ganze Fabriken relevant ist. Ziel ist es, Fabriken modular aufzubauen, so daß die einzelnen Module jeweils an den Standort mit den günstigsten Bedingungen verlagert werden können.

Durch geeignete Schnittstellendefinitionen zwischen den einzelnen Modulen können vernetzte Strukturen aufgebaut werden. Die in größeren Einheiten auftretenden Koordinationskosten können hierdurch deutlich gesenkt werden.

Die Segmentierung der Fertigung ist gekennzeichnet durch:

- Markt- und Zielausrichtung,
- Produktionsorientierung,
- Kostenverantwortung.

Für die in den einzelnen Segmenten anfallenden Bearbeitungsaufgaben wird eine Gruppenorganisation angestrebt.

Literatur
** Wildemann, H.: Die modulare Fabrik: Kundennahe Produktion durch Fertigungssegmentierung, Verlag gmft München Zürich 1992;

Wildemann, H.: Fertigungsstrategien - Reorganisationskonzepte für eine schlanke Produktion und Zulieferung, Transfer-Centrum-Verlag München 1993   **

Fertigungssteuerung

Definition
Die Fertigungssteuerung übernimmt die Durchsetzung bzw. Steuerung der von der Produktionsplanung freigegebenen Aufträge in der eigenen Fertigung.

Der Fertigungssteuerung obliegt damit die Verwaltung des Auftragsbestandes, die kurzfristige detaillierte Bestimmung der Bearbeitungsreihenfolge (Reihenfolgeplanung) an den einzelnen Arbeitsplätzen und alle weiteren Maßnahmen zur planmäßigen Abwicklung der Fertigungsaufträge.

Auftragsbestand
Reihenfolgeplanung
Fertigungsauftrag

Je nach Fertigungszielen und -randbedingungen werden unterschiedliche Verfahren der Fertigungssteuerung eingesetzt.

Verfahren der
Fertigungssteuerung

Da mit dem Begriff "Werkstattsteuerung" im allgemeinen die Fertigungsorganisation "Werkstattfertigung" assoziiert wird, setzt sich zunehmend der neutrale Begriff "Fertigungssteuerung" durch.

Die Fertigungssteuerung ist eine Funktion der Produktionssteuerung.

Produktionssteuerung

Literatur
Strack, M.: Organisatorische Gestaltung einer zentralen Werkstattsteuerung, Springer-Verlag Berlin Heidelberg u.a. 1987

Fertigungssteuerung, Konzepte der

Definition
siehe Fertigungssteuerung, Verfahren der

Fertigungssteuerung, Methoden der

Definition
siehe Fertigungssteuerung, Verfahren der

Fertigungssteuerung, Verfahren der

Definition
Mit dem Einsatz von Verfahren der Fertigungssteuerung wird das Ziel verfolgt, den Fertigungsablauf und den damit verbundenen Materialfluß optimal im Sinne der Fertigungsziele zu planen und zu steuern.

Fertigungssteuerung
Um ein geeignetes Verfahren der Fertigungssteuerung zu finden bzw. auszuwählen, müssen unter anderem die Fertigungsziele, die Fertigungsorganisation und die Fertigungsart des Unternehmens berücksichtigt werden.

Beispiel
Zur Fertigungssteuerung werden beispielsweise folgende Verfahren eingesetzt:

Belastungsorientierte Auftragsfreigabe
- Belastungsorientierte Auftragsfreigabe,

Kanban
- Kanban,

Fortschrittszahlen
- Fortschrittszahlen,

- Optimized Production Technology.

Optimized Production Technology

Die Verfahren kommen häufig im Zusammenhang mit folgenden Fertigungsorganisationen und -arten zum Einsatz:

Verfahren	Fertigungs-organisation	Fertigungsart
BOA	Werkstatt-fertigung	Einzel- und Kleinserien-fertigung
Kanban	Fließfertigung	Serien- und Massenfertigung
Fortschritts-zahlen	Fließfertigung	Serien- und Massenfertigung
OPT	Werkstatt-fertigung	Einzel- und Kleinserien-fertigung

Synonyme

Konzepte der Fertigungssteuerung

Methoden der Fertigungssteuerung

Literatur

Helberg, P.: PPS als CIM-Baustein, Erich Schmidt Verlag Berlin 1987;

Kernler, H.: PPS der 3. Generation, Hüthig Buch Verlag Heidelberg 1993;

Schweitzer, M.: Industriebetriebslehre, Verlag Vahlen München 1993

Fertigungsstufe

Definition

Als Fertigungsstufe wird der festgelegte Ablaufabschnitt eines Fertigungsprozesses zwischen zwei Fertigungsebenen bezeichnet.

Arbeitsplan
Fertigungsebene

In einer Fertigungsstufe findet der Ablauf statt, der in den Arbeitsplänen beschrieben ist. Die Fertigungsebenen enthalten Teile, Baugruppen und Erzeugnisse als jeweiliges Ergebnis einer Fertigungsstufe.

Eine Fertigungsstufe umfaßt einen oder mehrere Arbeitsgänge.

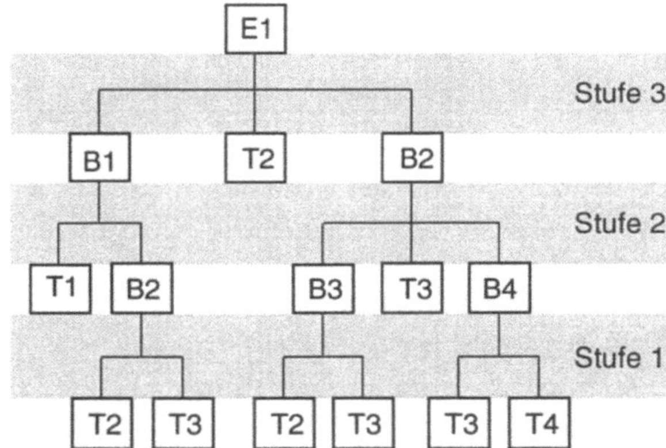

Literatur

Mertens, P.: Industrielle Datenverarbeitung, Gabler Verlag Wiesbaden 1988;
REFA: Methodenlehre der Planung und Steuerung - Teil 3: Steuerung, Carl Hanser Verlag München 1985;

VDI-Richtlinie 2815 Blatt 1: Begriffe für die Produk-   *
tionsplanung und -steuerung - Einführung, Grundlagen, VDI Verlag Düsseldorf Mai 1978

Fertigungssystem

Definition
Ein Fertigungssystem ist die Gesamtheit aller
Komponenten (Verfahren und Einrichtungen), die
Werkstücke von einem Zustand in einen Folgezustand
überführen.

Ein Fertigungssystem kann ein Arbeitsplatz mit einer   *Bearbeitungssystem*
einzelnen Maschine oder ein ganzer Industriebetrieb   *Materialflußsystem*
sein. Das Fertigungssystem kann sowohl unter
Einbeziehung des Menschen als auch vollautomatisch
arbeiten. Es besteht im allgemeinen aus zwei
Teilsystemen, dem Bearbeitungssystem und dem
Materialflußsystem. Das Materialflußsystem kann
weiter in Lager-, Transport und Handhabungssystem
unterschieden werden.

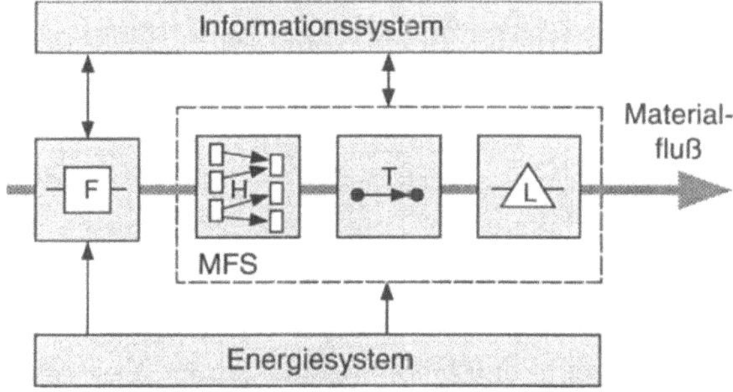

Legende:

F   = Fertigung
H   = Handhabung
L   = Lager
MFS = Materialflußsystem
T   = Transport

Literatur
* Kernforschungszentrum Karlsruhe (Hrsg.): Der
** Einsatz flexibler Fertigungssysteme - Forschungs-
bericht KfK-PFT 41, Kernforschungszentrum
Karlsruhe 1982;
* Kief, H. B.: FFS Handbuch 92/93, Carl Hanser
** Verlag München Wien 1992

Fertigungstiefe

Definition

Die Fertigungstiefe ist ein Maß für die Anzahl der Fertigungsstufen bzw. ein Maß für die Anzahl der aufeinanderfolgenden Arbeitsgänge über alle Fertigungsstufen eines Fertigungsprozesses hinweg.

Eigenfertigung
Fertigungsstufe

Die Fertigungstiefe gibt somit den Anteil der Eigenfertigung bezogen auf die Gesamtanzahl der Fertigungsstufen bzw. der Arbeitsgänge an. Je kleiner die Fertigungstiefe ist, desto geringer ist auch der Anteil der Eigenfertigung. Durch die ständig fortschreitende Spezialisierung nehmen in der Regel die Eigenfertigungsumfänge und damit die Fertigungstiefe ab, der Zulieferanteil steigt.

Beispiel

Zur Herstellung eines Erzeugnisses sind insgesamt sechs Fertigungsstufen notwendig. Vier Fertigungsstufen existieren in der eigenen Produktion. Die Fertigungstiefe beträgt somit vier Stufen. Der Anteil an Eigenfertigung liegt somit bei $4/6 * 100\,\% = 66\,\%$.

Literatur
Hackstein, R.: Produktionsplanung und -steuerung (PPS), VDI Verlag Düsseldorf 1989;

Treutlein, K.: Materialflußorientierte Termin- und Kapazitätsplanung - Ein Konzept für Serienfertiger, Springer-Verlag Berlin Heidelberg u.a. 1990;

Wildemann, H.: Fertigungsstrategien - Reorganisationskonzepte für eine schlanke Produktion und Zulieferung, Transfer-Centrum-Verlag München 1993

Fertigungstyp

Definition
siehe Fertigungsart

FFS

Definition
siehe Flexibles Fertigungssystem

FFZ

Definition
siehe Flexible Fertigungszelle

First-Come-First-Served-Regel

Definition
Bei der First-Come-First-Served-Regel (FCFS-Regel) werden die Arbeitsgänge in der Reihenfolge ihrer Ankunft am Arbeitsplatz abgearbeitet. Der Arbeitsgang, der zuerst am Arbeitsplatz ankommt, erhält die höchste Priorität.

Die First-Come-First-Served-Regel ist eine elemen-tare Prioritätsregel.

Elementare Prioritätsregel

Beispiel

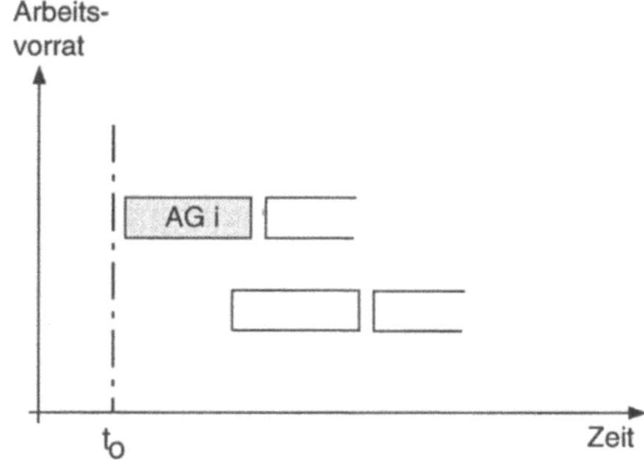

Legende:

AG   =   Arbeitsgang

Der Arbeitsgang AG i erhält die höchste Priorität.

Literatur
Berg, C.: Prioritätsregeln in der Reihenfolgeplanung,
in: Handwörterbuch der Produktionswirtschaft, Hrsg.
Kern, W., Poeschel Verlag Stuttgart 1979;
Hackstein, R.: Produktionsplanung und -steuerung
(PPS), VDI Verlag Düsseldorf 1989

Fixieren

Definition
siehe Plantafelfunktionen

Flexible Fertigungszelle

Definition
Flexible Fertigungszellen (FFZ) sind erweiterte
Bearbeitungszentren. Eine flexible Fertigungszelle
besteht meist aus einer Bearbeitungsstation (z.B.

Werkzeugmaschine), die mit peripheren Einrichtungen für Werkstück- und Werkzeugwechsel ausgestattet ist. Darüber hinaus besteht die Möglichkeit, für die Bearbeitung ergänzende Funktionen wie Reinigen, Prüfen etc. zu integrieren.

Die wesentlichen Merkmale Flexibler Fertigungszellen sind:

- Einzelmaschine ohne Verkettung,
- Einstufige Bearbeitung,
- Automatisierter Werkstück- und Werkzeugwechsel,
- Bearbeitung unterschiedlicher Werkstücke in beliebiger Reihenfolge.

Flexible Fertigungszellen werden zur Fertigung kleiner bis mittlerer Losgrößen in der Einzel- und Kleinserienfertigung eingesetzt.

Literatur
Helberg, P.: PPS als CIM-Baustein, Erich Schmidt Verlag Berlin 1987;
Kernforschungszentrum Karlsruhe (Hrsg.): Der   *
Einsatz flexibler Fertigungssysteme - Forschungsbericht KfK-PFT 41, Kernforschungszentrum Karlsruhe 1982
Kief, H. B.: FFS Handbuch 92/93, Carl Hanser   **
Verlag München Wien 1992

Flexible Transferstraße

Definition
Eine Flexible Transferstraße besteht aus mehreren automatisierten Arbeitsplätzen, die nach dem Prinzip der Fließfertigung miteinander verknüpft sind.

Alle Teile durchlaufen die Stationen in einer festen Reihenfolge und werden programmgesteuert bearbeitet. Die Teile werden durch den Maschinenarbeitsraum geführt, ohne die Möglichkeit, eine Maschine außerhalb umgehen zu können (Innenverkettung). In das System können neben der Bearbeitungs- und Materialflußfunktion auch Prüffunktionen integriert werden.

Die wesentlichen Merkmale der Flexiblen Transferstraße sind:

- Innenverkettung,
- mehrstufige Bearbeitung,
- getakteter Transport,
- gerichteter Materialfluß,
- hohe Produktivität,
- geringe Flexibilität.

Die Flexible Transferstraße wird für die Fertigung im Großserienbereich eingesetzt.

Literatur
Geitner, U. W.: Betriebsinformatik für Produktionsbetriebe - Teil 5: Produktionsinformatik, Carl Hanser Verlag München Wien 1987;
* Kernforschungszentrum Karlsruhe (Hrsg.): Der
** Einsatz flexibler Fertigungssysteme - Forschungsbericht KfK-PFT 41, Kernforschungszentrum Karlsruhe 1982;
* Kief, H. B.: FFS Handbuch 92/93, Carl Hanser
** Verlag München Wien 1992

Flexibles Fertigungssystem

Definition

Ein Flexibles Fertigungssystem (FFS) besteht aus mehreren Bearbeitungsstationen, die durch ein gemeinsames Materialflußsystem so verknüpft sind, daß ein automatisiertes, möglichst vollständiges Bearbeiten unterschiedlicher Werkstücke im FFS möglich ist. In das System können neben der Bearbeitungs- und Materialflußfunktion auch Prüffunktionen integriert werden.

Die wesentlichen Merkmale der FFS sind:

- Außenverkettung (wahlfreies Ansteuern der Stationen),
- Einstufige und mehrstufige Bearbeitung,
- ungetakteter Transport,
- automatisierter Materialfluß.

Das FFS verbindet somit die Vorteile der hohen Flexibilität der Flexiblen Fertigungszelle (Einzelmaschine) mit den Vorteilen der hohen Produktivität der Flexiblen Transferstraße. Je nach Auslegung ist ein FFS von der Einzel- bis zur Großserienfertigung geeignet.

Flexible Fertigungszelle
Flexible Transferstraße

Literatur

Kernforschungszentrum Karlsruhe (Hrsg.): Der Einsatz flexibler Fertigungssysteme - Forschungsbericht KfK-PFT 41, Kernforschungszentrum Karlsruhe 1982; * **

Kief, H. B.: FFS Handbuch 92/93, Carl Hanser Verlag München Wien 1992; * **

REFA Methodenlehre der Betriebsorganisation: Planung und Gestaltung komplexer Produktionssysteme, Carl Hanser Verlag München 1990

Fließbandfertigung

Definition
Die Fließbandfertigung ist der Prototyp der Fließfertigung.

Fließfertigung Diese Form der Fließfertigung ist gekennzeichnet durch eine feste räumliche und zeitliche Bindung der Bearbeitungstätigkeiten an die Reihenfolge der vorgegebenen Fertigungsstationen. Die einzelnen Arbeitsplätze sind durch ein ständig laufendes mechanisches Transportsystem verknüpft.

Beispiel
Die Fließbandfertigung ist beispielsweise in der Automobilindustrie im Bereich der Endmontage vorzufinden.

Literatur
Kreikebaum, H.: Organisationsformen in der Produktion, in: Handwörterbuch der Produktionswirtschaft, Hrsg. Kern, W., Poeschel Verlag Stuttgart 1979

Fließfertigung

Definition
Die Fließfertigung ist eine Fertigungsorganisation, bei der die Fertigungseinrichtungen produktbezogen räumlich zusammengefaßt sind.

Fertigungsorganisation Bei dieser Fertigungsorganisation sind die Fertigungseinrichtungen entsprechend der Ablauffolge mit starren Transporteinrichtungen verbunden. Die Fertigungseinrichtungen sind hinsichtlich ihrer Kapazität aufeinander abgestimmt.

Fertigungsorganisation

Baustellen-fertigung	Werkstatt-fertigung	Gruppen-/ Linien-fertigung	Fließ-fertigung
A: Orientierung am Fertigungs-objekt (zeitlich begrenzt)	A: Fertigungs-objektbezogene Zusammen-fassung art-gleicher Fertigungsmittel	A: Fertigungs-objektbezogene Zusammen-fassung in Gruppen oder Linien	A: Fertigungs-objektbezogene Zusammen-fassung
K: -	K: -	K: grob (ungetaktet)	K: genau (getaktet)
T: -	T: -	T: z.T. flexibler, ortsfester Transport	T: starr

Legende:

A = Räumliche Anordnung der Fertigungsmittel
K = Kapazitätsbezogene Abstimmung der Fertigungsmittel
T = Transportbeziehungen zwischen den Fertigungsmitteln

Man unterscheidet folgende Ausprägungen der Fließfertigung:

- Reihenfertigung,   *Reihenfertigung*
- Fließbandfertigung,   *Fließbandfertigung*
- Fließstraßenfertigung.   *Fließstraßenfertigung*

Anwendung

Die Organisationsform der Fließfertigung ist häufig in der kundenanonymen Großserienproduktion (Massen-fertigung) von konstruktiv ausgereiften, standardisierten Produkten anzutreffen.

Literatur

Kreikebaum, H.: Organisationsformen in der Produk-   *
tion, in: Handwörterbuch der Produktionswirtschaft,   **
Hrsg. Kern, W., Poeschel Verlag Stuttgart 1979;

* Schomburg, E.: Betriebsindividuelle Einflußgrößen für die Gestaltung und Bewertung von PPS-Systemen, in: PPS-Fachmann, Bd. 4, Hrsg. RKW, Verlag TÜV Rheinland Köln 1987

Fließreihenfertigung

Definition
siehe Reihenfertigung

Fließstraßenfertigung

Definition
Die Fließstraßenfertigung ist eine Form der Fließfertigung.

Fließfertigung Die Fließstraßenfertigung zeichnet sich im Unterschied zu den übrigen Formen der Fließfertigung durch die programmgesteuerte Übernahme des Werkstücks von der vorhergehenden Fertigungsstation, die automatische Weiterbeförderung zur nächsten Produktionsanlage und durch das automatische Einspannen und Einstellen des Werkstücks aus.

Anwendung
Flexible Transferstraße.

Literatur
Kreikebaum, H.: Organisationsformen in der Produktion, in: Handwörterbuch der Produktionswirtschaft, Hrsg. Kern, W., Poeschel Verlag Stuttgart 1979

Fördermittel

Definition

Fördermittel verfahren Material innerhalb von örtlich begrenzten und zusammenhängenden Betriebseinheiten.

Fördermittel zählen zu den Betriebsmitteln.　　　　　*Betriebsmittel*

Man unterscheidet Stetig- und Unstetigförderer.

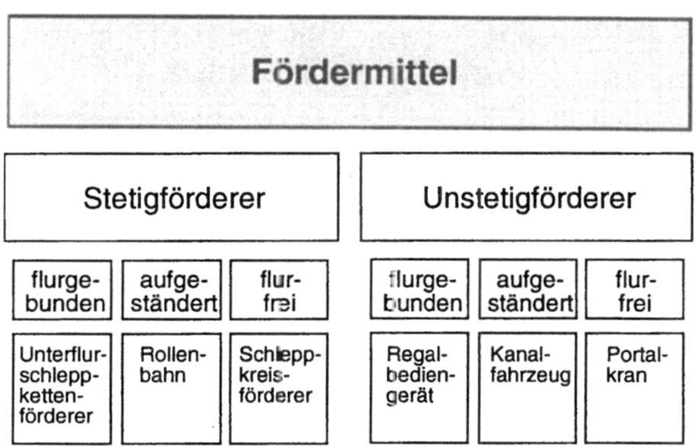

Literatur
* Jünemann, R.: Materialfluß und Logistik, Springer-
** Verlag Berlin Heidelberg u.a. 1989;
* VDI-Richtlinie 2815 Blatt 5: Begriffe für die Produktionsplanung und -steuerung - Betriebsmittel, VDI Verlag Düsseldorf Mai 1978

Fortschrittszahlen

Definition
Das Fortschrittszahlenkonzept stellt ein Verfahren der Fertigungssteuerung dar.

Fertigungssteuerung, Verfahren der Just-In-Time

Das Verfahren der Fertigungssteuerung mittels Fortschrittszahlen ist im Umfeld der Automobilbranche entstanden. Es handelt sich bei diesem Konzept um ein Lieferabrufsystem zur Sicherstellung der Materialversorgung des Betriebes nach der Just-In-Time-Philosophie.

Bestand Lieferant Bedarf

Es werden an verschiedenen Produktionsstufen sogenannte Kontrollblöcke eingerichtet (z.B. Teilefertigung, Zwischenlager und Montage). An jedem Kontrollblock wird eine Eingangs- und eine Ausgangsfortschrittszahl für alle Fertigungsprozesse ermittelt. Somit werden zu jedem Zeitpunkt die aktuellen Daten über den Bestand erfaßt. Durch den Vergleich der Fortschrittszahlen aus der Planung (Soll) mit den Fortschrittszahlen aus dem Produktionsablauf (Ist) wird ermittelt, ob ein Vorlauf oder Rückstand besteht. Somit kann den Lieferanten - bei funktionierendem Informationsfluß - der aktuelle Bedarf mitgeteilt werden.

Anwendung
Der Einsatz von Fortschrittszahlen zur Fertigungssteuerung ist typisch bei folgender Fertigungsumgebung vorzufinden:

- Fertigungsorganisation
  Fließfertigung.

- Fertigungsart
  Großserien- und Massenfertigung.

Literatur
* Helberg, P.: PPS als CIM-Baustein, Erich Schmidt
  Verlag Berlin 1987;
  Schweitzer, M.: Industriebetriebslehre, Verlag
  Vahlen München 1993

Fraktale Fabrik

Definition
Bei dem Modell der fraktalen Fabrik wird die bisher
vorherrschende hierarchische (vertikale) Fabrik-
struktur ersetzt durch eine horizontale Struktur im
Sinne des Bildens von Geschäfts- und Prozeß-
einheiten (Fraktale).

Ein Fraktal ist eine selbständig agierende Unter-
nehmenseinheit, deren Ziele und Leistungen eindeutig
beschreibbar sind. Sie weisen die Eigenschaften der
Selbstähnlichkeit bei der Gestaltung und der Art der
Leistungserstellung sowie die der Selbstorganisation
auf.

Jedes Fraktal ist eine horizontale Einheit, die markt-,
produkt- und technologieorientiert zu gestalten ist.
Auf diese Weise sollen möglichst kleine und schnelle
Regelkreise gebildet werden. Die zur Lösung der

Aufgaben eines Fraktals notwendige Kommunikation wird direkt in diesem Fraktal abgewickelt, da die erforderlichen Funktionen in Form von Personal und Betriebsmitteln direkt zugeordnet sind.

Literatur
* Warnecke, H.-J.: Die fraktale Fabrik, Springer-Verlag
** Berlin Heidelberg u.a. 1992

Freigabe

Definition
siehe Auftragsfreigabe

Fremdfertigung

Definition
Fremdfertigung bezeichnet den Umfang der Fertigung, der geplant von Fertigungskapazitäten fremder Unternehmen übernommen wird.

Eigenfertigung　Fremdfertigung dient der Reduzierung des Anteils der
Fertigungstiefe　Eigenfertigung und verringert somit die Fertigungstiefe.

Fremdfertigungsteil

Definition
Fremdfertigungsteile sind Teile, deren Entwicklung im eigenen und deren Fertigung in fremden Unternehmen erfolgt.

Kaufteil　Ein Fremdfertigungsteil ist ein Kaufteil.

Literatur
VDI-Richtlinie 2815 Blatt 2: Begriffe für die Produk-   *
tionsplanung und -steuerung - Material, Erzeugnis
und Handelsware, VDI Verlag Düsseldorf Mai 1978

Fremdteil

Definition
Fremdteile sind Teile fremder Entwicklung und
fremder Herstellung.

Ein Fremdteil ist ein Kaufteil.   *Kaufteil*

Literatur
VDI-Gesellschaft Produktionstechnik (Hrsg.):   *
Lexikon der Produktionsplanung und -steuerung,
VDI Verlag Düsseldorf 1992

Frühester Anfangstermin

Definition
Der Früheste Anfangstermin (FAT) bezeichnet den
frühestmöglichen Starttermin eines Arbeitsgangs
unter Berücksichtigung des Termingerüstes direkt
vor- oder nachgelagerter Arbeitsgänge.

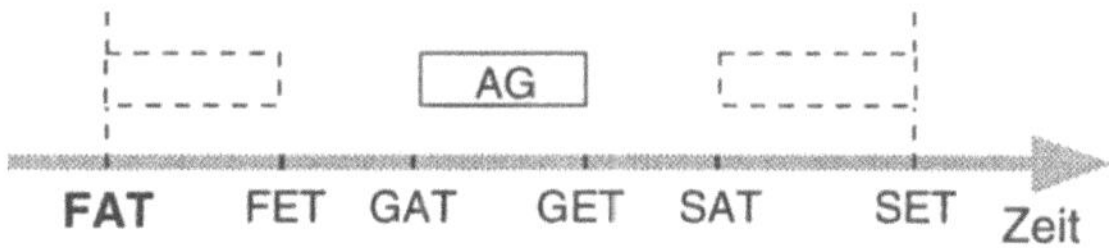

Legende:
AG = Arbeitsgang
FAT = Frühester Anfangstermin
FET = Frühester Endtermin
GAT = Geplanter Anfangstermin
GET = Geplanter Endtermin
SAT = Spätester Anfangstermin
SET = Spätester Endtermin

Ecktermin
Vorwärtsterminierung

Der Früheste Anfangstermin zählt zu den Eckterminen und wird aus der Vorwärtsterminierung abgeleitet.

Frühester Endtermin

Definition

Der Früheste Endtermin (FET) bezeichnet den frühestmöglichen Endtermin eines Arbeitsgangs unter Berücksichtigung des Termingerüstes direkt vor- oder nachgelagerter Arbeitsgänge.

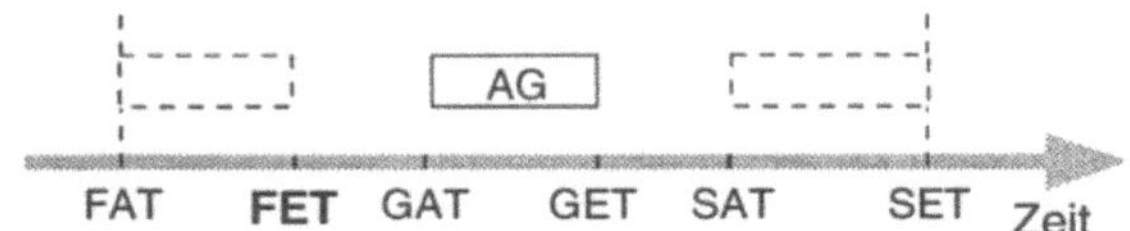

Legende:

AG = Arbeitsgang
FAT = Frühester Anfangstermin
FET = Frühester Endtermin
GAT = Geplanter Anfangstermin
GET = Geplanter Endtermin
SAT = Spätester Anfangstermin
SET = Spätester Endtermin

Ecktermin
Vorwärtsterminierung

Der Früheste Endtermin zählt zu den Eckterminen und wird aus der Vorwärtsterminierung abgeleitet.

Gantt-Diagramm

Definition

Ein Gantt-Diagramm ist ein graphisches Mittel zur Darstellung von Vorgängen bzw. Aufträgen und deren Reihenfolge für eine Kapazitätseinheit über einen bestimmten Zeitraum.

In dem Gantt-Diagramm werden auf der horizontalen Achse die Zeit und auf der vertikalen Achse die betrachteten Kapazitätseinheiten (Arbeitsplätze) aufgeführt. Die einzelnen Vorgänge werden als Balken, deren Länge der Vorgangsdauer entspricht, für die jeweilige Kapazitätseinheit über die Zeit aufgetragen.

Kapazitätseinheit

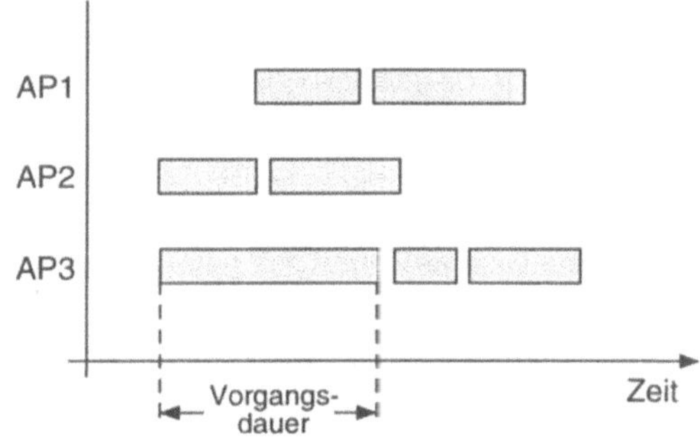

Legende:

AP = Arbeitsplatz

AP $_k$ ist Ausweicharbeitsplatz zu AP $_i$.

Anwendung

Gantt-Diagramme werden häufig zur Visualisierung von Ist- und Sollzuständen im Bereich der Fertigungssteuerung eingesetzt. Die Sollzustände ergeben sich direkt nach der Reihenfolgeplanung. Die Ist-Zustände ergeben sich nach der Rückmeldung der Ist-Daten aus der Fertigung.

Reihenfolgeplanung

Im Fertigungsleitstand erfolgt die Ergebnisdarstellung der Maschinenbelegungsplanung mit Hilfe eines Gantt-Diagramms in der Plantafel. Arbeitsgänge werden als Balken dargestellt und gemäß der geplanten Reihenfolge entlang der Zeitachse für den vorgesehen Arbeitsplatz aufgetragen. Die Länge des Balkens entspricht der Belegungszeit. Eine Teilung des Balkens gibt Auskunft über die Aufteilung der Belegungszeit nach Rüsten und Bearbeiten. Die Farbgebung der Balken spiegelt den Auftrags- bzw. Fertigungsfortschritt (Status) wider.

Literatur
Dorninger, C.; u.a.: PPS Produktionsplanung und -steuerung, Ueberreuter Verlag Wien 1990;
Geitner, U. W.: Betriebsinformatik für Produktionsbetriebe - Teil 3: Methoden der Informationsverarbeitung, Carl Hanser Verlag München Wien 1983

Gemeinkosten

Definition
Gemeinkosten bezeichnen Kosten, die sich keinem Kostenträger (Bezugsgröße) direkt zuordnen lassen. Sie werden deshalb grundsätzlich zunächst einer Kostenstelle zugeordnet und indirekt als Zuschläge weiterverrechnet.

Beispiel
Materialgemeinkosten (verursacht im Materialbereich für die Beschaffung und Lagerung der Roh- und Werkstoffe mit ihren indirekten Beziehungen zu den Materialkosten), Verwaltungskosten, Vertriebsgemeinkosten.

Synonyme
Indirekte Kosten

Literatur

Gabler Wirtschaftslexikon, Gabler Verlag Wiesbaden   *
1993;

Hummel, S.; Männel, W.: Kostenrechnung, Gabler-   *
Verlag 1986;   **

Kilger, W.: Einführung in die Kostenrechnung,   **
Gabler-Verlag Wiesbaden 1987

Geplanter Anfangstermin

Definition

Der geplante Anfangstermin (GAT) bezeichnet den
Soll-Anfangstermin eines Auftrags oder Arbeitsgangs, der sich nach der Einplanung auf den zugeordneten Arbeitsplatz ergibt.

Der geplante Anfangstermin ist ein Soll-Termin.   *Anfangstermin*

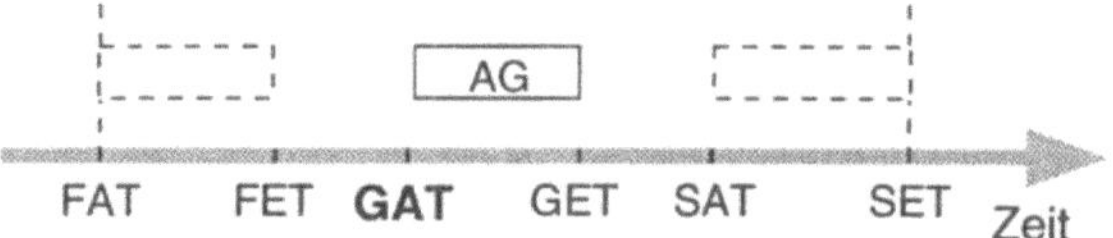

Legende:

AG = Arbeitsgang
FAT = Frühester Anfangstermin
FET = Frühester Endtermin
GAT = Geplanter Anfangstermin
GET = Geplanter Endtermin
SAT = Spätester Anfangstermin
SET = Spätester Endtermin

Geplanter Auftragsdurchlauf

Definition
siehe Reihenfolgeplanung

Geplanter Bedarf

Definition
siehe Matrialbedarfsermittlung

Geplanter Endtermin

Definition
Der geplante Endtermin (GET) bezeichnet den Soll-Endtermin eines Auftrags oder Arbeitsgangs, der sich nach der Einplanung auf den zugeordneten Arbeitsplatz ergibt.

Endtermin Der geplante Endtermin ist ein Soll-Termin.

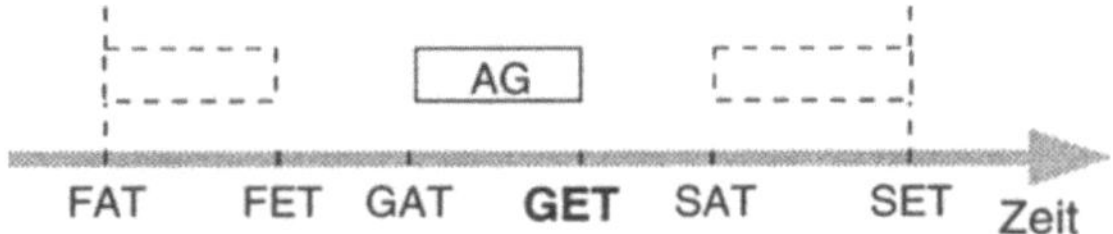

Legende:

AG = Arbeitsgang
FAT = Frühester Anfangstermin
FET = Frühester Endtermin
GAT = Geplanter Anfangstermin
GET = Geplanter Endtermin
SAT = Spätester Anfangstermin
SET = Spätester Endtermin

Gesperrter Bestand

Definition
Der gesperrte Bestand umfaßt Bestände, die nicht zur Disposition stehen (z.B. aufgrund evtl. Materialfehler), obwohl keine Reservierung für bestimmte Aufträge vorliegt.

Beispiel
Werden bei Zukaufteilen Prüfungen durch die Qualitätssicherung im Wareneingang vorgenommen, gehen die Lieferungen in den Sperrbestand über.

Synonyme
Sperrbestand

Gleichteilestückliste

Definition
In der Gleichteilestückliste werden diejenigen Baugruppen und Teile aufgeführt, die bei allen Varianten eines Erzeugnisses gleichbleiben.

Gemeinsam mit der Endformstückliste, die jeweils für eine Variante aufgestellt wird und nur die variierenden Baugruppen und Teile enthält, ergibt sich die vollständige Stückliste für die gewünschte Variante.

Die Gleichteilestückliste gehört zur Gruppe der Variantenstücklisten. Sie wird ausschließlich in Verbindung mit der Endformstückliste eingesetzt.

Variantenstückliste
Endformstückliste

Anwendung
Die Gleichteile- und Endformstückliste finden Verwendung bei der Serienfertigung von weitgehend ausgereiften Erzeugnissen mit festliegenden Varianten.

Beispiel
Darstellung einer Gleichteile- und Endformstückliste für die Varianten V1 und V2:

Erzeugnisstruktur

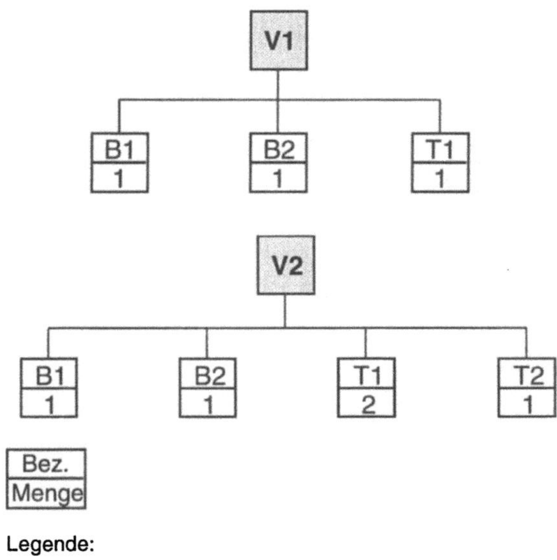

Gleichteile- und Endformstückliste

Gleichteile-stückliste		
für : V1-V2 unvollständig		
Pos.	Bez.	Menge
1	B1	1
2	B2	1

Endform-stückliste		
für : V1		
Pos.	Bez.	Menge
1	V1 - V2 unvollst.	1
2	T1	1

Endform-stückliste		
für : V2		
Pos.	Bez.	Menge
1	V1 - V2 unvollst.	1
2	T1	2
3	T2	1

Literatur

Geitner, U. W.: Betriebsinformatik für Produktions-
betriebe - Teil 1: Grundlagen der Informationsverar-
beitung, Carl Hanser Verlag München Wien 1983;
Gerlach, H. H.: Stücklisten, in: Handwörterbuch der
Produktionswirtschaft, Hrsg. Kern, W., Poeschel
Verlag Stuttgart 1979;
REFA: Methodenlehre der Planung und Steuerung -
Teil 1: Grundlagen, Carl Hanser Verlag München
1985

Gleichvorgangsarbeitsplan

Definition
siehe Variantenarbeitsplan

Globale Durchlaufzeit

Definition
siehe Auftragsdurchlaufzeit

Gozintograph

Definition

Der Gozintograph dient der bildlichen Veranschaulichung der Erzeugnisstruktur.

Der Gozintograph ist nach Dispositionsstufen aufgebaut. Als Dispositionsstufe (Bedarfsermittlungsebene) wird die jeweils unterste Produktionsstufe bezeichnet, in der ein Teil vorkommt. Da jedes Teil nur auf einer Dispositionsstufe eingezeichnet wird, werden Redundanzen vermieden.

Betrachtet man mehrere Endprodukte gleichzeitig, dann richtet sich die Einordnung von Wiederholteilen bei allen Endprodukten nach der insgesamt niedrigsten Produktionsstufe.

Beispiel

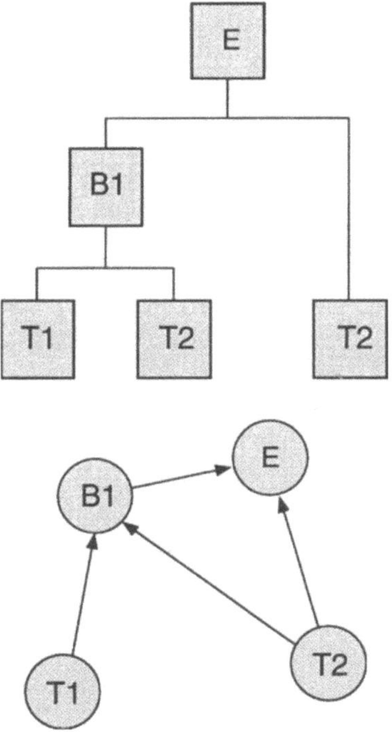

Literatur

Dorninger, C.; u.a.: PPS Produktionsplanung und   *
-steuerung, Ueberreuter Verlag Wien 1990

Graphische Benutzeroberfläche

Definition

Eine graphische Benutzeroberfläche ist dadurch gekennzeichnet, daß beliebige graphische Elemente gemischt mit Text auf dem Bildschirm dargestellt werden können.

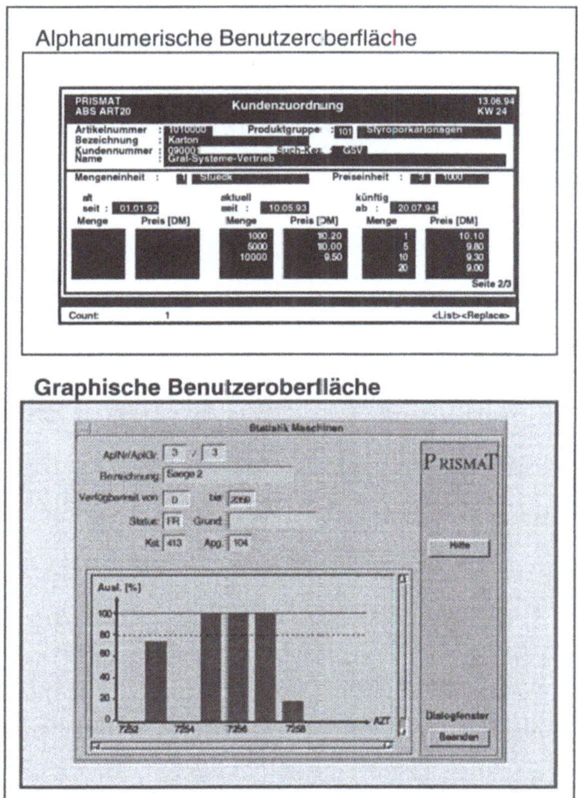

Die Graphikelemente sind beliebig frei darstellbar und nicht an Zeichensatzelemente gebunden.

Benutzeroberfläche Die wichtigsten Komponenten einer graphischen Benutzeroberfläche sind Fenster, Menüs und Interaktions-Elemente (z.B. Push-Button, Scroll-Listen, Auswahlknöpfe und Texteingabefelder).

Literatur
- ** Berlage, Th.: OSF/Motif und das X-Windows System, Addison-Wesley Verlag Bonn München 1991;
- ** Jenz & Partner GmbH (Hrsg.): Grafische Bediener-Oberflächen, Jenz & Partner GmbH Erlensee 1992;
- ** Mansfield, N.: Das Benutzerhandbuch zum X-Window-System, Addison-Wesley Verlag Bonn München 1990

Graphischer Leitstand

Definition
siehe Fertigungsleitstand

GRB-Regel

Definition
siehe Größte Restbearbeitungszeitregel

Grobplanung

Definition
Die Grobplanung bezieht sich auf einen mittel- bis langfristigen Planungshorizont. Sie wird hinsichtlich der Erzeugnisse und Materialien sowie der termin- und kapazitätsorientierten Planungen stark verdichtet durchgeführt. Ziel der Grobplanung ist eine "grobe" Abstimmung des betrachteten Fertigungs- und Produktionsprogramms mit dem Kapazitätsangebot.

Genauere bzw. detailliertere Betrachtungen werden   *Feinplanung*
im Rahmen der Feinplanung vorgenommen.

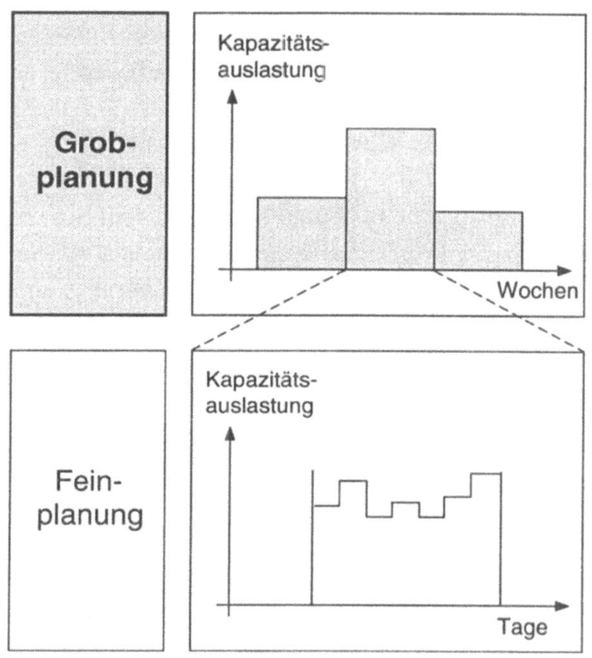

Synonyme
Grobterminierung

Literatur
Glaser, H.; u.a.: PPS Produktionsplanung und
-steuerung - Grundlagen, Konzepte, Anwendungen,
Gabler Verlag Wiesbaden 1992;

Grobterminierung

Definition
siehe Grobplanung

Größte Restbearbeitungszeitregel

Definition

Bei der Prioritätsregel Größte Restbearbeitungszeit (GRB-Regel) erhält der Auftrag oder Arbeitsgang aus dem Arbeitsvorrat mit der größten Restbearbeitungszeit die höchste Priorität.

Die Restbearbeitungszeit berechnet sich aus der Summe der Bearbeitungszeiten der einzelnen Arbeitsgänge, die bis zur Fertigstellung des Auftrags noch durchzuführen sind. Es werden die Bearbeitungszeiten der verbleibenden Arbeitsgänge addiert.

Elementare Prioritätsregel
Die GRB-Regel ist eine elementare Prioritätsregel. Häufig wird auch der Begriff "Längste Restbearbeitungszeitregel" (LRB-Regel) verwendet.

Beispiel

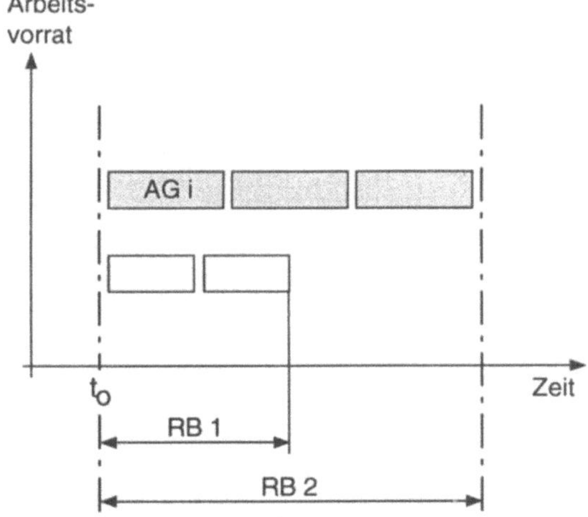

Legende:

AG = Arbeitsgang
RB = Restbearbeitung

Der Arbeitsgang AG i erhält die höchste Priorität.

Literatur
Berg, C.: Prioritätsregeln in der Reihenfolgeplanung,
in: Handwörterbuch der Produktionswirtschaft, Hrsg.
Kern, W., Poeschel Verlag Stuttgart 1979;
Hackstein, R.: Produktionsplanung und -steuerung
(PPS), VDI Verlag Düsseldorf 1989

Grundausführungsstückliste

Definition
siehe Grundstückliste

Grunddaten

Definition
Unter Grunddaten werden Stamm- und Strukturdaten
verstanden.

Stamm- und Strukturdaten stellen für die Produktionsplanung und -steuerung wichtige Datenarten dar.

Stammdaten
Strukturdaten
Datenart

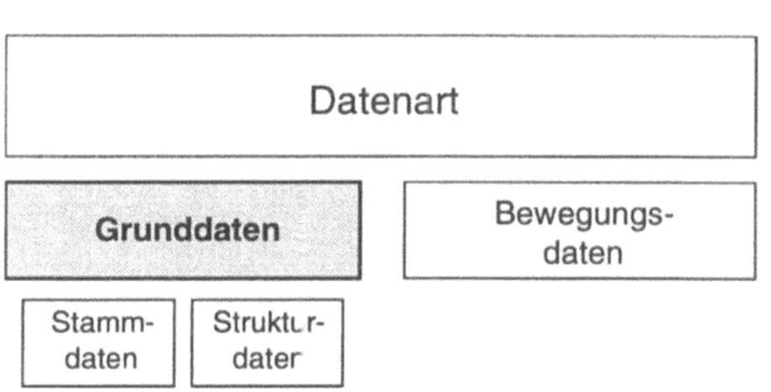

Ein wesentliches Unterscheidungsmerkmal der
Grunddaten von den Bewegungsdaten ist ihr statischer Charakter. Grunddaten haben über einen längeren Zeitraum Gültigkeit und unterliegen einem
laufenden Änderungsdienst.

Literatur

Nedeß, Ch. (Hrsg.): Von PPS zu CIM, Springer-Verlag Berlin Heidelberg u.a. und Verlag TÜV Rheinland Köln 1992;

* REFA: Methodenlehre der Planung und Steuerung - Teil 1: Grundlagen, Carl Hanser Verlag München 1985

Grundstoff

Definition
siehe Material

Grundstückliste

Definition
In der Grundstückliste werden für die Grundausführung der Erzeugnisse alle Baugruppen und Teile nach Struktur und Menge erfaßt.

Baugruppe
Teil
Erzeugnis
Die Varianten werden in den zugehörigen Plus-Minus-Stücklisten berücksichtigt, indem diejenigen Baugruppen und Teile der Erzeugnisse aufgeführt werden, die bei der betreffenden Variante gegenüber der Grundstückliste entfallen (Minusteil) oder hinzukommen (Plusteil).

Variantenstückliste
Plus-Minus-Stückliste
Die Grundstückliste gehört zur Gruppe der Variantenstücklisten. Sie wird ausschließlich in Verbindung mit der Plus-Minus-Stückliste eingesetzt.

Anwendung
Die Grundstück- und Plus-Minus-Stücklisten finden Verwendung bei der Einzel- und Kleinserienfertigung, da hier der Aufwand zur Festlegung der Varianten gering ist.

Beispiel

Darstellung einer Grund- und Plus-Minus-Stückliste
für die Varianten V1 und V2:

Erzeugnisstruktur

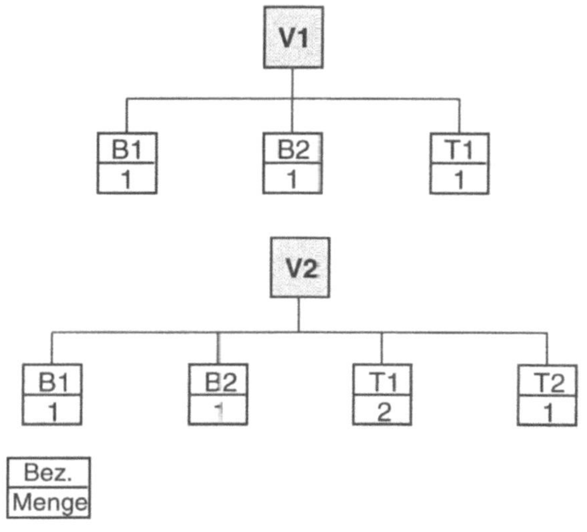

Legende:

B = Baugruppe
T = Teil
V = Variante

Grund- und Plus-Minus-Stückliste

Grundstückliste		
für :	V1	
Pos.	Bez.	Menge
1	B1	1
2	B2	1
3	T1	1

Plus - Minus - Stückliste			
für : V2			
Pos.	Bez.	+/-	Menge
1	V1		1
2	T1	+	1
3	T2	+	1

Synonyme
Grundausführungsstückliste,
Ursprungsliste

Literatur
Geitner, U. W.: Betriebsinformatik für Produktions-
betriebe - Teil 1: Grundlagen der Informationsverar-
beitung, Carl Hanser Verlag München Wien 1983;
Gerlach, H. H.: Stücklisten, in: Handwörterbuch der
Produktionswirtschaft, Hrsg. Kern, W., Poeschel
Verlag Stuttgart 1979;
* REFA: Methodenlehre der Planung und Steuerung -
Teil 1: Grundlagen, Carl Hanser Verlag München
1985

Gruppe

Definition
siehe Baugruppe

Gruppenarbeit

Definition
Die Organisationsform der Gruppenarbeit stellt in der
Sachbeziehung von Betriebsmittel, Material und
Mensch diesen und die Art seiner Mitwirkung am
Arbeitsprozeß in den Vordergrund.

Im Prinzip bieten sich dazu vier Möglichkeiten an:

- horizontale Erweiterung des Handlungsspielraums durch geplanten Arbeitsplatzwechsel (job rotation), *job rotation*
- Arbeitserweiterung (job enlargement), *job enlargement*
- vertikale Arbeitsfeldvergrößerung durch die Arbeitsbereicherung (job enrichment), *job enrichment*
- Bildung teilautonomer Arbeitsgruppen.

Mit der Gruppenarbeit sind in der Regel die folgenden drei Prinzipien verbunden:

- Bildung von Teilefamilien, *Teilefamilie*
- Zusammenfassung der Fertigungsmittel zur Komplettbearbeitung der Teilefamilien, *Komplettbearbeitung*
- Bildung von Fertigungsinseln. *Fertigungsinsel*

Literatur
Kreikebaum, H.: Organisationsformen in der Produktion, in: Handwörterbuch der Produktionswirtschaft, Hrsg. Kern, W., Poeschel Verlag Stuttgart 1979;

Wiendahl, H.-P.: Betriebsorganisation für Ingenieure, ** Hanser-Verlag München 1989

Gruppenfertigung

Definition
Die Gruppenfertigung ist eine Form der Fertigungsorganisation, die durch die Kombination der Werkstatt- und der Reihenfertigung entsteht.

Kennzeichnend für die Fertigungsorganisation der Gruppenfertigung ist die an Teilen, Baugruppen oder Erzeugnissen orientierte Zusammenfassung von Fertigungseinrichtungen in Gruppen bzw. Linien. Die *Fertigungsorganisation*

Fertigungseinrichtungen sind grob kapazitätsbezogen aufeinander abgestimmt und zum Teil über flexible ortsfeste Transporteinrichtungen miteinander verbunden. Die Fertigungseinrichtungen sind weitgehend gemäß der Fertigungsablauffolge angeordnet.

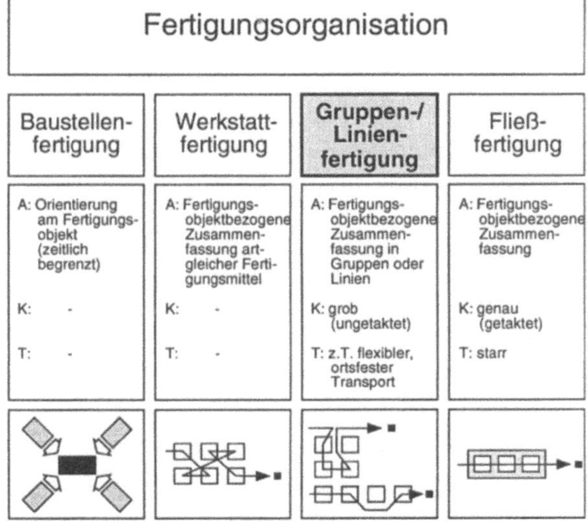

Legende:

A = Räumliche Anordnung der Fertigungsmittel
K = Kapazitätsbezogene Abstimmung der Fertigungsmittel
T = Transportbeziehungen zwischen den Fertigungsmitteln

Anwendung
Die Gruppenfertigung ist am häufigsten in der Serienfertigung von Standarderzeugnissen mit Varianten anzutreffen.

Synonyme
Linienfertigung

Literatur
* Schomburg, E.: Betriebsindividuelle Einflußgrößen für die Gestaltung und Bewertung von PPS-Systemen, in: PPS-Fachmann, Bd. 4, Hrsg. RKW, Verlag TÜV Rheinland Köln 1987

Gruppenkapazität

Definition

Die Gruppenkapazität ist die Kapazität einer Kapazitätsgruppe bzw. einer Arbeitsplatzgruppe.

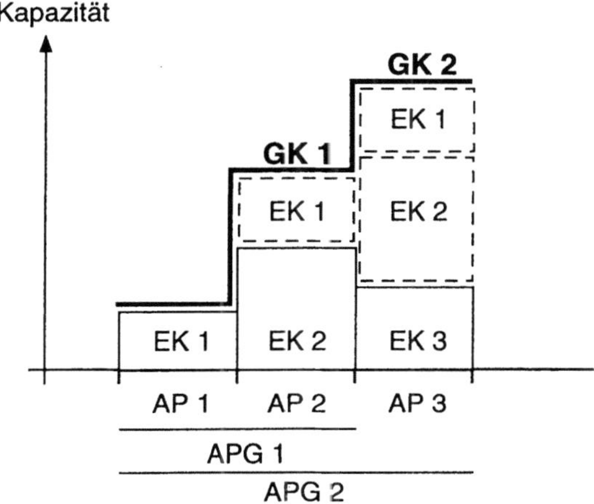

Legende:

AP = Arbeitsplatz
APG = Arbeitsplatzgruppe
EK = Einzelkapazität
GK = Gruppenkapazität

Literatur

VDI-Richtlinie 2815 Blatt 6: Begriffe für die Produk-   *
tionsplanung und -steuerung - Kapazität, VDI Verlag
Düsseldorf Mai 1978

Halbzeug

Definition
Ein Halbzeug ist ein Werkstoff mit definierter Form,
Oberfläche und definiertem Zustand.

Halbzeuge gehören zum Oberbegriff "Material".   *Material*

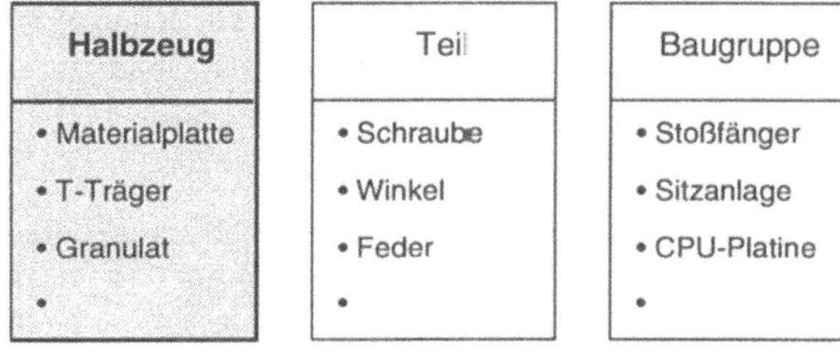

Halbzeuge sind als Werkstoffe das Ausgangsmaterial   *Werkstoff*
zur Fertigung von Teilen, Baugruppen oder Erzeug-   *Teil*
nissen.   *Baugruppe*

Beispiel
Materialplatte, T-Träger, Granulat.

Literatur
REFA: Methodenlehre der Planung und Steuerung -
Teil 1: Grundlagen, Carl Hanser Verlag München
1985;

* VDI-Richtlinie 2815 Blatt 2: Begriffe für die Produktionsplanung und -steuerung - Material, Erzeugnis und Handelsware, VDI Verlag Düsseldorf Mai 1978

Handarbeitsplatz

Definition

Unter einem Handarbeitsplatz wird ein Arbeitsplatz verstanden, an dem die Fertigung überwiegend manuell erfolgt.

Arbeitsplatz An Handarbeitsplätzen und maschinellen Arbeitsplätzen wird Kapazität zur Durchführung von Fertigungsaufträgen bereitgestellt.

Beispiel

Arbeitsplatz zum Entgraten

Literatur

* VDI-Richtlinie 2815 Blatt 6: Begriffe für die Produktionsplanung und -steuerung - Kapazität, VDI Verlag Düsseldorf Mai 1978

Handelsware

Definition

Handelsware sind von fremden Unternehmen gekaufte Gegenstände, die ohne weitere Be- und Verarbeitung weitervertrieben werden.

Literatur

* VDI-Richtlinie 2815 Blatt 2: Begriffe für die Produktionsplanung und -steuerung - Material, Erzeugnis und Handelsware, VDI Verlag Düsseldorf Mai 1978

Hardware

Definition

Unter dem Begriff "Hardware" werden alle elektronischen Komponenten eines Computers verstanden.

Darüber hinaus werden häufig auch die Peripheriegeräte eines Computers wie Drucker oder Terminals unter diesem Begriff gefaßt.

Computer

Im engeren Sinne zählen folgende Komponenten zur Hardware:

- Zentraleinheit (CPU),
- Arbeitsspeicher (RAM),
- Festspeicher (ROM),
- Massenspeicher (Platten, Tape).

Literatur

Duden Informatik, Bibliographisches Institut & F. A. Brockhaus AG Mannheim 1993;
Grieser, F.; u.a.: Computer Lexikon, Deutscher Taschenbuch Verlag München 1994

*

Hauptzeit

Definition

Mit Hauptzeit wird der Zeitraum bezeichnet, in dem die tatsächliche Bearbeitung des Werkstückes erfolgt und damit ein Fortschritt des Fertigungsauftrages erreicht wird.

Literatur

Eversheim, W.: Organisation in der Produktionstechnik - Bd. 3: Arbeitsvorbereitung, VDI Verlag Düsseldorf 1989

*

Heuristik

Definition

Eine Heuristik ist ein auf empirisch gewonnenen Erfahrungen, Hypothesen oder Faustregeln gestütztes Verfahren zur Lösung einer Aufgabenstellung.

Beim Einsatz von Heuristiken wird bewußt davon ausgegangen, daß die resultierende Problemlösung nicht unbedingt optimal im Sinne eines zugrundegelegten Zielsystems sein muß. Heuristiken dienen vielmehr dazu, eine Lösung auszuwählen, die aus praktischer Sicht akzeptabel und zufriedenstellend ist.

Anwendung

Reihenfolgeplanung In Fertigungsleitständen werden Heuristiken häufig bei der Reihenfolgeplanung eingesetzt, um einen aus fertigungsorientierter Sicht "optimalen" Belegungsplan zu erhalten. Die in diesem Zusammenhang eingesetzten Heuristiken stützen sich oft auf Prioritätsregeln ab.

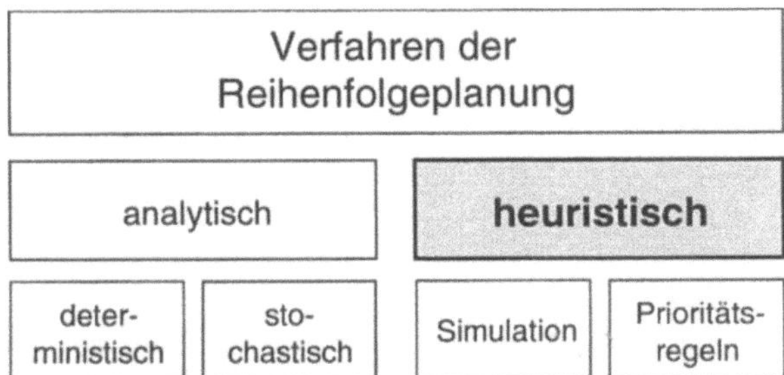

Literatur

* Duden Informatik, Bibliographisches Institut & F. A. Brockhaus AG Mannheim 1993;
Gabler Wirtschaftslexikon, Gabler Verlag Wiesbaden 1993

Hilfsstoff

Definition
Der Hilfsstoff ist ein Material, das zur Fertigung eines Teiles, einer Baugruppe oder eines Erzeugnisses benötigt wird.

Halbzeug	Teil	Baugruppe
• Materialplatte	• Schraube	• Stoßfänger
• T-Träger	• Winkel	• Sitzanlage
• Granulat	• Feder	• CPU-Platine
•	•	•

Material

Rohstoff	**Hilfsstoff**	Betriebs-stoff	Werkstoff
• Roheisen	• Klebstoffe	• Strom	• Metall-legierungen
• Holz	• Schleifpapier	• Gas	• Rohglas
• Erdgas	• Verbindungs-techniken	• Kühlmittel	•
•	•	•	

Hilfsstoffe gehören zu den Werkstoffen und gehen nicht als wesentlicher Bestandteil in ein Erzeugnis ein. Hilfsstoffe werden bei der Fertigung nur mittelbar benötigt, indem sie die Materialien beispielsweise verbinden oder veredeln.   *Werkstoff*

Beispiel
Verbindungstechniken, Klebstoffe, Schleifpulver.

Literatur
VDI-Richtlinie 2815 Blatt 2: Begriffe für die Produktionsplanung und -steuerung - Material, Erzeugnis und Handelsware, VDI Verlag Düsseldorf Mai 1978   *

Hol-Prinzip

Definition
Unter Hol-Prinzip versteht man die Organisation des Materialflusses in Richtung vom Abnehmer zum Lieferanten.

Indirekte Kosten

Definition
siehe Gemeinkosten

Innenausstattung

Definition
Die Innenausstattung ist für die Nutzung und Sicherung der Grundstücke und Gebäude oder zur Durchführung betrieblicher Aufgaben bestimmt.

Die Innenausstattung zählt zu den Betriebsmitteln.   *Betriebsmittel*

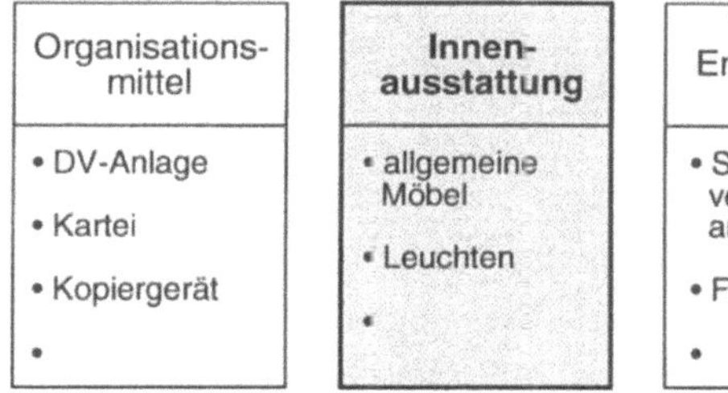

Beispiel
Allgemeine Möbel, Feuerschutzeinrichtung, Leuchten.

Literatur
* VDI-Richtlinie 2815 Blatt 5: Begriffe für die Produktionsplanung und -steuerung - Betriebsmittel, VDI Verlag Düsseldorf Mai 1978

Inspektion

Definition
Unter Inspektion werden Maßnahmen zur Feststellung und Beurteilung des Istzustandes von technischen Mitteln eines Systems verstanden.

Instandhaltung Die Inspektion ist ein Teilbereich der Instandhaltung.

Beispiel
Messen, Prüfen, Diagnostizieren.

Literatur
* DIN 31051: Instandhaltung, Jan. 1985;
Klein, W.: Optimale Planung und Steuerung der Instandhaltung, Verlag TÜV Rheinland Köln 1988

Instandhaltung

Definition
Die Instandhaltung beschäftigt sich mit Maßnahmen zur Bewahrung und Wiederherstellung des Sollzustandes sowie zur Feststellung und Beurteilung des Istzustandes von technischen Mitteln eines Systems.

Im Bereich der Produktion sind das die Betriebsmittel mit dem Schwerpunkt der Maschinen und Anlagen zur Fertigung, zum Transport und zur Lagerung.

Inspektion, Wartung Die Instandhaltung teilt sich in die Bereiche Inspek-
Instandsetzung tion, Wartung und Instandsetzung.

Instandhaltung		
Inspektion	Wartung	Instandsetzung
• Messen	• Reinigen	• Austauschen
• Prüfen	• Schmieren	• Ausbessern
• Diagnostizieren	• Nachstellen	•
•	•	

Literatur

DIN 31051: Instandhaltung, Jan. 1985;   *

Klein, W.: Optimale Planung und Steuerung der   **
Instandhaltung, Verlag TÜV Rheinland Köln 1988;

Rokohl, H. J.: Optimale Strategieplanung - Planung   **
und Kontrolle von Instandhaltungsstrategien in
Kraftwerken, Verlag TÜV Rheinland Köln 1986

Instandsetzung

Definition

Unter Instandsetzung werden Maßnahmen zur
Wiederherstellung des Sollzustandes von technischen
Mitteln eines Systems verstanden.

Die Instandsetzung ist ein Teilbereich der Instand-   *Instandhaltung*
haltung.

Anwendung

Instandsetzungsarbeiten werden dann notwendig,
wenn beispielsweise elektronische oder mechanische
Komponenten einer Maschine bzw. Anlage ausgefallen bzw. defekt sind. Zur Wiederherstellung der
Betriebsfähigkeit sind die Komponenten schnellst-

möglich durch das Personal der Instandhaltung gegen funktionsfähige Teile auszutauschen.

Beispiel
Austauschen, Ausbessern.

Literatur
* DIN 31051: Instandhaltung, Jan. 1985;
  Klein, W.: Optimale Planung und Steuerung der Instandhaltung, Verlag TÜV Rheinland Köln 1988

Inventurbestand

Definition
Der Inventurbestand ist der zum Zeitpunkt der Inventur vorhandene Bestand an Material, Handelsware, Erzeugnissen und Betriebsmitteln.

Literatur
* VDI-Richtlinie 2815 Blatt 4: Begriffe für die Produktionsplanung und -steuerung - Materialbedarfsermittlung, VDI Verlag Düsseldorf Mai 1978

JIT

Definition
siehe Just-In-Time

Job Enlargement

Definition
Mit job enlargement wird eine Arbeitsform bezeichnet, bei der neben den direkt produktiven Vorgängen administrative und kontrollierende Tätigkeiten den Arbeitsinhalt erweitern.

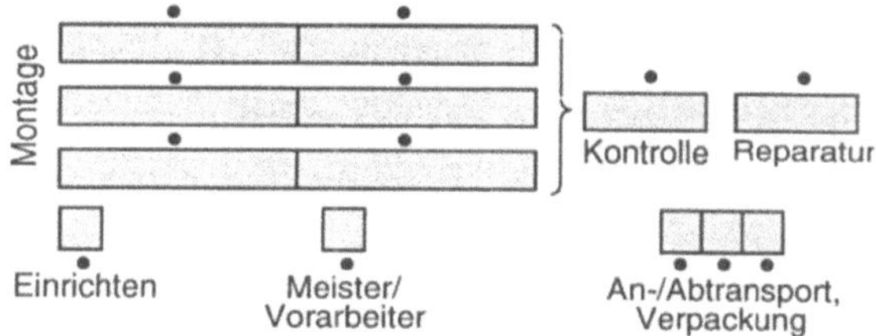

Mit dieser Arbeitsform ist eine höhere Qualifikation des Mitarbeiters verbunden.

Literatur
Wiendahl, H.-P.: Betriebsorganisation für Ingenieure,   *
Hanser-Verlag München 1989

Job Enrichment

Definition
Mit job enrichment wird eine Arbeitsform bezeichnet, bei der neben den direkt produktiven Vorgängen sämtliche indirekt produktiven Tätigkeiten den Arbeitsinhalt einer Gruppe von Mitarbeitern erweitern.

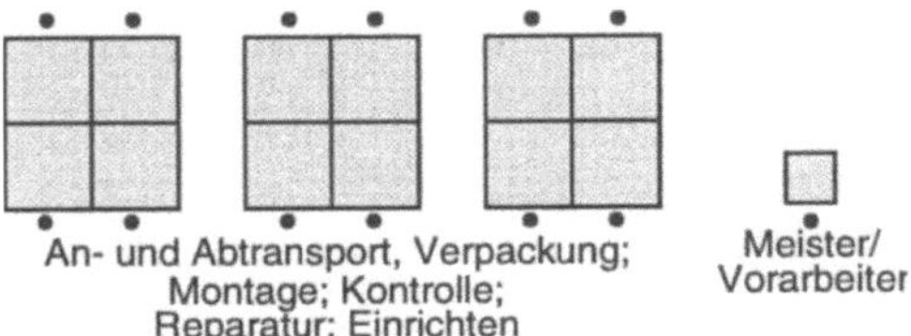

Mit dieser Arbeitsform ist eine hohe Anforderung an die Qualifikation und Organisationsfähigkeit der Gruppe verbunden.

Literatur

* Wiendahl, H.-P.: Betriebsorganisation für Ingenieure, Hanser-Verlag München 1989

Job Rotation

Definition

Mit job rotation wird eine Arbeitsform bezeichnet, bei der Mitarbeiter regelmäßig innerhalb eines überschaubaren Teilbereiches mehrere Arbeitsplätze ausfüllen.

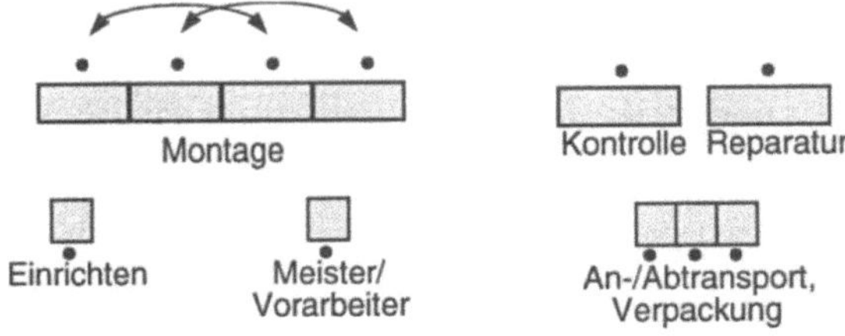

Der einzelne Arbeitsplatz und die ihm zugeordneten Funktionen bleiben unverändert.

Literatur

* Wiendahl, H.-P.: Betriebsorganisation für Ingenieure, Hanser-Verlag München 1989

Just-In-Time

Definition

Just-In-Time (JIT) ist eine Strategie zur Fertigungssteuerung, bei der versucht wird, das in einer Fertigungsstufe benötigte Material mit einem sehr geringen zeitlichen Vorlauf vor dem tatsächlichen Bedarfs-
termin bereitzustellen.

Mit dieser Strategie der Fertigungssteuerung soll eine
Reduzierung der Umlaufbestände erreicht werden.
Die Umsetzung der JIT-Strategie setzt eine hohe
Flexibilität bei der Materialbereitstellung und im
allgemeinen ein hohes Maß an DV-Integration
voraus. Dies gilt insbesondere, wenn JIT-Strategien
unternehmensübergreifend eingesetzt werden.

Fertigungssteuerung

Anwendung

Zulieferer in der Automobilindustrie sind oft über
Just-in-Time-Strategien zur Bereitstellung von Teilen
und Baugruppen in den Produktionsvorgang ihrer Abnehmer eingebunden.

Beispiel

Herstellung und Just-in-Time Anlieferung von Sitz-
anlagen für ein Automobil. Der Zulieferer erhält
Daten über den Auftragsfortschritt, die entlang des
Karossendurchlaufs abgegriffen werden. Diese bein-
halten den fahrzeugbezogenen Abruf der zugehörigen
Sitzanlage vom Zulieferer und Informationen über die
Auftragsreihenfolge.

Auftragsfortschritt

Mit dem Fahrzeug-Einlauf in die Endmontage liegt
die Reihenfolge der Fahrzeuge in der Regel fest.
Spätestens bis zum Zeitpunkt des Sitzeinbaus muß der
Zulieferer die gefertigten Sitzanlagen reihenfolge-
richtig am Einbauort bereitstellen.

Durchlaufzeit   Für die Just-in-Time Bereitstellung benötigt der Zulieferer die Werte der Durchlaufzeiten für den Karossendurchlauf vom Montageeinlauf bis zum Sitzeinbau-Zeitpunkt, vom Auftragsdurchlauf in der eigenen Fertigung und für den Transport vom Zulieferwerk zur Fahrzeug-Endmontage.

Literatur

** Wildemann, H. (Hrsg.): Just-In-Time in F&E, Produktion und Logistik - Band 1, Verlag gmft München 1991;

* Wildemann, H. (Hrsg.): Just-In-Time Produktion, Bd.

** 1 - 3, gmft München 1986

K

Kalkulation

Definition
Die Kalkulation hat die Aufgabe, die Kosten einzelner Einheiten der Kostenträger (z.B. Stück, Partie, Auftrag) zu ermitteln. Diese Kosteninformationen werden insbesondere für die Preisfindung benötigt.

Die Vorkalkulation hat die Aufgabe, den Preis im voraus zu bestimmen, also planerisch festzulegen. Die Nachkalkulation ermittelt, welche Kosten tatsächlich angefallen sind (Istkosten), und stellt sie den Daten der Vorkalkulation gegenüber.

Die Zwischenkalkulation (auch mitlaufende Kalkulation genannt) hat zum Ziel, die während des Ablaufs des Produktionsvorganges anfallenden Kosten zu ermitteln, um sie mit den vorausberechneten Kosten zu vergleichen.

Die Kalkulation ist ein Teilgebiet der Kostenträgerrechnung.   *Kostenträgerrechnung*

Anwendung
Die Kosteninformationen gehen beispielsweise ein in

* die Preisfestsetzung neuer Produkte,
* make-or-buy Entscheidungen,
* die Verrechnung innerbetrieblicher Leistungen.

Synonyme
Kostenträgerstückrechnung

Literatur
Gabler Wirtschaftslexikon, Gabler Verlag Wiesbaden 1993;

* Hummel, S.; Männel, W.: Kostenrechnung, Gabler-
** Verlag 1986;
** Kilger, W.: Einführung in die Kostenrechnung, Gabler-Verlag Wiesbaden 1987

Kanban

Definition
Kanban ist ein Verfahren der Fertigungssteuerung.

Hol-Prinzip Mit dem Einsatz einer Kanban-Steuerung wird die Fertigung nach dem Hol-Prinzip organisiert.

Fertigungssteuerung, Verfahren der Bei diesem Verfahren der Fertigungssteuerung werden zwischen zwei aufeinanderfolgenden Produktionseinheiten selbststeuernde Regelkreise geschaffen. Diese werden nach dem Hol-Prinzip (in Fertigungsrichtung gesehen) von hinten nach vorne angestoßen.

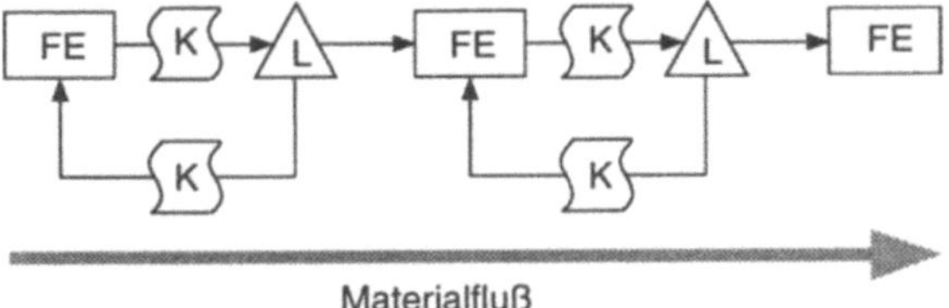

Mindestbestand Der Informationsfluß zum Anstoß der vorgelagerten Fertigungseinheit läuft dem Material- bzw. Fertigungsfluß entgegen. Wird ein vorher festgelegter Mindestbestand in einer Einheit unterschritten, wird an die vorgelagerte Einheit eine Kanban-Karte (Kanban: Japanisch Schild, Karte) geschickt. Diese Karte entspricht einem Fertigungsauftrag und enthält im wesentlichen die Teilebezeichnung und -menge sowie den Anlieferungsort. Die vorgelagerte Einheit beginnt nach Eintreffen des Kanbans mit der Fertigung der im Kanban angegebenen Menge und stellt sie zum verlangten Termin bereit.

Dieses Konzept ist ohne DV-Einsatz zu realisieren.

Anwendung
Kanban wird typisch bei Vorliegen folgender Fertigungsumgebung eingesetzt:

- Fertigungsorganisation
  Fließfertigung.

- Fertigungsart
  Serien- und Massenfertigung.

Literatur
Helberg, P.: PPS als CIM-Baustein, Erich Schmidt Verlag Berlin 1987;
Kernler, H.: PPS der 3. Generation, Hüthig Buch Verlag Heidelberg 1993;
Schweitzer, M.: Industriebetriebslehre, Verlag Vahlen München 1993

Kapazität

Definition
Allgemein stellt die Kapazität eine an qualitativen oder quantitativen Aspekten orientierte Angabe über die Bereitstellung von Leistung dar, die zur Erfüllung einer bestimmten Aufgabe erbracht werden kann.

Für die Produktionsplanung und -steuerung wird die Kapazität in der Regel für einzelne Arbeitsplätze ermittelt und festgelegt. In diesem Fall spricht man von Einzelkapazität. Bestimmend für die Kapazität eines Arbeitsplatzes ist entweder das Leistungs-

Einzelkapazität

angebot des Menschen oder das Leistungsvermögen von Betriebsmitteln.

Gruppenkapazität   Die Kapazität kann auch für eine Gruppe gleichartiger Kapazitätseinheiten bzw. Arbeitsplätze oder sogar für ganze Fertigungsbereiche (Kapazitäts- bzw. Arbeitsplatzgruppe) angegeben werden. In diesem Fall spricht man von Gruppenkapazität.

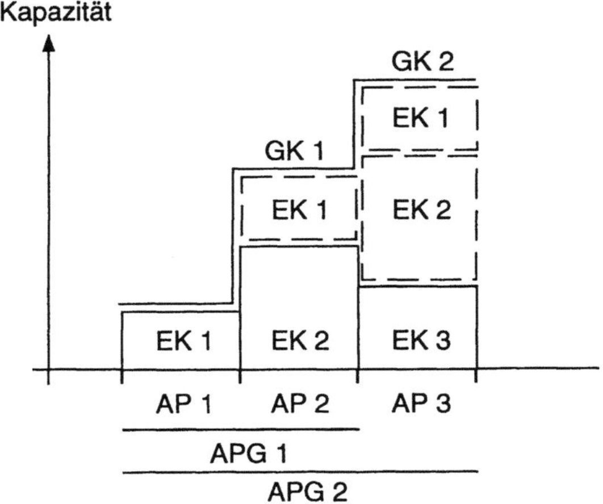

Legende:

AP = Arbeitsplatz
APG = Arbeitsplatzgruppe
EK = Einzelkapazität
GK = Gruppenkapazität

Literatur

REFA: Methodenlehre der Planung und Steuerung - Teil 2: Planung, Carl Hanser Verlag München 1985; VDI-Richtlinie 2815 Blatt 6: Begriffe für die Produktionsplanung und -steuerung - Kapazität, VDI Verlag Düsseldorf Mai 1978

Kapazitäten

Definition
Unter den für die Produktionsplanung und -steuerung
relevanten Kapazitäten werden der Mensch bzw. das
Personal und die Betriebsmittel (und hier im engeren
Sinne die Fertigungsmittel) verstanden.

Mensch und Betriebsmittel stellen Kapazität an einem
Arbeitsplatz bzw. in einem Arbeitssystem zur Durchführung von Fertigungsaufgaben zur Verfügung.

Betriebsmittel
Kapazität
Arbeitsplatz

Kapazitätsabgleich

Definition
Der Kapazitätsabgleich dient der Abstimmung des
Kapazitätsbedarfs mit dem Kapazitätsangebot.

Bei dieser Form der Kapazitätsabstimmung wird
versucht, den Kapazitätsbedarf an das vorhandene
Kapazitätsangebot anzupassen.

Kapazitätsabstimmung
Kapazitätsbedarf
Kapazitätsangebot

Kapazitätsabstimmung

Kapazitätsanpassung		Kapazitätsabgleich	
Kapazitäts- erhöhung	Kapazitäts- ver- minderung	Bedarfs- erhöhung	Bedarfsver- minderung
• Investitionen • Überstunden • Fremd- fertigung	• Stillegungen • Kurzarbeit	• Termin- verschiebung • Ausweich- arbeitsplatz	• Termin- verschiebung • Ausweich- arbeitsplatz

Der Kapazitätsabgleich stellt eine kurzfristig orientierte Maßnahme dar, um die Fertigung zu harmo-
nisieren. Zeitlich schließt sich der Kapazitätsabgleich

Kapazitätsterminierung

an die Kapazitätsterminierung an, die als Ergebnis die Belastungsprofile der einzelnen Arbeitsplätze bzw. -gruppen ausweist.

Je nach Belastungssituation sind folgende Maßnahmen beim Kapazitätsabgleich möglich:

- Verschieben von Aufträgen in Richtung "Gegenwart" oder "Zukunft" innerhalb der vorgegebenen Ecktermine,

Ausweicharbeitsplatz • Umplanen von Aufträgen auf Ausweicharbeitsplätze.

Beispiel

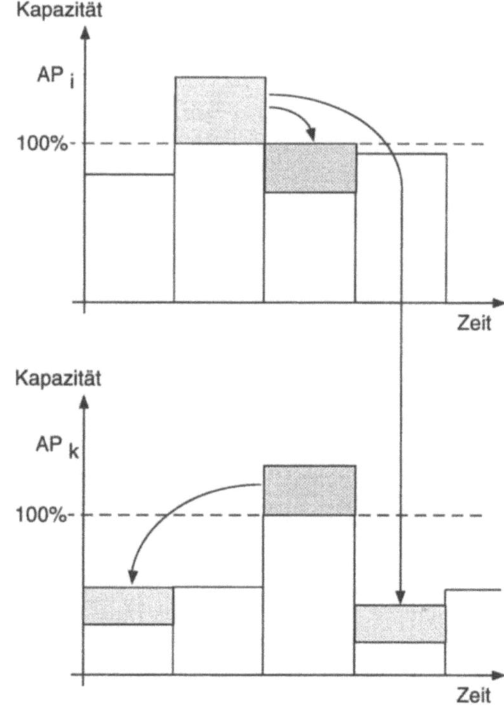

Legende:

AP = Arbeitsplatz

AP_k ist Ausweicharbeitsplatz zu AP_i

Literatur

Geitner, U. W.: Betriebsinformatik für Produktionsbetriebe - Teil 3: Methoden der Produktionsplanung
und -steuerung, Carl Hanser Verlag München Wien
1987

*

Kapazitätsabstimmung

Definition
Die Kapazitätsabstimmung dient der Beseitigung von
Kapazitätsüberdeckungen oder -unterdeckungen.

Die Gegenüberstellung von Kapazitätsbedarf und
Kapazitätsangebot führt zu einer Deckung, einer
Über- oder Unterdeckung. Eine Deckung liegt vor,
wenn Kapazitätsbedarf und -angebot übereinstimmen.
Eine Überdeckung entsteht, wenn der Kapazitätsbedarf größer ist als das Kapazitätsangebot. Andern-
falls ergibt sich eine Unterdeckung.

Kapazitätsbedarf
Kapazitätsangebot

Der Grad der Deckung kann in einem Auslastungs-,
Beschäftigungs- oder Nutzungsgrad quantifiziert
werden.

Man unterscheidet zwischen der Kapazitätsanpassung, bei der die vorhandene Kapazität an den
Kapazitätsbedarf angepaßt wird, und dem Kapazitätsabgleich, bei dem der Kapazitätsbedarf an die
vorhandene Kapazität angepaßt wird.

Kapazitätsanpassung
Kapazitätsabgleich

Kapazitätsabstimmung

Kapazitätsanpassung		Kapazitätsabgleich	
Kapazitäts- erhöhung	Kapazitäts- ver- minderung	Bedarfs- erhöhung	Bedarfsver- minderung
• Investitionen • Überstunden • Fremd- fertigung	• Stillegungen • Kurzarbeit	• Termin- verschiebung • Ausweich- arbeitsplatz	• Termin- verschiebung • Ausweich- arbeitsplatz

Literatur

* Geitner, U. W.: Betriebsinformatik für Produktions-
** betriebe - Teil 3: Methoden der Produktionsplanung
und -steuerung, Carl Hanser Verlag München Wien
1987;
REFA: Methodenlehre der Planung und Steuerung -
Teil 2: Planung, Carl Hanser Verlag München 1985

Kapazitätsangebot

Definition

Das Kapazitätsangebot bezeichnet die verfügbare
Kapazität in einem bestimmten Zeitabschnitt.

Sie wird für einzelne Kapazitätseinheiten oder für
Kapazitätsgruppen angegeben.

Synonyme

Kapazitätsbestand

Literatur

* VDI-Richtlinie 2815 Blatt 6: Begriffe für die Produktionsplanung und -steuerung - Kapazität, VDI Verlag
Düsseldorf Mai 1978

Kapazitätsanpassung

Definition
Die Kapazitätsanpassung dient der Abstimmung des Kapazitätsbedarfs mit dem Kapazitätsangebot.

Bei dieser Form der Kapazitätsabstimmung wird versucht, das vorhandene Kapazitätsangebot an den Kapazitätsbedarf anzupassen. Die Kapazitätsanpassung kommt für mittel- bis langfristige Maßnahmen in Betracht.

Kapazitätsabstimmung
Kapazitätsangebot
Kapazitätsbedarf

Kapazitätsabstimmung			
Kapazitätsanpassung		Kapazitätsabgleich	
Kapazitäts-erhöhung	Kapazitäts-verminderung	Bedarfs-erhöhung	Bedarfsver-minderung
• Investitionen • Überstunden • Fremd-fertigung	• Stillegungen • Kurzarbeit	• Termin-verschiebung • Ausweich-arbeitsplatz	• Termin-verschiebung • Ausweich-arbeitsplatz

Beispiel
Eine langfristige Betrachtung kann dazu führen, zusätzliche Maschinen anzuschaffen, um den erhöhten Kapazitätsbedarf abzudecken. Im mittelfristigen Planungsbereich geht es darum, über Schichtregelungen und Überstunden sowie über die verlängerte Werkbank (Fremdfertigung) eine geeignete Anpassung der Kapazität an den Bedarf zu erreichen.

Literatur

* Geitner, U. W.: Betriebsinformatik für Produktionsbetriebe - Teil 3: Methoden der Produktionsplanung
und -steuerung, Carl Hanser Verlag München Wien
1987

Kapazitätsauslastung

Definition
Die Kapazitätsauslastung ergibt sich aus dem
Verhältnis zwischen dem Kapazitätsbedarf und dem
Kapazitätsangebot.

Die Auslastung wird in [%] angegeben.

$$\text{Kapazitätsauslastung} = \frac{\text{Kapazitätsbedarf}}{\text{Kapazitätsangebot}} * 100\,\% .$$

Synonyme
Auslastung

Kapazitätsbedarf

Definition
Der Kapazitätsbedarf gibt allgemein an, wieviel
Kapazität zur Verfügung gestellt werden muß, um
den im Betrachtungszeitraum eingeplanten Arbeitsvorrat zu bewältigen.

Der Kapazitätsbedarf wird für einzelne Kapazitätseinheiten oder für Kapazitätsgruppen angegeben.

Wird der Kapazitätsbedarf einer Kapazitätseinheit für
aufeinanderfolgende Zeitabschnitte über der
Zeitachse aufgetragen, entsteht ein Kapazitätsgebirge
bzw. Belastungsprofil.

Literatur
VDI-Richtlinie 2815 Blatt 6: Begriffe für die Produk-
tionsplanung und -steuerung - Kapazität, VDI Verlag
Düsseldorf Mai 1978

Kapazitätsbestand

Definition
siehe Kapazitätsangebot

Kapazitätseinheit

Definition
Kapazitätseinheiten sind die kleinsten verplanbaren
Einheiten in einem Betrieb, an denen die zur
Durchführung von Aufträgen erforderliche Kapazität
durch das Personal oder die Betriebsmittel bereit-
gestellt wird.

Kapazitätseinheiten werden im allgemeinen durch   *Arbeitsplatz*
einzelne Arbeitsplätze eines Arbeitssystems gebildet.

Synonyme
Kapazitätsstelle

Literatur
VDI-Richtlinie 2815 Blatt 6: Begriffe für die Produk-   *
tionsplanung und -steuerung - Kapazität, VDI Verlag
Düsseldorf Mai 1978

Kapazitätsgruppe

Definition
Eine Kapazitätsgruppe ist die Zusammenfassung
mehrerer (gleichartiger) Kapazitätseinheiten,

Kapazitätseinheit An diesen Kapazitätseinheiten werden im Sinne der Auftragsbearbeitung ähnliche oder sogar gleiche Funktionen durchgeführt.

Literatur

* VDI-Richtlinie 2815 Blatt 6: Begriffe für die Produktionsplanung und -steuerung - Kapazität, VDI Verlag Düsseldorf Mai 1978

Kapazitätsstelle

Definition
siehe Kapazitätseinheit

Kapazitätsterminierung

Definition
Bei der Kapazitätsterminierung werden die terminierten Aufträge oder Arbeitsgänge auf die gemäß Arbeitsplan zugeordneten Arbeitsplätze (Kapazitätseinheiten) mit den Auftrags- bzw. Belegungszeiten eingeplant.

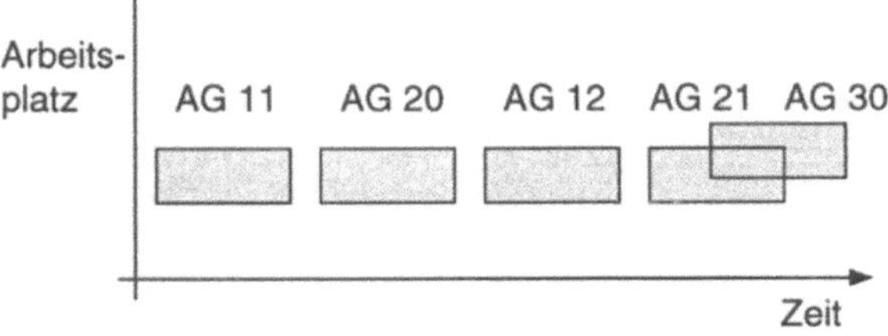

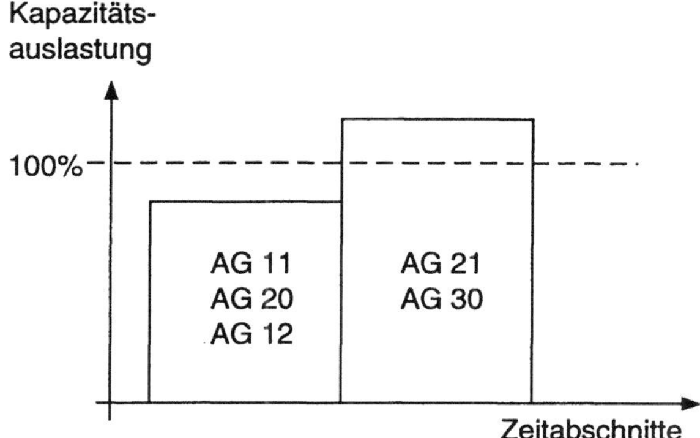

Die Kapazitätsterminierung schließt sich an die Durchlaufterminierung an. Kapazitäts- und Durchlaufterminierung sind PPS-Funktionen im Rahmen der Termin- und Kapazitätsplanung bzw. der Zeitwirtschaft.

Termin- und Kapazitätsplanung

Das Ergebnis der Kapazitätsterminierung sind die Belastungsprofile der einzelnen Kapazitätseinheiten bzw. Kapazitätsgruppen, indem das Kapazitätsangebot dem -bedarf gegenübergestellt wird.

Dem Fertigungssteuerer geben die Belastungsprofile eine Übersicht über die Kapazitätsauslastung, so daß er im Rahmen der Kapazitätsabstimmung Maßnahmen ergreifen kann, um etwaige Kapazitätsüber- oder -unterdeckungen zu beseitigen.

Kapazitätsabstimmung

Literatur
Dorninger, C.; u.a.: PPS Produktionsplanung und -steuerung, Ueberreuter Verlag Wien 1990;
Hackstein, R.: Produktionsplanung und -steuerung (PPS), VDI Verlag Düsseldorf 1989

Kaufteil

Definition
Kaufteile sind Teile, die nicht im eigenen Unternehmen gefertigt, sondern von anderen Unternehmen bezogen werden.

Fremdfertigungsteil
Fremdteil
Bei Kaufteilen wird nach Fremdfertigungsteilen und Fremdteilen unterschieden.

Synonyme
Zukaufteil

Literatur
* VDI-Richtlinie 2815 Blatt 2: Begriffe für die Produktionsplanung und -steuerung - Material, Erzeugnis und Handelsware, VDI Verlag Düsseldorf Mai 1978

Kennzahl

Definition
Kennzahlen sind Verhältniszahlen und absolute Zahlen, die in konzentrierter Form über einen zahlenmäßig erfaßbaren Sachverhalt informieren.

Kennzahl ,
Darstellungsform der
Es existieren unterschiedliche Darstellungsformen für Kennzahlen.

Die wichtigsten Merkmale von Kennzahlen sind:

- Informationscharakter
  Der Informationscharakter gibt Aufschluß über bestimmte Sachverhalte oder Zusammenhänge.

- Quantifizierbarkeit
  Die Quantifizierbarkeit bedeutet, daß die Information auf einem metrischen Skalenniveau

abgebildet bzw. mittels einer metrischen Skala
gemessen werden kann.

- Spezifische Form der Information
  Die spezifische Form sagt aus, daß komplexe
  Zusammenhänge mittels der Kennzahlen einfach
  ausgedrückt werden können.

Anwendung
Kennzahlen werden in allen Bereichen des Betriebes
eingesetzt, wie z. B. in der Fertigungssteuerung, Logistik oder Finanz- und Personalwirtschaft. Hinsichtlich des Verwendungszweckes sind die Planung,
Steuerung und Überwachung von Vorgängen in den
jeweiligen Bereichen zu nennen.

Beispiel
Durchsatz, Ausschußquote, Lieferbereitschaftsgrad.

Literatur
Reichmann, Th.: Controlling mit Kennzahlen und   *
Managementberichten, Verlag Vahlen München   **
1993;
Syska, A.: Kennzahlen für die Logistik, Springer-   **
Verlag Berlin Heidelberg u.a. 1990

Kennzahl, Darstellungsform der

Definition
Kennzahlen können nach ihrer Darstellungsform
eingeteilt werden. Es gibt Verhältniszahlen und
absolute Zahlen.

Kennzahlen als Absolutzahlen drücken die absolute   *Kennzahl*
Größe der gemessenen bzw. ermittelten Sachverhalte
aus. Sie werden nicht auf andere relevante Größen
bezogen, was teilweise eine objektive Bewertung

erschwert. Sie gliedern sich in Einzelzahlen, Summen und Differenzen.

Bei den Verhältniszahlen unterscheidet man zwischen Gliederungszahlen, Beziehungszahlen und Indexzahlen.

- Gliederungszahlen setzen eine Teilmenge zu einer Gesamtmenge in Beziehung.

- Beziehungszahlen bilden das Verhältnis zweier Größen mit unterschiedlicher Dimension.

- Indexzahlen werden aus Größen gleicher Dimension aber zu unterschiedlichen Zeitpunkten gebildet.

Beispiel
- Gliederungszahl
  Arbeitszeit pro Anwesenheitszeit.

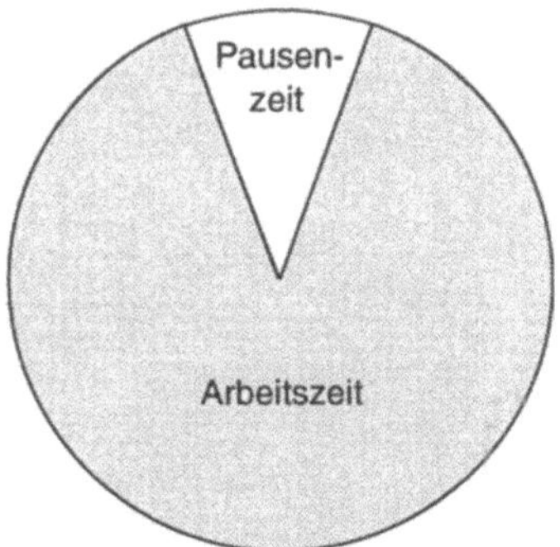

- Beziehungszahl
  Lagerspiele (Anzahl Ein- und Auslagerungen) pro Zeiteinheit.

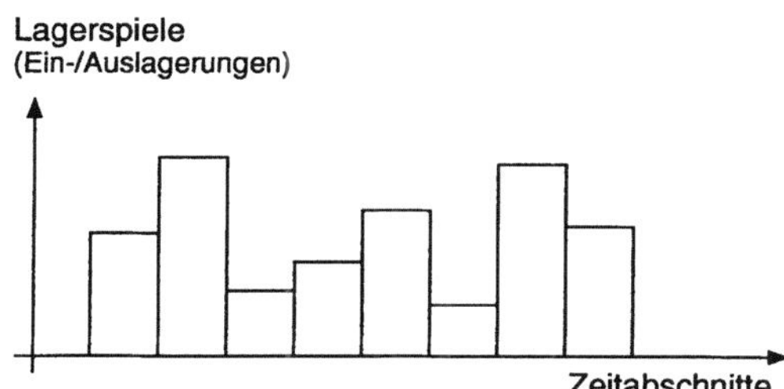

- Indexzahl
Produktivität im Jahr a_n bezogen auf die Produktivität im Vorjahr a_{n-1} (Produktivitätszuwachsrate).

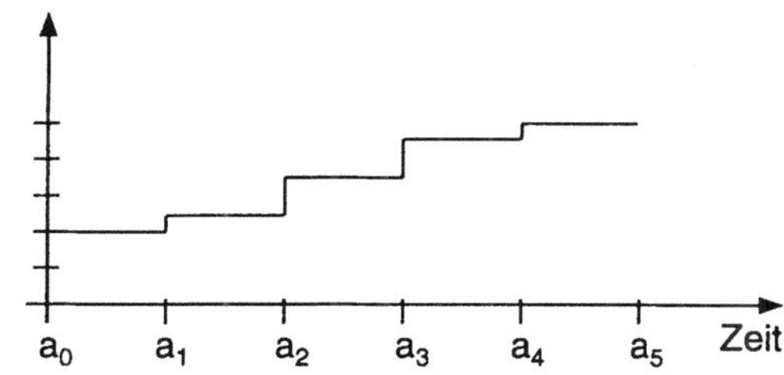

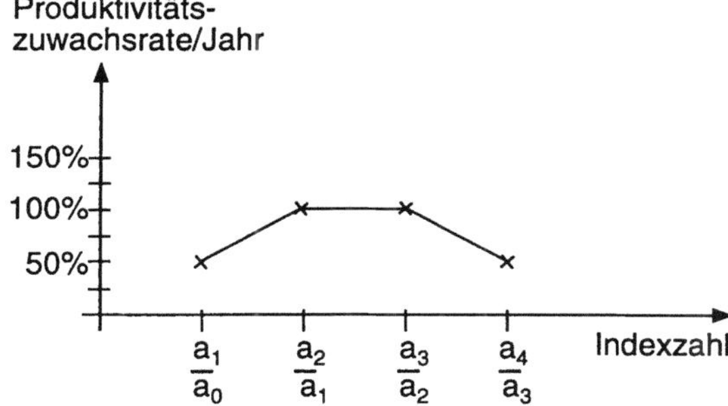

Literatur

Reichmann, Th.: Controlling mit Kennzahlen und **
Managementberichten, Verlag Vahlen München 1993

Kennzahlensystem

Definition
Ein Kennzahlensystem ist eine Zusammenstellung
von qualitativen Variablen, wobei die einzelnen
Kennzahlen in einer sachlich sinnvollen Beziehung
zueinander stehen, einander ergänzen oder erklären
und insgesamt auf ein übergeordnetes Ziel ausgerichtet sind.

Kennzahl Die Darstellung von Beziehungen zwischen einzelnen
Kennzahlen beruht auf einer Kennzahlensystematik.
Auf Basis der Kennzahlensystematik wird aus einer
ungeordneten Menge von Kennzahlen ein Kennzahlensystem.

Die drei gebräuchlichsten Systematiken sind:

- Rechensystematik
  Hierbei erfolgt die Systembildung durch formal-
  rechnerische Verknüpfung einzelner Kennzahlen
  zu einer Spitzenkennzahl bzw. durch Zerlegung
  einer Spitzenkennzahl in ihre Komponenten.

- Ordnungssystematik
  Bei der Ordnungssystematik werden die Kennzahlen nach sachlogischen Gesichtspunkten
  zusammengefaßt.

- Zielsystematik
  Für eine zielorientierte Beziehung der Kennzahlen
  wird ein betriebswirtschaftliches Zielsystem entwickelt, auf dem das Kennzahlensystem aufbaut.

Die unterschiedlichen Kennzahlensystematiken können einzeln oder miteinander kombiniert verwendet
werden.

Literatur
Reichmann, Th.: Controlling mit Kennzahlen und
Managementberichten, Verlag Vahlen München 1993 **

Klammerung

Definition
siehe Raffung

Kleinste Restbearbeitungszeitregel

Definition
Bei der Kleinsten Restbearbeitungszeitregel (KRB-
Regel) erhält der Auftrag oder Arbeitsgang aus dem
Arbeitsvorrat mit der kürzesten Restbearbeitungszeit
die höchste Priorität.

Die Restbearbeitungszeit berechnet sich aus der
Summe der Bearbeitungszeiten der einzelnen Arbeitsgänge, die bis zur Fertigstellung des Auftrags noch
durchzuführen sind. Dementsprechend werden die
Bearbeitungszeiten der verbleibenden Arbeitsgänge
addiert.

Die Kleinste Restbearbeitungszeitregel ist eine elementare Prioritätsregel.   *Elementare*
Prioritätsregel

Beispiel

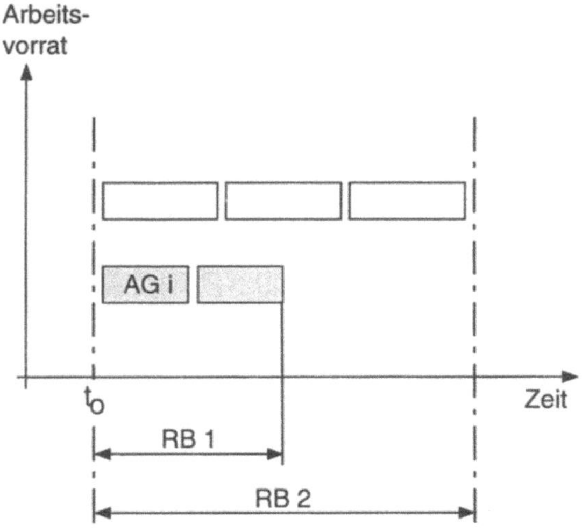

Legende:

AG = Arbeitsgang
RB = Restbearbeitung

Der Arbeitsgang AG i erhält die höchste Priorität.

Synonyme
Kürzeste Restbearbeitungszeitregel

Literatur
Berg, C.: Prioritätsregeln in der Reihenfolgeplanung,
in: Handwörterbuch der Produktionswirtschaft, Hrsg.
Kern, W., Poeschel Verlag Stuttgart 1979;
Hackstein, R.: Produktionsplanung und -steuerung
(PPS), VDI Verlag Düsseldorf 1989

Kombinierte Prioritätsregel

Definition
Eine kombinierte Prioritätsregel entsteht aus der
Verknüpfung einzelner elementarer Prioritätsregeln.

Ziel einer solchen Kombination ist es, die Vorteile mehrerer Prioritätsregeln zu nutzen, um so eine für den Anwendungsfall optimale Lösung zu erreichen. Gleichzeitig sollen aber auch unerwünschte Nebeneffekte, die zum Teil durch das extreme "Verhalten" einer isoliert eingesetzten Regel entstehen, vermieden werden.

Beispiel
In DV-Systemen zur Fertigungssteuerung wird zur Festlegung von Auftragsreihenfolgen an Arbeitsplätzen oder Arbeitsplatzgruppen die Kürzeste Operationszeitregel (KOZ-Regel) eingesetzt. Bei Anwendung dieser Regel werden speziell die Aufträge mit kurzen Bearbeitungszeiten gegenüber denen mit längeren Bearbeitungszeiten höher priorisiert.

Das führt zu einer Art Saugeffekt, was eine Verkürzung der Durchlaufzeiten und eine Erhöhung der Termintreue dieser Aufträge bewirkt. Bei der ausschließlichen Anwendung der KOZ-Regel werden ständig Aufträge mit kurzen Bearbeitungszeiten bevorzugt. Kommen in einem Auftragsvorrat laufend neue Aufträge mit kurzen Bearbeitungszeiten hinzu, erhalten Aufträge mit langen Bearbeitungszeiten ständig eine niedrige Priorität. Sie werden bei der Auftragsfreigabe bzw. -zuteilung nicht berücksichtigt und geraten in Verzug.

Die KOZ-Regel ist daher um eine terminorientierte Regel zu ergänzen, die beispielsweise die Verzugs- oder Schlupfzeit mit berücksichtigt.

Synonyme
Mehrdimensionale Prioritätsregel

Literatur

** Berg, C.: Prioritätsregeln in der Reihenfolgeplanung, in: Handwörterbuch der Produktionswirtschaft, Hrsg. Kern, W., Poeschel Verlag Stuttgart 1979;

Hackstein, R.: Produktionsplanung und -steuerung (PPS), VDI Verlag Düsseldorf 1989;

Kernler, H.: PPS der 3. Generation, Hüthig Buch Verlag Heidelberg 1993

Komplettbearbeitung

Definition
Unter Komplettbearbeitung im engeren Sinne wird die vollständige Bearbeitung eines Werkstückes auf einer Maschine in einer Aufspannung verstanden.

Fertigungsinsel Im weiteren Sinne wird auch die vollständige Bearbeitung von Werkstücken innerhalb eines Fertigungsbereiches (Fertigungsinsel) unter diesem Begriff gefaßt.

Komplexarbeitsplan

Definition
Der Komplexarbeitsplan enthält zusätzlich zum Einzelarbeitsplan die Varianten mit den Parametern, die jeweils zu einem Arbeitsgang gehören.

Variante Die Auswahl der Varianten für einen Arbeitsplan erfolgt mittels Kriterien, die in einer zusätzlichen Spalte angegeben werden.

Variantenarbeitsplan Der Komplexarbeitsplan ist eine Form des Variantenarbeitsplans und kann auftragsbezogen oder auftragsneutral vorliegen.

Beispiel

<table>
<tr><td colspan="9" align="center">Arbeitsplan</td></tr>
<tr><td colspan="2">Benennung:
Deckel</td><td colspan="3">Arbeitsplan-Nr.:
835 900</td><td colspan="4">Zeichnungs-Nr.:
78-6981</td></tr>
<tr><td colspan="2">Werkstoff:
St 50-2</td><td colspan="3">Rohform:
Rundstahl</td><td colspan="4">Abmessung:
⌀ 60</td></tr>
<tr><td colspan="2">Auftrags-Nr.:</td><td colspan="3">Auftragsmenge:</td><td colspan="2">Start-
termin:</td><td colspan="2">End-
termin:</td></tr>
<tr><td>Arbeits-
gang-
Nr.</td><td>Arbeits-
gangbe-
schreibung</td><td>Aus-
führung</td><td>Maschinen-
gruppe</td><td>Kosten-
stelle</td><td>Fertigungs-
mittel</td><td>Lohn-
gruppe</td><td>Rüst-
zeit</td><td>Stück-
zeit</td></tr>
<tr><td>10</td><td>Innen-
drehen</td><td>⌀ 20</td><td>Drehen
Gruppe 57</td><td>710</td><td>Vierbacken-
futter/
Innendreh-
meißel</td><td>3</td><td>15</td><td>3</td></tr>
<tr><td></td><td></td><td>⌀ 30</td><td>Drehen
Gruppe 57</td><td></td><td>Vierbacken-
futter/
Innendreh-
meißel</td><td>3</td><td>20</td><td>4</td></tr>
<tr><td></td><td></td><td>⌀ 45</td><td>Drehen
Gruppe 61</td><td></td><td>Vierbacken-
futter/
Innendreh-
meißel</td><td>3</td><td>22</td><td>2</td></tr>
<tr><td></td><td>Stirnfläche
plandrehen</td><td></td><td></td><td></td><td>Drehmeißel</td><td></td><td></td><td></td></tr>
<tr><td>20</td><td>4 Löcher
bohren</td><td></td><td>Bohren
Gruppe 87</td><td>712</td><td>Bohrvor-
richtung
Bohrer</td><td>3</td><td>20</td><td>5</td></tr>
<tr><td></td><td>und
senken</td><td></td><td></td><td>712</td><td>Senker</td><td></td><td></td><td></td></tr>
<tr><td>30</td><td>2 Flächen
fräsen</td><td></td><td>Fräsen
Gruppe 12</td><td>721</td><td>Fräsvor-
richtung
Fräser</td><td>4</td><td>15</td><td>4</td></tr>
</table>

Literatur

Brankamp, K.: Handbuch der modernen Fertigung und Montage, Verlag moderne industrie München 1975; *

Geitner, U. W.: Betriebsinformatik für Produktions- betriebe - Teil 3: Methoden der Produktionsplanung und -steuerung, Carl Hanser Verlag München Wien 1987 **

Komplexstückliste

Definition

In der Komplexstückliste werden alle Baugruppen und Teile untereinander mit aufsteigender Positionsnummer aufgeführt. Die untereinander variierenden Baugruppen und Teile erhalten die gleiche Positionsnummer und werden zudem als Variante gekennzeichnet.

Die Komplexstückliste findet Anwendung, wenn Varianten sofort in ihrem vollen Umfang erkannt und dementsprechend nicht mit mehreren, sondern nur mit einer Stückliste, in der alle Angaben enthalten sind, gearbeitet werden soll.

Teil
Baugruppe
Erzeugnis
Der Komplexstückliste ist zunächst nicht zu entnehmen, welche variierenden Teile oder Baugruppen zu einem Erzeugnis gehören. Erst durch Streichen der nicht benötigten Teile und Baugruppen kann das betreffende Erzeugnis bzw. die Baugruppe erkannt werden. Kommt bei einem solchen Aufbau der Stückliste eine neue Variante hinzu, muß die Stückliste neu erstellt werden.

Variantenstückliste
Die Komplexstückliste gehört zur Gruppe der Variantenstücklisten.

Anwendung
Die Komplexstückliste findet Verwendung bei Unternehmen mit Auftragsfertigung.

Beispiel
Darstellung einer Komplexstückliste für die Varianten V1 und V2:

Erzeugnisstruktur

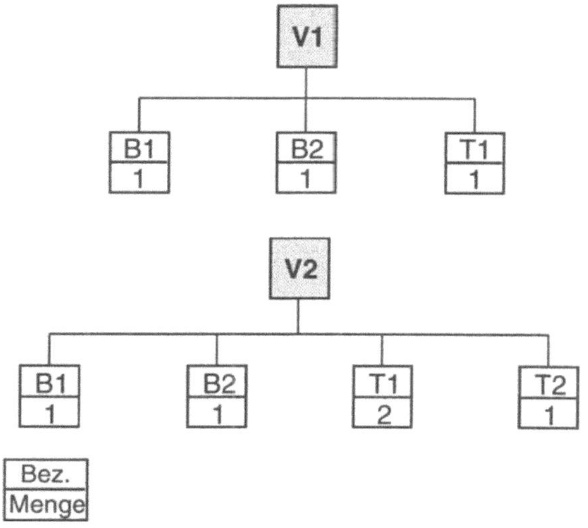

Legende:

B = Baugruppe
T = Teil
V = Variante

Komplexstückliste

Komplexstückliste				
für :	Erzeugnis V			
Lfd.Nr.	Pos.	Bez.	Menge	Variante
1	1	B1	1	
2	2	B2	1	
3	3	T1	1	x
4	3	T1	2	x
5	4	T2	1	

Literatur

Geitner, U. W.: Betriebsinformatik für Produktions-
betriebe - Teil 1: Grundlagen der Informationsverar-
beitung, Carl Hanser Verlag München Wien 1983;
Gerlach, H. H.: Stücklisten, in: Handwörterbuch der
Produktionswirtschaft, Hrsg. Kern, W., Poeschel
Verlag Stuttgart 1979;

REFA: Methodenlehre der Planung und Steuerung - Teil 1: Grundlagen, Carl Hanser Verlag München 1985

Kontierungseinheit

Definition
siehe Kostenstelle

Konventioneller Leitstand

Definition
Konventionelle Leitstände zeichnen sich im Gegensatz zu den elektronischen Leitständen dadurch aus, daß die Planung, Steuerung und Überwachung des Produktionsablaufes manuell ohne Computer-Unterstützung vorgenommen wird.

Plantafel Es werden hierzu Hilfsmittel, wie z.B. Plantafel (Stecktafel), auf denen die Arbeitsgänge den Maschinen zugeordnet werden, Hängeordner sowie Kartei- und Zettelkästen eingesetzt.

Literatur
Schwinn, J.: Wissensbasierter CIM-Leitstand, Vieweg-Verlag Braunschweig 1992

Koordination, Fertigungsleitstand

Definition
Unter Koordination wird im Zusammenhang mit Fertigungsleitständen die Abwicklung leitstandsübergreifender Auftragsdurchläufe verstanden.

Die Lösung der Verteilungs- und Koordinationsaufgaben kann zum einen direkt durch ein vorge-
schaltetes PPS-System, durch die Installation eines
übergeordneten Leitstandes oder durch die Ver-
netzung von Fertigungsleitständen vorgenommen
werden.

PPS-System

Fertigungsleitstand

Die Arbeitsgangverteilung auf die Leitstandsbereiche
geschieht aufgrund der dem Arbeitsgang zugeordneten Arbeitsplatzgruppe. Jede Arbeitsplatzgruppe ist
einem Leitstandsbereich zugeordnet. Das System
erkennt daher automatisch Arbeitsgänge, die auf-
einanderfolgend in einem Leitstandsbereich bearbeitet
werden.

Neben den Verteilungs- und Koordinationsaufgaben
sind ggf. auch Konflikte zu lösen, wenn mehrere
Aufträge in unterschiedlichen Leitstandsbereichen um
gemeinsame Ressourcen konkurrieren.

Beispiel

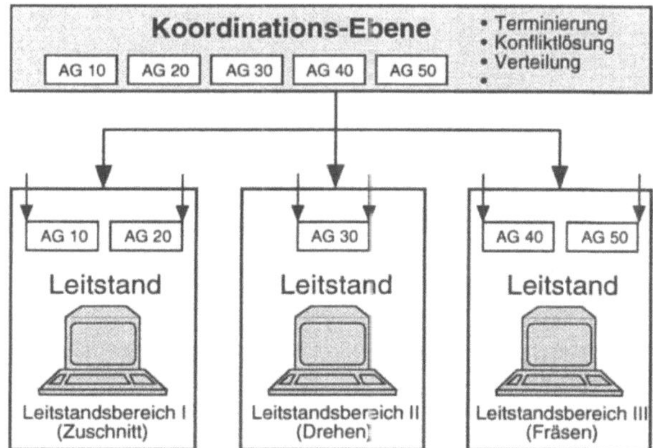

Legende:
AG = Arbeitsgang

Literatur

Hoff Industrie Rationalisierung GmbH (Hrsg.): HIR Marktstudie "Elektronische Leitstände" , Wiesbaden 1991;

* Ploenzke-Informatik (Hrsg.): Fertigungsleitstand Report, Kiedrich 1990

Kostenart

Definition

Kostenarten sind Teilmengen der Gesamtkosten. Sie geben an, welche Kosten im Unternehmen angefallen sind.

Die Kostenarten werden unter anderem nach folgenden Kriterien systematisiert:

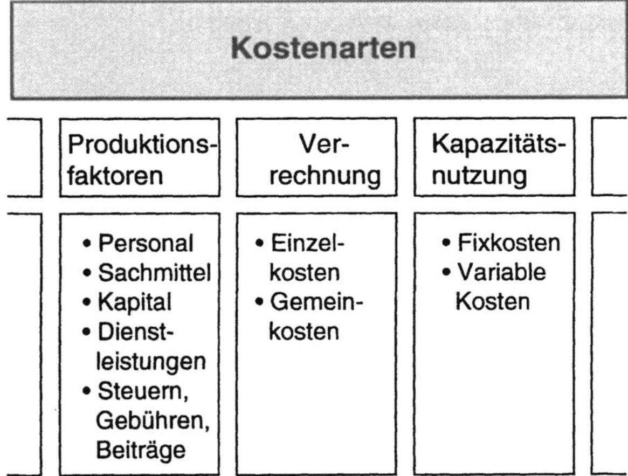

Literatur

* Gabler Wirtschaftslexikon, Gabler Verlag Wiesbaden 1993;

* Hummel, S.; Männel, W.: Kostenrechnung, Gabler-
** Verlag 1986;

** Kilger, W.: Einführung in die Kostenrechnung, Gabler-Verlag Wiesbaden 1987

Kostenartenrechnung

Definition
Im Rahmen der Kostenartenrechnung werden alle Kosten, die mit der Erstellung und Nutzung von Leistungen verbunden sind, nach Kostenarten gegliedert vollständig, eindeutig und überschneidungsfrei erfaßt.

Die Kostenartenrechnung ist ein Teilbereich der Kostenrechnung.

Kostenrechnung
Kostenarten

Literatur
Gabler Wirtschaftslexikon, Gabler Verlag Wiesbaden 1993;
Hummel, S.; Männel, W.: Kostenrechnung, Gabler-Verlag 1986;
Kilger, W.: Einführung in die Kostenrechnung, Gabler-Verlag Wiesbaden 1987

*
**
**

Kostenrechnung

Definition
Die Kostenrechnung hat die Aufgabe, die Kosten, die bei der Erstellung und Nutzung von Leistungen entstehen, zu erfassen und zuzuordnen.

Teilbereiche der Kostenrechnung sind:

- Kostenartenrechnung
  (welche Kosten sind angefallen?),
- Kostenstellenrechnung
  (wo sind diese Kosten entstanden?),
- Kostenträgerrechnung
  (wofür sind Kosten entstanden?).

Kostenartenrechnung

Kostenstellenrechnung

Kostenträgerrechnung

Literatur
Gabler Wirtschaftslexikon, Gabler Verlag Wiesbaden 1993;

* Hummel, S.; Männel, W.: Kostenrechnung, Gabler-
** Verlag 1986;

** Kilger, W.: Einführung in die Kostenrechnung, Gabler-Verlag Wiesbaden 1987

Kostenstelle

Definition
Die Kostenstelle bezeichnet einen betrieblichen Teilbereich, der bzgl. der Kosten selbständig abgerechnet wird. Eine Kostenstelle muß nicht immer mit der räumlichen, organisatorischen oder funktionalen Gliederung des Betriebes übereinstimmen.

Arbeitsplatzgruppe Der Begriff der Kostenstelle bezieht sich im Gegensatz zur Arbeitsplatzgruppe auf eine Zusammenfassung von Arbeitsplätzen aus betriebswirtschaftlicher Sicht. Bei der Zusammenfassung von Arbeitsplätzen zu Arbeitsplatzgruppen stehen funktionale bzw. fertigungstechnische Gründe im Vordergrund.

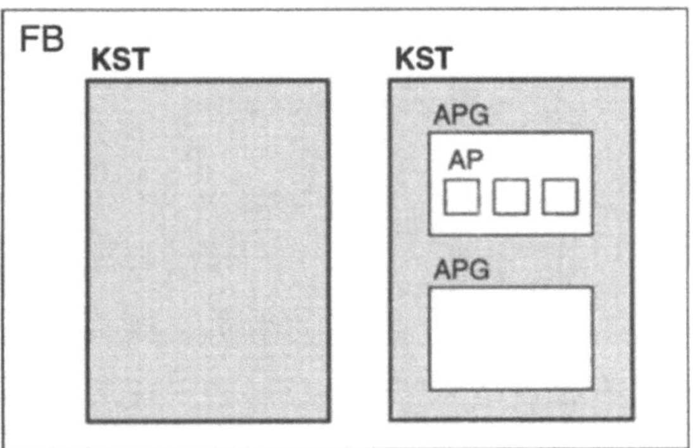

Legende:
AP   = Arbeitsplatz
APG = Arbeitsplatzgruppe
FB   = Fertigungsbereich
KST = Kostenstelle

Beispiel
Dreherei, Flexibles Fertigungssystem.

Synonyme
Kontierungseinheit

Literatur
Gabler Wirtschaftslexikon, Gabler Verlag Wiesbaden 1993;
Hummel, S.; Männel, W.: Kostenrechnung, Gabler- *
Verlag 1986; **
Kilger, W.: Einführung in die Kostenrechnung, **
Gabler-Verlag Wiesbaden 1987

Kostenstellenrechnung

Definition
Die Aufgabe der Kostenstellenrechnung besteht darin, die Kosten, die bei der Erstellung oder Nutzung von Leistungen entstanden sind, den Kostenstellen verursachungsgerecht zuzurechnen. Sie erfaßt insbesondere die Gemeinkosten und belastet diejenige Kostenstelle, die für ihre Entstehung verantwortlich ist. Darüberhinaus führt die Kostenstellenrechnung die innerbetriebliche Leistungsverrechnung durch.

Die Kostenstellenrechnung ist ein Teilbereich der *Kostenrechnung*
Kostenrechnung.

Literatur
Gabler Wirtschaftslexikon, Gabler Verlag Wiesbaden 1993;
Hummel, S.; Männel, W.: Kostenrechnung, Gabler- *
Verlag 1986; **
Kilger, W.: Einführung in die Kostenrechnung, **
Gabler-Verlag Wiesbaden 1987

Kostenträger

Definition
Kostenträger sind zum einen Erzeugnisse oder Dienstleistungen, die zum Absatz bestimmt sind, und zum anderen auch die zu ihrer Herstellung erteilten "internen" Aufträge (z.B. Anfertigung von Werkzeugen).

Kostenträgerrechnung Den Kostenträgern werden im Rahmen der Kostenträgerrechnung Kosten zugerechnet.

Beispiel
Beispiele für Kostenträger sind:

- Produkte oder Produktgruppen,
- Projekte,
- Aufträge.

Literatur
Gabler Wirtschaftslexikon, Gabler Verlag Wiesbaden 1993;
* Hummel, S.; Männel, W.: Kostenrechnung, Gabler-
** Verlag 1986;
** Kilger, W.: Einführung in die Kostenrechnung, Gabler-Verlag Wiesbaden 1987

Kostenträgerrechnung

Definition
Für die Kostenträgerrechnung werden die Kosten direkt aus der Kostenartenrechnung (bei Einzelkosten) oder mit Hilfe von Kalkulationsverfahren aus der Kostenstellenrechnung (z.B. bei Gemeinkosten) übernommen. Die Kosten werden pro Kostenträger für die gesamte Abrechnungsperiode (Kostenträger-

zeitrechnung) oder pro Einheit eines Kostenträgers (Kalkulation) ausgewiesen.

Die Kostenträgerrechnung ist ein Teilbereich der Kostenrechnung.   *Kostenrechnung*

Literatur
Gabler Wirtschaftslexikon, Gabler Verlag Wiesbaden 1993;   *

Hummel, S.; Männel, W.: Kostenrechnung, Gabler-Verlag 1986;   *
**

Kilger, W.: Einführung in die Kostenrechnung, Gabler-Verlag Wiesbaden 1987   **

Kostenträgerstückrechnung

Definition
siehe Kalkulation

KOZ-Regel

Definition
siehe Kürzeste Operationszeitregel

KRB-Regel

Definition
siehe Kleinste Restbearbeitungszeitregel

Kundenanonyme Fertigung

Definition
siehe Lagerfertigung

Kundenauftrag

Definition
Ein Kundenauftrag ist ein Auftrag zur Lieferung eines Erzeugnisses für einen konkreten Kunden.

Bestellung
Auftragsauslösungsart
Dem Kundenauftrag geht eine Bestellung voraus, die der Kunde an das liefernde Unternehmen richtet. Kundenaufträge werden vom Vertrieb erfaßt. Abhängig von der Auftragsauslösungsart führt die Bestellung beispielsweise zu einem Fertigungsauftrag mit Kundenbezug.

Fertigungsart
Fertigungsauftrag
Für die Fertigungsarten Einmalfertigung bzw. Einzel- und Kleinserienfertigung erfolgt die Auslösung von Fertigungsaufträgen in der Regel auf Basis eines Kundenauftrages.

Beispiel
Chemieanlage, Flugzeug.

Literatur
Gabler Wirtschaftslexikon, Gabler Verlag Wiesbaden 1993

Kundenbezogene Fertigung

Definition
siehe Auftragsfertigung

Kürzeste Operationszeitregel

Definition
Bei der Kürzesten Operationszeitregel (KOZ-Regel) wird dem Auftrag oder Arbeitsgang aus dem Arbeitsvorrat die höchste Priorität zugeordnet, der die

kürzeste Bearbeitungszeit auf dem aktuell zu beplanenden Arbeitsplatz besitzt.

Die Kürzeste Operationszeitregel ist eine elementare Prioritätsregel.

Elementare Prioritätsregel

Beispiel

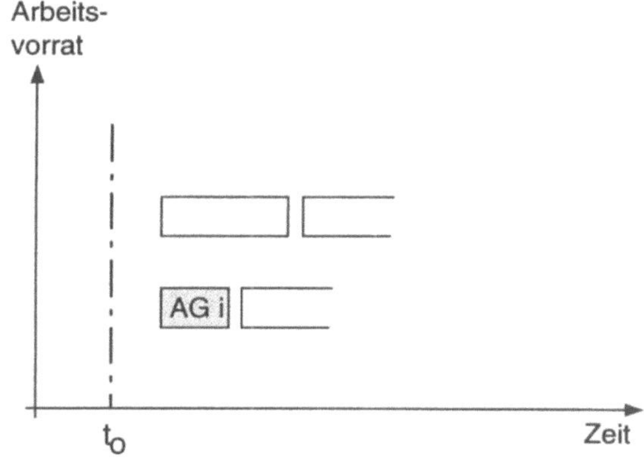

Der Arbeitsgang AG i erhält die höchste Priorität.

Literatur
Berg, C.: Prioritätsregeln in der Reihenfolgeplanung, in: Handwörterbuch der Produktionswirtschaft, Hrsg. Kern, W., Poeschel Verlag Stuttgart 1979;
Hackstein, R.: Produktionsplanung und -steuerung (PPS), VDI Verlag Düsseldorf 1989;
Kernler, H.: PPS der 3. Generation, Hüthig Buch Verlag Heidelberg 1993

Kürzeste Restbearbeitungszeitregel

Definition
siehe Kleinste Restbearbeitungszeitregel

L

Lagerauftrag

Definition
Ein Lagerauftrag ist ein Auftrag zur Herstellung eines
Erzeugnisses, für den zum Zeitpunkt der Auftrags-
auslösung keine Kundenbestellung vorliegt und damit
kein konkreter Kundenbezug vorhanden ist.

Lageraufträge werden kundenanonym auf Basis von
Absatzprognosen oder bei Unterschreitung eines
Sicherheitsbestandes gebildet.

Absatzprognose

Die Auftragsauslösungsart ist kennzeichnend für die
Fertigungsarten Serien- und Massenfertigung.

Auftragsauslösungsart
Fertigungsart

Beispiel
Die Herstellung von Computern, Waschmaschinen
und Arzneimitteln basiert in der Regel auf Lagerauf-
trägen.

Literatur
Gabler Wirtschaftslexikon, Gabler Verlag Wiesbaden
1993

Lagerbestand

Definition
Der Lagerbestand gibt die zu einem bestimmten
Termin im Lager vorhandene Menge an Material,
Erzeugnissen, Handelswaren und Betriebsmitteln an.

In der Regel ist der Lagerbestand physisch im Lager
vorhanden. Es ist jedoch auch möglich, mit gebuchten
(d.h. lediglich logisch dem Lager zugeordneten)
Beständen zu arbeiten.

Sicherheitsbestand
Bestand

Der Lagerbestand setzt sich aus dem Sicherheits-bestand, dem reservierten, dem verfügbaren sowie dem gesperrten Bestand zusammen.

Literatur

* VDI-Richtlinie 2815 Blatt 4: Begriffe für die Produktionsplanung und -steuerung - Materialbedarfsermittlung, VDI Verlag Düsseldorf Mai 1978

Lagerfertigung

Definition
Bei der Lagerfertigung erfolgt die Herstellung von Erzeugnissen ohne konkreten Kundenbezug.

Auftragsfertigung

Der Bedarf wird aus Absatzplänen abgeleitet und erfolgt damit im Gegensatz zur Auftragsfertigung kundenanonym.

Fertigungsart

Lagerfertigung liegt im allgemeinen bei den Fertigungsarten der Serien- und Massenfertigung vor.

Synonyme
Kundenanonyme Fertigung,
Marktproduktion

Literatur
Dorninger, C.; u.a.: PPS Produktionsplanung und -steuerung, Ueberreuter Verlag Wien 1990

Lagermittel

Definition
Lagermittel dienen dem Abstellen und Aufbewahren von Material, Erzeugnissen und anderen Gegenständen.

Lagermittel zählen zu den Betriebsmitteln.   *Betriebsmittel*

Organisations-mittel	Innen-ausstattung	Ver- und Entsorgungs-anlage
• DV-Anlage • Kartei • Kopiergerät •	• allgemeine Möbel • Leuchten •	• Strom-verteilungs-anlage • Filteranlage •

Betriebsmittel

Fertigungs-mittel	Meß- und Prüfmittel	Förder-mittel	**Lager-mittel**
• Maschinen • Werkzeuge • Zeichnungen •	• Maßstab • Fühlerlehre •	• Gabelstapler • Elektro-hängebahn •	• Regal • Lagerkasten •

Beispiel
Regal, Lagerkasten.

Literatur
Jünemann, R.: Materialfluß und Logistik, Springer-   **
Verlag Berlin Heidelberg u.a. 1989;
VDI-Richtlinie 2815 Blatt 5: Begriffe für die Produk-   *
tionsplanung und -steuerung - Betriebsmittel, VDI
Verlag Düsseldorf Mai 1978

Längste Operationszeitregel

Definition

Bei der Prioritätsregel Längste Operationszeit (LOZ-Regel) wird dem Auftrag oder Arbeitsgang aus dem Arbeitsvorrat die höchste Priorität zugeordnet, der die längste Bearbeitungszeit auf dem aktuell zu beplanenden Arbeitsplatz besitzt.

Elementare Prioritätsregel Die Längste Operationszeitregel ist eine elementare Prioritätsregel.

Beispiel

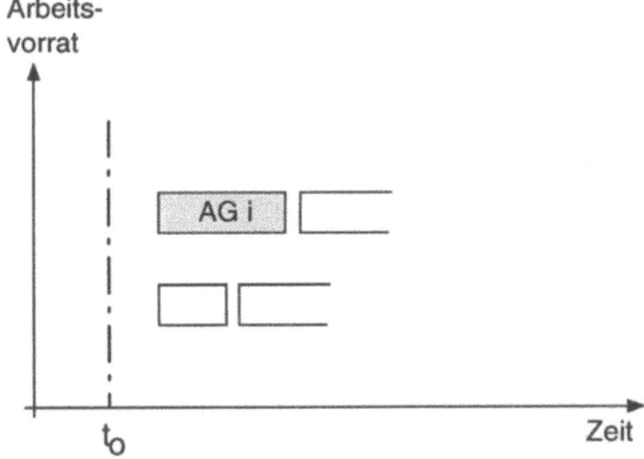

Der Arbeitsgang AG i erhält die höchste Priorität.

Literatur

Berg, C.: Prioritätsregeln in der Reihenfolgeplanung, in: Handwörterbuch der Produktionswirtschaft, Hrsg. Kern, W., Poeschel Verlag Stuttgart 1979;
Hackstein, R.: Produktionsplanung und -steuerung (PPS), VDI Verlag Düsseldorf 1989

Längste Restbearbeitungszeitregel

Definition
siehe Größte Restbearbeitungszeitregel

Lean Production

Definition
Die "schlanke" oder "abgespeckte" Produktion ist eine aus Japan kommende Philosophie, die dort insbesondere in der Automobilindustrie entstanden ist. Dabei werden die Vorteile der handwerklichen Fertigung mit ihrer Flexibilität und Qualität kombiniert mit denen der Massenfertigung am Fließband (Schnelligkeit, niedrige Stückkosten).

Erreicht wird dies durch:

* Gruppenarbeit
  In der Planungsphase arbeitet hier ein Team vom Entwurf bis zur Markteinführung. Auch die Produktion wird in Gruppenarbeit durchgeführt. Dies erfordert Personal mit vielseitigen Qualifikationen.

Gruppenarbeit

* Flexiblere Maschinen
  Durch höhere Variationsmöglichkeiten und dadurch sinkende Rüstkosten kann der Forderung nach kurzen Produktzyklen Rechnung getragen werden.

* Geringere Fertigungstiefe
  Durch eine Vergrößerung der Anzahl der Zukaufteile kann die Fertigungstiefe verringert und damit eine schnellere Umstellung ermöglicht werden. Das Verhältnis zum Lieferanten ist

Fertigungstiefe
Lieferant

bestimmt durch großes Vertrauen. Der Zulieferer wird in die Entwicklung mit einbezogen.

- Hoher Qualitätsstandard
  Die Zahl der fehlerhaft produzierten Teile kann beispielsweise gesenkt werden, indem die Qualitätssicherung als ein kontinuierlicher Verbesserungsprozeß aufgefaßt wird oder das Qualitätsbewußtsein der Mitarbeiter erhöht wird.

Literatur
** Eidenmüller, B.: Lean Production, in: Lean Management, Hrsg. Wildemann, H., Frankfurter Allgemeine Zeitung Verlagsbereich Frankfurt 1993;
** RKW (Hrsg.): Lean Production - Tragweite und Grenzen eines Modells, RKW Düsseldorf 1992

Leitstand

Definition
Als Leitstand bezeichnet man den Ort innerhalb eines Produktionsbereichs, der dem Disponenten dieses Bereichs zur Planung, Steuerung und Überwachung des Produktionsablaufs zur Verfügung steht.

Konventioneller Leitstand Die konventionellen Leitstände besitzen als Kernstück die manuelle Plantafel, um die Belegungsplanung mit Arbeitsverteilung und -zuteilung vorzunehmen und den Fertigungsfortschritt nachzuführen. In zunehmendem Maße wird die manuelle Plantafel durch DV-Systeme ersetzt, welche die Plantafel und alle mit ihr verbundenen Funktionen im Rechner nachbilden.

Fertigungsleitstand Da die Kernfunktionen des konventionellen Leitstands in einem Rechner abgebildet werden, wird dieser Rechner auch als elektronischer Leitstand bezeichnet. Dieser Begriff ist heute für den Begriff der Fertigung praktisch vollständig abgelöst durch den Begriff "Fertigungsleitstand". Analog werden elektronische Leitstände für den Montagebereich als Montageleitstand bezeichnet.

Literatur
Hackstein, R.: Produktionsplanung und -steuerung (PPS), VDI Verlag Düsseldorf 1989; **
Ploenzke-Informatik (Hrsg.): Fertigungsleitstand Report, Kiedrich 1990 **

Lieferant

Definition
Vom Lieferanten werden allgemein aufgrund einer Bestellung Material oder Dienstleistungen bezogen.

Ein Lieferant kann dem eigenen oder einem fremden Unternehmen angehören. In Fertigungsbetrieben wird unter Lieferant in der Regel der Teilelieferant verstanden, der einzelne Teile nach vorgegebenen Konstruktionsplänen - meist als verlängerte Werkbank - fertigt. Durch Verringerung der Fertigungstiefe und dem damit verbundenen Outsourcing werden komplette Funktions- bzw. Baugruppen aus den eigenen Fertigungsumfängen herausgelöst und in die Herstellungsverantwortung des Lieferanten übertragen. Bei dieser Form der Zulieferleistung handelt es sich um einen Modullieferant.

Fertigungstiefe
Outsourcing

Werden dem Lieferanten auch Entwicklungsumfänge übertragen, verbunden mit einer Erhöhung der logistischen Leistungsumfänge, spricht man von einem Systemlieferanten. Der Systemlieferant entwickelt und konstruiert nach Vorgabe von Rahmendaten selbst, koordiniert dazu Unterlieferanten und übernimmt die komplette Logistik bis zur Bereitstellung der funktionsgeprüften und einbaufertigen Baugruppen direkt am Bedarfs- oder Einbauort.

Literatur
* VDI-Gesellschaft Produktionstechnik (Hrsg.): Lexikon der Produktionsplanung und -steuerung, VDI Verlag Düsseldorf 1992;
* Wildemann, H.: Eigenfertigung und Fremdbezug, in:
** Lean Management, Hrsg. Wildemann, H., Frankfurter Allgemeine Zeitung Verlagsbereich Frankfurt 1993;
** Wildemann, H.: Fertigungsstrategien - Reorganisationskonzepte für eine schlanke Produktion und Zulieferung, Transfer-Centrum-Verlag München 1993

Lieferbereitschaft

Definition
Die Lieferbereitschaft gibt allgemein die Verfügbarkeit von Material, Erzeugnissen und Handelswaren an.

Die Lieferbereitschaft drückt die Fähigkeit eines Unternehmens aus, sofort bzw. innerhalb eines marktgerechten Zeitraums einen auftretenden Bedarf zu befriedigen.

Lieferbereitschaftsgrad Inwieweit die Lieferbereitschaft erfüllt ist, wird durch den Lieferbereitschaftsgrad ausgedrückt.

Anwendung
Eine sehr hohe Lieferbereitschaft wird im allgemeinen von Zulieferern in der Automobilbranche gefordert.

Eine hohe Lieferbereitschaft kann beispielsweise durch eine Reduzierung der Auftragsdurchlaufzeiten bei hoher Fertigungssicherheit oder durch eine Erhöhung des Erzeugnisbestandes erreicht werden.

Literatur
Gabler Wirtschaftslexikon, Gabler Verlag Wiesbaden 1993;
RKW (Hrsg.): PPS-Fachmann, Grundlagen, Planung, Steuerung - Bd. 5: Steuerung, Verlag TÜV Rheinland Köln 1987

Lieferbereitschaftsgrad

Definition
Der Lieferbereitschaftsgrad ist eine Kennzahl, die eine Aussage über die Lieferbereitschaft eines Unternehmen macht. Sie wird in % angegeben.

Für den Lieferbereitschaftsgrad existieren mehrere Definitionen. Je nach Bezug wird der Lieferbereitschaftsgrad (LBG) wie folgt definiert.

Aufgrund von Bestellungen:
$$LBG = \frac{\text{erfüllte Bestellungen}}{\text{eingegangene Bestellungen}} * 100\,\%.$$

Aufgrund der Nachfrage:
$$LBG = \frac{\text{gelieferte Menge}}{\text{nachgefragte Menge}} * 100\,\%.$$

Aufgrund eines Zeitmaßes:
$$LBG = \frac{\text{Perioden mit befriedigter Nachfrage}}{\text{Gesamtanzahl der Perioden}} * 100\,\%.$$

Anwendung

Die Vorgabe eines bestimmten Lieferbereitschaftsgrades führt im allgemeinen zu einer Festlegung von Sicherheitsbeständen für die Lagerhaltung.

Beispiel

Die Lieferbereitschaft für die Lagerhaltung wird mit dem Servicegrad S ausgedrückt:

$$S = \frac{\text{Anz. befriedigter Nachfragen pro Periode}}{\text{Gesamtanz. der Nachfragen pro Periode}} * 100\%.$$

Literatur

* Gabler Wirtschaftslexikon, Gabler Verlag Wiesbaden 1993;
REFA: Methodenlehre der Planung und Steuerung - Teil 2: Planung, Carl Hanser Verlag München 1985;

** Reichmann, Th.: Lagerhaltungspolitik, in: Handwörterbuch der Produktionswirtschaft, Hrsg. Kern, W., Poeschel Verlag Stuttgart 1979

Lieferfähigkeit

Definition

Die Lieferfähigkeit gibt an, ob ein Auftrag bzw. eine Bestellung nach Menge und Liefertermin eingehalten werden kann.

Liefermenge

Definition

Liefermenge ist die Menge, die nach der Qualitätsprüfung als verwendbar weitergegeben wird.

Literatur
VDI-Richtlinie 2815 Blatt 4: Begriffe für die   *
Produktionsplanung und -steuerung -
Materialbedarfsermittlung, VDI Verlag Düsseldorf
Mai 1978

Liefertermin

Definition
Der Liefertermin ist der Zeitpunkt, zu dem das herzu-
stellende Teil eines Auftrags oder das zu liefernde
Material einer Bestellung am Bestimmungsort verfügbar sein soll.

Literatur
VDI-Gesellschaft Produktionstechnik (Hrsg.):   *
Lexikon der Produktionsplanung und -steuerung,
VDI Verlag Düsseldorf 1992

Liefertermintreue

Definition
siehe Liefertreue

Liefertreue

Definition
Die Liefertreue ist ein Maß für die Übereinstimmung
zwischen zugesagtem bzw. bestätigtem und tatsäch-
lichem Liefertermin.

Synonyme
Liefertermintreue

Lieferung

Definition
Die Lieferung ist die körperliche Übergabe einer bestellten Menge durch einen Lieferanten an einen Kunden.

Das gelieferte Material wird im allgemeinen im Wareneingang erfaßt und als Materialzugang im Eingangslager verbucht. Neben der rein mengenbezogenen Wareneingangsprüfung kann noch eine Prüfung durch die Qualitätssicherung erfolgen.

Literatur
* VDI-Gesellschaft Produktionstechnik (Hrsg.): Lexikon der Produktionsplanung und -steuerung, VDI Verlag Düsseldorf 1992

Lieferzeit

Definition
Die Lieferzeit ist der Zeitabschnitt zwischen dem Zeitpunkt der Bestellung und dem Eingang der Lieferung.

Literatur
* VDI-Gesellschaft Produktionstechnik (Hrsg.): Lexikon der Produktionsplanung und -steuerung, VDI Verlag Düsseldorf 1992

Liegezeit

Definition
Die Liegezeit ist ist die Zeit, die ein Werkstück zwischen zwei Arbeitsgängen ohne weitere Bear-

beitung und auftragsbezogenen Transport liegen
bleibt.

Es werden unterschieden:

- Liegezeit vor Bearbeitung (LZ_{VB})
  Zeit zwischen der Anlieferung des Werkstücks
  und dem Beginn der Bearbeitung.

- Liegezeit nach Bearbeitung (LZ_{NB})
  Zeit zwischen Beendigung der Bearbeitung und
  dem Abtransport zum nächsten Arbeitsplatz.

$$LZ = LZ_{VB} + LZ_{NB} \ .$$

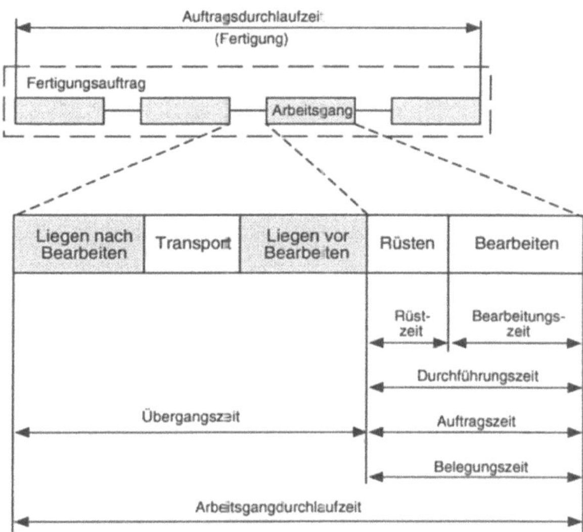

Liegezeit und Transportzeit ergeben zusammen die *Übergangszeit*
Übergangszeit.

Synonyme
Wartezeit

Literatur

Strack, M.: Organisatorische Gestaltung einer zentralen Werkstattsteuerung, Springer-Verlag Berlin Heidelberg u.a. 1987

Lineare Fertigung

Definition

Bei der linearen Fertigung werden alle Arbeitsgänge eines Auftrags zeitlich nacheinander abgearbeitet. Es existiert keine parallele Bearbeitung.

Auftragsnetz lineare Fertigung

Auftragsnetz vernetzte Fertigung

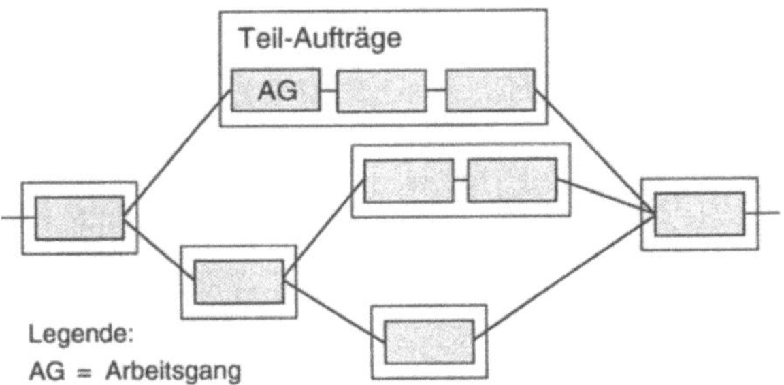

Vernetzte Fertigung Die lineare Fertigung ist gegenüber der vernetzten
Auftragsnetz Fertigung aufgrund des einfacheren Auftragsnetzes überschaubarer und somit mit einfacheren Mitteln zu beplanen.

Linienfertigung

Definition

siehe Gruppenfertigung

Logistik

Definition

Logistik umfaßt die Planung, Steuerung und Überwachung der Material-, Informations-, Personen- und Energieflüsse in Unternehmen.

Die Logistik stützt sich auf die Bereiche Technik, Informatik und Volks- bzw. Betriebswirtschaft ab.

Die Aufgabenbereiche der Logistik sind unternehmensspezifisch verschieden und umfassen in Industriebetrieben die Beschaffung, die Produktion und den Absatz.

Die Hauptaufgabe der Logistik besteht darin, den Materialfluß im Unternehmen oder zwischen Unternehmen primär unter Kosten- und Termingesichtspunkten sicherzustellen. Dabei liefert sie Daten, die über Informationssysteme bereitgestellt werden können.

Literatur

Jünemann, R.: Materialfluß und Logistik, Springer- ** Verlag Berlin Heidelberg u.a. 1989;
Jünemann, R. (Hrsg.): Logistische Systeme - ** Automation als Erfolgsfaktor, Verlag TÜV Rheinland Köln 1988

Los

Definition

Ein Los stellt die Zusammenfassung oder Teilung der im Rahmen der Bedarfsermittlung festgelegten Menge dar, aus der ein Fertigungsauftrag oder ein Bestellauftrag entsteht.

Produktionsplanung und -steuerung	Ein Los wird somit im Rahmen der Produktions- planung und -steuerung als ein Ganzes behandelt.

Literatur

* Gabler Wirtschaftslexikon, Gabler Verlag Wiesbaden 1993

Losgröße

Definition

Die Losgröße ist die unter Beachtung der verfügbaren Kapazität und unter wirtschaftlichen Betrachtungen ermittelte Fertigungs- bzw. Bestellmenge.

Diese stellt im allgemeinen die optimale oder wirtschaftliche Losgröße dar, die nach Gesichtspunkten der Kostenminimierung berechnet wird. Die Losgröße wird im Rahmen der Mengenplanung ermittelt.

Synonyme

Fertigungsmenge,
Serienmenge

Literatur

Gabler Wirtschaftslexikon, Gabler Verlag Wiesbaden 1993;

** Zwehl, W. von.: Losgrößen, wirtschaftliche, in: Handwörterbuch der Produktionswirtschaft, Hrsg. Kern, W., Poeschel Verlag Stuttgart 1979

LOZ-Regel

Definition

siehe Längste Operationszeitregel

LRB-Regel

Definition
siehe Größte Restbearbeitungszeitregel

Marktproduktion

Definition
siehe Lagerfertigung

Maschinenarbeitsplatz

Definition
Unter einem Maschinenarbeitsplatz wird ein Arbeitsplatz verstanden, bei dem die Fertigung überwiegend
durch maschinelle Betriebsmittel erfolgt.

An Maschinenarbeitsplätzen und manuellen Arbeits-   *Arbeitsplatz*
plätzen wird Kapazität zur Durchführung von Fertigungsaufträgen bereitgestellt.

Beispiel
Arbeitsplatz mit Werkzeugmaschine.

Literatur
VDI-Richtlinie 2815 Blatt 6: Begriffe für die Produk-   *
tionsplanung und -steuerung - Kapazität, VDI Verlag
Düsseldorf Mai 1978

Maschinenbelegungsplanung

Definition
siehe Reihenfolgeplanung

Maschinendaten

Definition
Zu den Maschinendaten zählen sämtliche technischen
und organisatorischen Daten, die über Sensoren oder
Steuerungen von einer Maschine erfaßt werden.

Beispiel
Zu den technischen Daten zählen beispielsweise Temperaturen, Druck und Zykluszeiten.

Zu den organisatorischen Daten zählen z.B. Stör- und Stillstandsmeldungen.

Maschinendatenerfassung

Definition
Unter Maschinendatenerfassung (MDE) versteht man die automatisierte Aufnahme von Daten an Maschinen. Die Maschinendatenerfassung wird als ein Teilgebiet der Betriebsdatenerfassung (BDE) gesehen.

Die Datenerfassung kann durch Sensoren erfolgen.

Beispiel
Lauf- und Stillstandszeiten sowie Fertigungsstückzahlen werden über eine CNC direkt an der Werkzeugmaschine erfaßt und stehen für statistische Auswertungen zur Verfügung.

Maschinengruppe

Definition
siehe Arbeitsplatzgruppe

Massenfertigung

Definition
Bei der Massenfertigung werden Standardprodukte in sehr großen Mengen über längere Zeit hinweg ohne Unterbrechung hergestellt.

Die Massenfertigung ist eine Form der Wieder-holfertigung.

Wiederholfertigung

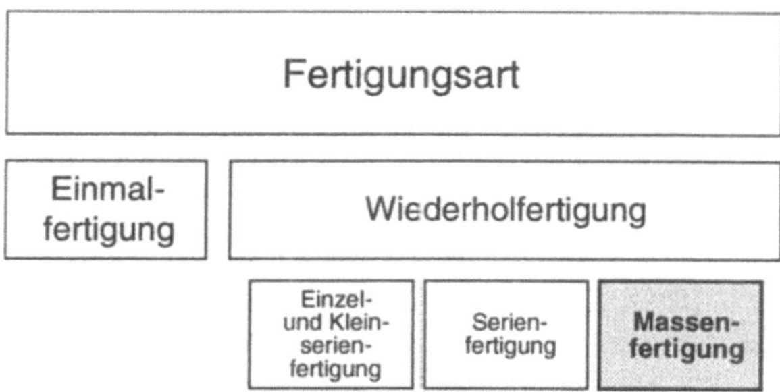

Ein Kennzeichen der Massenfertigung ist, daß sowohl die Losgröße als auch die Wiederholhäufigkeit iden-tischer oder im Ablauf gleicher Fertigungsvorgänge sehr groß sind.

Bei der Massenfertigung handelt es sich um eine kun-denanonyme Produktion (Lagerfertigung), die in der Regel in Fließ- oder Gruppenfertigung erfolgt.

Lagerfertigung

Beispiel
* Elektronik-Industrie
  Herstellung von Widerständen und Kondensa-toren.

* Nahrungs- und Genußmittel-Industrie
  Herstellung von Gebäck und Zigaretten.

* Metall-Industrie
  Herstellung von Schrauben und Nägeln.

Literatur
Geitner, U. W.: Betriebsinformatik für Produktions-betriebe - Teil 3: Methoden der Produktionsplanung und -steuerung, Carl Hanser Verlag München Wien 1987;

* Schomburg, E.: Betriebsindividuelle Einflußgrößen für die Gestaltung und Bewertung von PPS-Systemen, in: PPS-Fachmann, Bd. 4, Hrsg. RKW, Verlag TÜV Rheinland Köln 1987

Material

Definition

Material ist der Oberbegriff für Rohstoffe, Werkstoffe, Halbzeuge, Hilfsstoffe, Betriebsstoffe, Teile und Baugruppen, die zur Fertigung von Erzeugnissen erforderlich sind.

In Erweiterung dieser Begriffsdefinition werden zum Material unter Umständen auch Fertigerzeugnisse und Handelswaren dazugezählt.

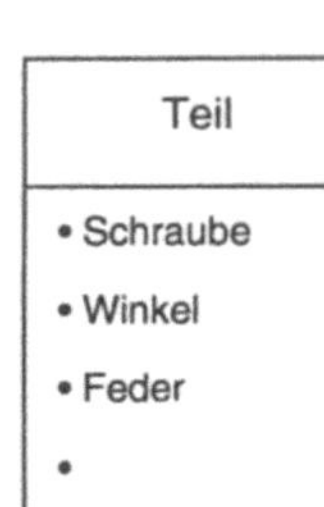

Literatur

Hummel, S.: Material, in: Handwörterbuch der Pro-   **
duktionswirtschaft, Hrsg. Kern, W., Poeschel Verlag
Stuttgart 1979;
REFA: Methodenlehre der Planung und Steuerung -
Teil 1: Grundlagen, Carl Hanser Verlag München
1985;
VDI-Richtlinie 2815 Blatt 2: Begriffe für die Produk-   *
tionsplanung und -steuerung - Material, Erzeugnis
und Handelsware, VDI Verlag Düsseldorf Mai 1978

Materialbedarf

Definition

Der Materialbedarf ist die Menge an Material, die zu
einem bestimmten Termin und für eine bestimmte
Periode benötigt wird, um ein vorgegebenes Produk-
tions- bzw. Fertigungsprogramm erfüllen zu können.

Der Materialbedarf ist das Ergebnis der Material-   *Material-*
bedarfsermittlung. Die Bedarfsermittlung erfolgt für   *bedarfsermittlung*
unterschiedliche Materialbedarfsarten.   *Materialbedarfsart*

Literatur

REFA: Methodenlehre der Planung und Steuerung -   **
Teil 3: Steuerung, Carl Hanser Verlag München 1985

Materialbedarfsart

Definition

Unter Materialbedarfsart versteht man eine
Differenzierung des Materialbedarfs entweder nach
Ursprung und Erzeugnisebene oder durch
Berücksichtigung der Erzeugnis- und Material-
bestände.

Primärbedarf
Sekundärbedarf
Tertiärbedarf

Die Unterscheidung der Materialbedarfsart nach Ursprung und Erzeugnisebene führt auf den Primärbedarf, Sekundärbedarf und Tertiärbedarf.

Bruttobedarf
Nettobedarf

Die Differenzierung der Materialbedarfsart durch Berücksichtigung der Erzeugnis- und Materialbestände führt auf den Bruttobedarf und Nettobedarf.

Materialbedarfsart				
Nach Ursprung und Erzeugnissen			Unter Berücksichtigung der Erzeugnis- und Materialbestände	
Primärbedarf	Sekundärbedarf	Tertiärbedarf	Bruttobedarf	Nettobedarf
Bedarf an Erzeugnissen (in der Regel zur Deckung des Marktbedarfes)	Bedarf an Material zur Deckung des Primärbedarfes (ohne Betriebs- und Hilfsstoffe)	Bedarf an Betriebs- und Hilfsstoffen	Primär- Sekundär- oder Tertiärbedarf, der sich auf einen bestimmten Zeitabschnitt bezieht	Bruttobedarf reduziert um den verfügbaren Bestand

Literatur

* REFA: Methodenlehre der Planung und Steuerung - Teil 2: Planung, Carl Hanser Verlag München 1985;
* REFA: Methodenlehre der Planung und Steuerung - Teil 3: Steuerung, Carl Hanser Verlag München 1985

Materialbedarfsermittlung

Definition
Die Aufgabe der Materialbedarfsermittlung liegt in der Festlegung des Materialbedarfs nach Art und Menge je Erzeugniseinheit.

Es lassen sich grundsätzlich die deterministische und die stochastische Methode der Materialbedarfsermittlung unterscheiden.

Bei der deterministischen Methode wird der Materialbedarf für eine bestimmte Periode entweder auf Basis
des Absatz-, Produktions- und Fertigungsprogramms
oder der vorliegenden Kundenaufträge exakt voraus-
bestimmt. Eine wichtige Grundlage für diese Methode
ist im allgemeinen die Stückliste.

Bei der stochastischen Methode wird der Materialbedarf für eine bestimmte Periode auf Basis des
Verbrauchs in der Vergangenheit statistisch errechnet.
Aus den Vergangenheitswerten wird mit Hilfe mathe-
matisch-statistischer Verfahren auf den zukünftigen
Bedarf geschlossen. Grundlage für die Anwendung
dieser Methode sind Nachfrage- und Verbrauchs-
statistiken und Prognosen.

Anwendung
* Deterministische Materialbedarfsermittlung
  Diese Methode wird hauptsächlich für die
  Ermittlung des Sekundärbedarfs angewandt.

* Stochastische Materialbedarfsermittlung
  Diese Methode kann auf die drei Bedarfsarten Pri-
  mär-, Sekundär- und Tertiärbedarf angewandt
  werden.

Synonyme
Bedarfsermittlung

Literatur
REFA: Methodenlehre der Planung und Steuerung -
Teil 2: Planung, Carl Hanser Verlag München 1985;
REFA: Methodenlehre der Planung und Steuerung -   **
Teil 3: Steuerung, Carl Hanser Verlag München
1985;

Materialbedarf
Stückliste

VDI-Richtlinie 2815 Blatt 4: Begriffe für die Produktionsplanung und -steuerung - Materialbedarfsermittlung, VDI Verlag Düsseldorf Mai 1978

Materialfluß

Definition

Der Materialfluß ist die Verkettung aller Vorgänge beim Gewinnen, Be- und Verarbeiten sowie beim Lagern und Verteilen von Stoffen innerhalb festgelegter Bereiche (Arbeitssysteme).

Logistik Die Hauptaufgaben des Materialflusses als Bestandteil der Logistik sind Transportieren, Lagern und Handhaben.

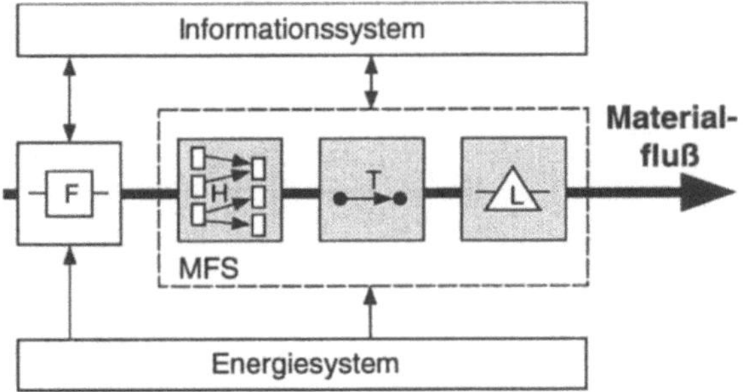

Legende:

F = Fertigung
H = Handhabung
L = Lager
MFS = Materialflußsystem
T = Transport

Beispiel

Fertigungseinrichtungen sind über den Materialfluß miteinander verbunden, indem das bearbeitete Material direkt von Fertigungseinrichtung zu Fertigungseinrichtung transportiert oder über ein Zwischenlager bereitgestellt wird.

Literatur

Jünemann, R.: Materialfluß und Logistik, Springer- *
Verlag Berlin Heidelberg u.a. 1989; **
VDI-Richtlinie 2411: Begriffe und Erläuterungen im *
Förderwesen, VDI Verlag Düsseldorf Juni 1970

Materialflußprozeß

Definition

Unter Materialflußprozeß werden alle Vorgänge
verstanden, die in ihrer Verkettung den Materialfluß
darstellen.

Beispiel

Materialflußprozesse sind:

- Lagersystem
  Die Ein- bzw. Auslagerung in einem Hochregallager durch ein Regalbediengerät.

- Transportsystem
  Der Materialtransport von einem Kommissionier-
  platz zu einer Fertigungseinrichtung durch einen
  Stapler.

Literatur

Jünemann, R.: Materialfluß und Logistik, Springer- *
Verlag Berlin Heidelberg u.a. 1989 **

Materialflußsystem

Definition

Unter Materialflußsystem wird die Gesamtheit aller
technischen Einrichtungen verstanden, die zur
Realisierung des Materialflusses dienen.

Beispiel
Hochregallager mit Regalbediengerät, Fahrerloses Transportsystem, festverkettete Förderanlagen in der Lagervorzone.

Literatur
* Jünemann, R.: Materialfluß und Logistik, Springer-
** Verlag Berlin Heidelberg u.a. 1989

Materialflußtechnik

Definition
Materialflußtechnik ist die wissenschaftliche Lehre der technischen Entwicklung, der Konstruktion, des Aufbaus, der Arbeitsweise und der Gestaltung von Materialflußsystemen.

Beispiel
Planung und Dimensionierung eines Transportsystems und Auswahl der Transporttechnik, wie z.B. Stapler oder Elektrohängebahn.

Literatur
* Jünemann, R.: Materialfluß und Logistik, Springer-
** Verlag Berlin Heidelberg u.a. 1989

Materialwirtschaft

Definition
siehe Mengenplanung

MDE

Definition
siehe Maschinendatenerfassung

Mehrdimensionale Prioritätsregel

Definition
siehe Kombinierte Prioritätsregel

Mengenplanung

Definition
Im Rahmen der Mengenplanung wird das Material
nach Art, Menge und Termin ermittelt, das zur
Produktion des Primärbedarfs erforderlich ist.

Das Ergebnis der Mengenplanung sind Bestell-
vorschläge für den Einkauf sowie Fertigungsaufträge
für die eigene Fertigung. Die Mengenplanung ist eine
Funktion der Produktionsplanung.

Bestellvorschlag
Fertigungsauftrag
Produktionsplanung

Produktionsplanung		
Produktions- programm- planung	Mengen- planung	Termin- und Kapazitäts- planung

Grunddatenverwaltung

Auftrags- veranlassung	Auftrags- überwachung

Produktionssteuerung

Primärbedarf
Sekundärbedarf
Los

Grundlage für die Mengenplanung ist das Produktionsprogramm, in dem der (Netto-) Primärbedarf an herzustellenden Erzeugnissen enthalten ist. Aus dem Primärbedarf wird über die Erzeugnisstruktur, die in der Regel aus den Stücklisten bekannt ist, sowie unter Berücksichtigung der disponiblen Bestände der Netto-Sekundärbedarf ermittelt.

Materialbedarfsart				
Nach Ursprung und Erzeugnissen			**Unter Berücksichtigung der Erzeugnis- und Materialbestände**	
Primärbedarf	**Sekundärbedarf**	**Tertiärbedarf**	**Bruttobedarf**	**Nettobedarf**
Bedarf an Erzeugnissen (in der Regel zur Deckung des Marktbedarfes)	Bedarf an Material zur Deckung des Primärbedarfes (ohne Betriebs- und Hilfsstoffe)	Bedarf an Betriebs- und Hilfsstoffen	Primär-Sekundär- oder Tertiärbedarf, der sich auf einen bestimmten Zeitabschnitt bezieht	Bruttobedarf reduziert um den verfügbaren Bestand

Die zur Deckung des Sekundärbedarfs ermittelten Bedarfsmengen werden unter wirtschaftlichen Gesichtspunkten zu Losen zusammengefaßt.

Synonyme
Materialwirtschaft

Literatur

** Dorninger, C.; u.a.: PPS Produktionsplanung und -steuerung, Ueberreuter Verlag Wien 1990;

** Glaser, H.; u.a.: PPS Produktionsplanung und -steuerung - Grundlagen, Konzepte, Anwendungen, Gabler Verlag Wiesbaden 1992;

** Hackstein, R.: Produktionsplanung und -steuerung (PPS), VDI Verlag Düsseldorf 1989

Mengenstückliste

Definition
Die Mengenstückliste enthält nur eine Aufzählung
aller Teile und Baugruppen mit ihren Mengenangaben.

Die Mengenangaben werden dabei immer auf die
Einheit des Erzeugnisses bezogen, für das die Stückliste erstellt ist. Die Zugehörigkeit der Teile und
Baugruppen zu den einzelnen Fertigungsebenen geht
aus dieser Liste nicht hervor.

Erzeugnis
Teil
Baugruppe

Die Mengenstückliste weist demnach nicht auf die
Struktur des Erzeugnisses hin.

Die Mengenstückliste ist die einfachste Form der
Einzelstückliste.

Einzelstückliste

Anwendung
Die Mengenstückliste findet zum Beispiel Verwen-
dung bei geringer Fertigungstiefe oder wenn die
Erzeugnisstruktur eindeutig vom Montageablauf be-
stimmt ist. Sie dient unter anderem der manuellen
Bedarfsermittlung.

Beispiel
Darstellung einer Mengenstückliste für das Erzeugnis
E1:

Erzeugnisstruktur

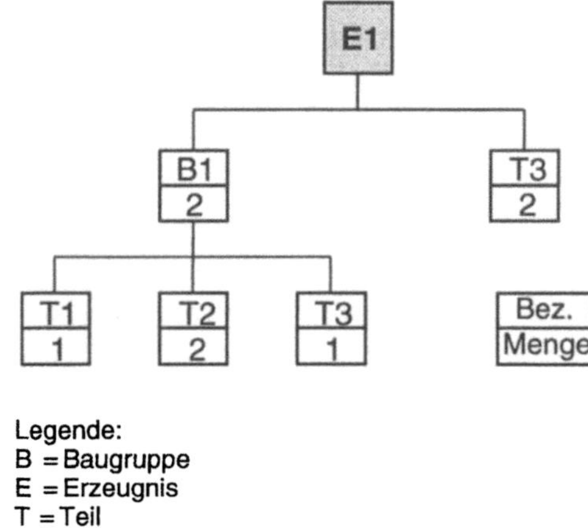

Mengenstückliste

In die Ermittlung der Mengen für die Teile T1-T3
geht die Menge der Baugruppe B1 als Faktor ein.

Mengenstückliste		
für :	Erzeugnis E1	
Pos.	Bezeichnung	Menge
1	B1	2
2	T1	2
3	T2	4
4	T3	4

Literatur

Gerlach, H. H.: Stücklisten, in: Handwörterbuch der
Produktionswirtschaft, Hrsg. Kern, W., Poeschel
Verlag Stuttgart 1979;
* REFA: Methodenlehre der Planung und Steuerung -
Teil 1: Grundlagen, Carl Hanser Verlag München
1985

Meß- und Prüfmittel

Definition

Meß- und Prüfmittel werden eingesetzt, um bei der Durchführung von Fertigungsaufgaben auf Maß-haltigkeit, Funktion, Beschaffenheit und besondere Eigenschaften zu prüfen.

Meß- und Prüfmittel zählen zu den Betriebsmitteln.   *Betriebsmittel*

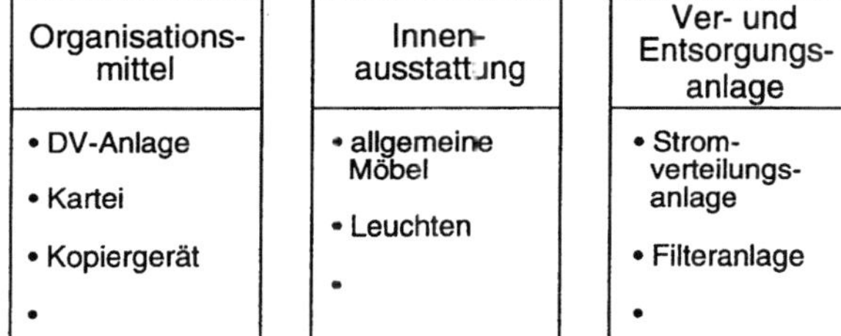

Betriebsmittel

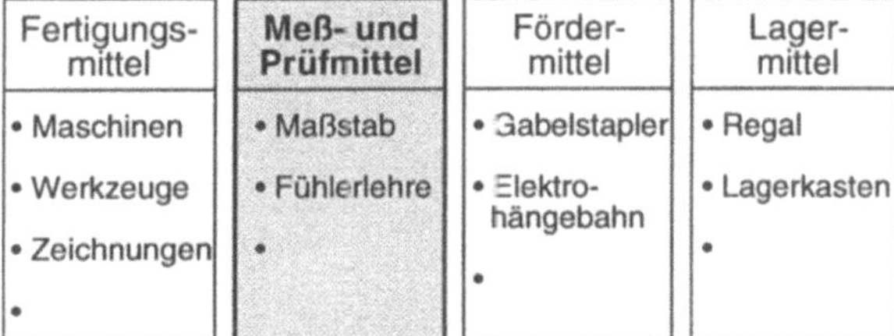

Beispiel

Koordinatenmeßanlage, Maßstab, Fühlerlehre.

Literatur

VDI-Richtlinie 2815 Blatt 5: Begriffe für die Produk-   *
tionsplanung und -steuerung - Betriebsmittel, VDI Verlag Düsseldorf Mai 1978

Mindestbestand

Definition
siehe Sicherheitsbestand

Mitlaufende Kalkulation

Definition
siehe Kalkulation

Mittelpunktterminierung

Definition
siehe Engpaßterminierung

Modullieferant

Definition
siehe Lieferant

Monitoring

Definition
Unter Monitoring versteht man die Erfassung und Darstellung zyklisch oder ereignisorientiert anfallender Betriebs- und Zustandsdaten aus einem Fertigungs- oder Logistikprozeß.

Kennzahlen Die im Rahmen des Monitoring erfaßten Daten werden im allgemeinen zu Kennzahlen verdichtet.

Montage

Definition

In der Montage werden die in der Fertigung hergestellten Teile und Baugruppen sowie ggf. Zukaufteile
zu dem jeweiligen Erzeugnis zusammengefügt.

Die Montage ist ein Teilbereich der Fertigung. Der   *Fertigung*
Bereich Montage entfällt, wenn die hergestellten
Teile nur aus einem Stück gefertigt werden oder wenn
durch die Herstellungsart das Endprodukt schon
vorliegt.

Literatur

Brankamp, K.: Handbuch der modernen Fertigung   **
und Montage, Verlag moderne industrie München
1975

Nachkalkulation

Definition
siehe Kalkulation

NC

Definition
NC steht als Abkürzung für "Numerical Control" Bei der NC-Steuerung erfolgt die Vorgabe der Bearbeitungsfolgen mittels Zahlen. Die Steuerung interpretiert die Zahlenwerte und leitet sie an die Maschinenantriebe weiter.

Speziell bei Werkzeugmaschinen versteht man hierbei Maßzahlen, welche die Relativlage zwischen Werkzeug und Werkstück kennzeichnen (Weginformation). Zusätzlich werden auch Schaltinformationen eingegeben, so daß zu jedem Zeitpunkt alle erforderlichen Arbeitsinformationen für die Werkzeugmaschine zur Verfügung stehen.

Bei einer reinen NC-Steuerung erfolgt die Eingabe der Weg- und Schaltdaten durch Handeingabe über eine Tastatur direkt an der Maschine. Bei umfangreichen Steuerungsprogrammen ist ein Lochstreifen als Informationsträger erforderlich.

NC bezeichnet die einfachste Form der elektronischen *NC-Maschine*
Steuerung für Maschinen, die als NC-Maschinen bezeichnet werden.

Anwendung
Hauptanwendungsbereich der numerischen Steuerung ist die spanende Werkzeugbearbeitung wie Bohren, Fräsen und Drehen.

Synonyme
NC-Steuerung,
Numerische Steuerung

Literatur
Geitner, U. W.: Betriebsinformatik für Produktions-
betriebe - Teil 5: Produktionsinformatik, Carl Hanser
Verlag München Wien 1987;
* Kief, H. B.: NC/CNC Handbuch, Carl Hanser Verlag
** München Wien 1992

NC-Maschine

Definition
Eine NC-Maschine ist eine numerisch gesteuerte
Werkzeugmaschine. Bei einer NC-Maschine können
sämtliche Funktionen zur Ablaufsteuerung der
Achsenbewegung frei programmiert werden.

NC-Programm Die Steuerungsbefehle werden durch das NC-Programm vorgegeben. Bei nachträglichen Änderungen
im Bewegungslauf der Maschinenachsen muß das
NC-Programm angepaßt und neu eingegeben werden.

NC Aufgabe der NC-Steuerung der Maschine ist es, die
relativen Bewegungen von Werkzeug zu Werkstück
zu steuern. Dazu werden die durch das NC-Programm
vorgegebenen Positions-Sollwerte mit den Istwerten
verglichen, die von einem Wegmeßsystem ermittelt
und rückgemeldet werden.

Bei NC-Maschinen ist die Eingabe des Steuerungs-
programms (NC-Programm) über Tastatur oder für
größere Programme über Lochstreifen möglich.

Der Begriff "NC-Maschine' wird häufig als Ober- *CNC*
begriff für CNC- oder DNC-gestützte Werkzeug- *DNC*
maschinen verwendet.

Beispiel
Dreh- und Fräsmaschinen zur spanenden Werkzeugbearbeitung.

Literatur
Jansen, F. J.; u.a.: Rechnergestützte Betriebsorga-
nisation, Springer-Verlag Berlin Heidelberg u.a.
1993;
Kief, H. B.: NC/CNC Handbuch, Carl Hanser Verlag **
München Wien 1992

NC-Programm

Definition
Ein NC-Programm besteht aus einer Folge von
Anweisungen, die eine NC-Maschine veranlassen,
eine bestimmte Bearbeitungsaufgabe durchzuführen.

Bei der NC-Programmierung werden alle für die *NC-Programmierung*
Bearbeitung erforderlichen geometrischen und technologischen Daten erfaßt und codiert, so daß sie zur
vollautomatischen Bearbeitung des Werkstückes zur
Verfügung stehen.

Die geometrischen Informationen beinhalten Weg-
daten, welche die Schnittbewegung des Werkzeugs
bestimmen. Die technologischen Informationen beziehen sich auf Schaltdaten, die z.B. Spindeldrehzahl,
Kühlmittelfluß oder Vorschubgeschwindigkeit beeinflussen.

Synonyme
Teileprogramm

Literatur

Geitner, U. W.: Betriebsinformatik für Produktionsbetriebe - Teil 5: Produktionsinformatik, Carl Hanser
Verlag München Wien 1987;

*   Kief, H. B.: NC/CNC Handbuch, Carl Hanser Verlag
**   München Wien 1992;
**   Rötzel, A.: Rechnerunterstützte Fertigungsplanung
und -steuerung, Hüthig Buch Verlag Heidelberg 1991

NC-Programmierung

Definition
Als NC-Programmierung bezeichnet man das
Erstellen von Anweisungsfolgen zur NC-Bearbeitung
aus der Teilezeichnung, den Werkzeugkatalogen und
der speziellen Programmieranleitung bis zur Übertragung aller Informationen auf einen für das NC-
System verständlichen, automatisch lesbaren Datenträger.

NC-Programm   Das Ergebnis der NC-Programmierung ist das NC-
Programm.

Grundlage bildet die Werkstückzeichnung, in der die
Daten über Werkstückmaße und Werkstoffe enthalten
sind. Aus den Werkzeugkatalogen werden Daten über
das zu verwendende Werkzeug sowie die Vorein-
stellungen entnommen.

Unter Berücksichtigung der Schnittgeschwindigkeit,
Schnittiefe und Vorschübe wird die Bearbeitung des
Werkstücks in einzelnen Teilschritten festgelegt. Die
Umsetzung des Bearbeitungsplans in eine für die NC-
Steuerung verständliche Form durch Verwendung
normierter Befehle und Maßangaben führt zum
Teileprogramm.

Die ermittelten Weg- und Schaltinformationen für die NC-Steuerung werden gemäß den Programmieranweisungen der jeweiligen Maschinen-Steuerungs-Kombination codiert. Das Teileprogramm wird auf einen von der Maschinensteuerung lesbaren Datenträger abgelegt.

Literatur

Geitner, U. W.: Betriebsinformatik für Produktionsbetriebe - Teil 5: Produktionsinformatik, Carl Hanser Verlag München Wien 1987;

Kief, H. B.: NC/CNC Handbuch, Carl Hanser Verlag München Wien 1992; * **

Rötzel, A.: Rechnerunterstützte Fertigungsplanung und -steuerung, Hüthig Buch Verlag Heidelberg 1991 **

NC-Steuerung

Definition
siehe NC

Nebenzeit

Definition
Unter Nebenzeit wird der Zeitraum verstanden, in dem regelmäßige Tätigkeiten durchgeführt werden, die nur mittelbar zum Fortschritt des Fertigungsauftrags beitragen.

Beispiel
Zeiten für Messen und Prüfen.

Literatur
Eversheim, W.: Organisation in der Produktionstechnik - Bd. 3: Arbeitsvorbereitung, VDI Verlag Düsseldorf 1989 *

Netchange

Definition
siehe Planungsverfahren

Nettobedarf

Definition
Der Nettobedarf bezeichnet den Bedarf eines Materials, eines Erzeugnisses oder einer Handelsware nach Abzug des verfügbaren Lagerbestandes vom zugehörigen Bruttobedarf.

Materialbedarfsart				
Nach Ursprung und Erzeugnissen			Unter Berücksichtigung der Erzeugnis- und Materialbestände	
Primärbedarf	**Sekundärbedarf**	**Tertiärbedarf**	**Bruttobedarf**	**Nettobedarf**
Bedarf an Erzeugnissen (in der Regel zur Deckung des Marktbedarfes)	Bedarf an Material zur Deckung des Primärbedarfes (ohne Betriebs- und Hilfsstoffe)	Bedarf an Betriebs- und Hilfsstoffen	Primär- Sekundär- oder Tertiärbedarf, der sich auf einen bestimmten Zeitabschnitt bezieht	Bruttobedarf reduziert um den verfügbaren Bestand

Literatur
* VDI-Richtlinie 2815 Blatt 4: Begriffe für die Produktionsplanung und -steuerung - Materialbedarfsermittlung, VDI Verlag Düsseldorf Mai 1978

Netzplan

Definition

Der Netzplan dient der strukturierten Darstellung von Ereignissen, Vorgängen und deren Anordnungsbeziehungen.

Ein Netzplan setzt sich im formalen Sinne aus Knoten und Pfeilen zusammen. Diesen Elementen entsprechen je nach Netzplanart Vorgänge, Ereignisse und Anordnungsbeziehungen.

Netzplanart

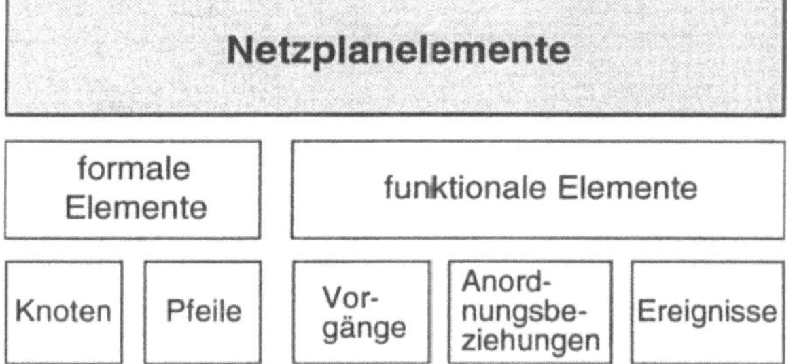

Literatur

DIN 69900: Netzplantechnik, März 1979 *

REFA: Methodenlehre der Planung und Steuerung - *
Teil 1: Grundlagen, Carl Hanser Verlag München 1985;

Schwarze, J.: Netzplantechnik: Eine Einführung in **
das Projektmanagement, Verlag Neue Wirtschafts-Briefe Herne u.a. 1994

Netzplanart

Definition

Die Netzplanart gibt an, in welcher Weise Abläufe in Netzplänen beschrieben und dargestellt werden.

Prinzipiell existieren folgende Möglichkeiten der Darstellung, die sich aus der unterschiedlichen Zuordnung der formalen Elemente (Knoten und Pfeile) zu den strukturellen Elementen (Ereignisse, Vorgänge, Anordnungsbeziehungen) ergeben.

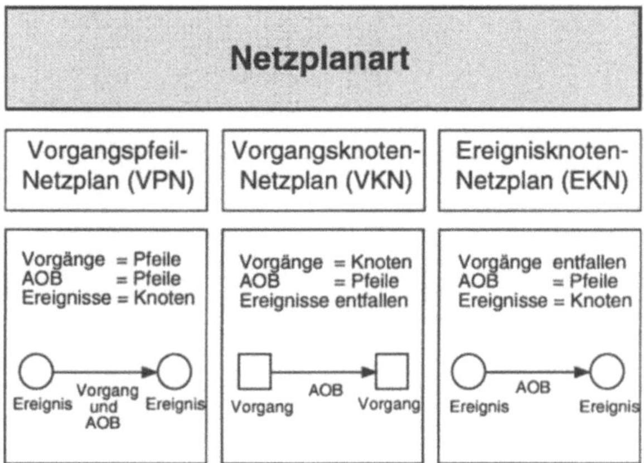

Legende:
AOB = Anordnungsbeziehung

- Vorgangspfeil-Netzplan
  Bei dieser Netzplanart werden vorwiegend Vorgänge beschrieben und durch Pfeile dargestellt. Die bekannteste Methode ist die Critical Path Method (CPM).

- Vorgangsknoten-Netzplan
  Der Vorgangsknoten-Netzplan beschreibt hauptsächlich Vorgänge, die durch Knoten dargestellt werden. Die bekannteste Art ist die Metra Potential Method (MPM).

- Ereignisknoten-Netzplan
  Bei dieser Netzplanart werden im Gegensatz zu dem Vorgangspfeil- und Vorgangsknoten-Netzplan vorwiegend die Ereignisse beschrieben, die durch Knoten dargestellt werden. Bei dieser Art

ist das bekannteste Verfahren das Program Evaluation and Review Technique (PERT).

Darüber hinaus kann eine Einteilung in deterministische und stochastische Netzpläne erfolgen. Beim deterministischen Netzplan wird von gegebenen Vorgangsdauern bzw. Zeitabständen ausgegangen. Hierzu zählen das CPM- und MPM-Verfahren.

Beim stochastischen Netzplan werden die Vorgangsdauern bzw. Zeitabstände durch die Wahrscheinlichkeitsrechnung bestimmt. Das PERT-Verfahren ist ein typischer stochastischer Netzplan.

Anwendung
Projektmanagement, Montagesteuerung.

Synonyme
Verfahren der Netzplantechnik

Literatur
DIN 69900: Netzplantechnik, März 1979; *
REFA: Methodenlehre der Planung und Steuerung - *
Teil 1: Grundlagen, Carl Hanser Verlag München 1985;
Schwarze, J.: Netzplantechnik: Eine Einführung in **
das Projektmanagement, Verlag Neue Wirtschafts-
Briefe Herne u.a. 1994

Netzplantechnik

Definition
Die Netzplantechnik umfaßt alle Verfahren zur Analyse, Beschreibung, Planung, Steuerung und Überwachung von Abläufen auf der Grundlage der Graphentheorie.

Dabei können Zeit, Kosten, Einsatzmittel und weitere Einflußgrößen berücksichtigt werden.

Mit Hilfe der Netzplantechnik ist es möglich, terminliche Abhängigkeiten von zusammenhängenden Einzeltätigkeiten darzustellen, zu planen und zu überwachen.

Anwendung
Die Netzplantechnik wird häufig zur Darstellung und Terminplanung von Fertigungsaufträgen eingesetzt.

Literatur
* DIN 69900: Netzplantechnik, März 1979;
* REFA: Methodenlehre der Planung und Steuerung - Teil 1: Grundlagen, Carl Hanser Verlag München 1985;
** Schwarze, J.: Netzplantechnik: Eine Einführung in das Projektmanagement, Verlag Neue Wirtschafts-Briefe Herne u.a. 1994

Netzplantechnik, Verfahren der

Definition
siehe Netzplanart

Netzzusammenhang

Definition
siehe Auftragsnetz

Neuaufwurf

Definition
siehe Planungsverfahren

Normalarbeitsplan

Definition
siehe Auftragsneutraler Arbeitsplan

Numerische Steuerung

Definition
siehe NC

Nummernsystem

Definition
Ein Nummernsystem ist ein System zur Ordnung und Benennung von Objekten eines Unternehmens.

Die "Nummern" bestehen nicht unbedingt nur aus Ziffern, sondern auch aus Buchstaben und Sonderzeichen. Ein Nummernsystem dient der Identifikation oder Klassifizierung von Objekten. Es hat seine besondere Bedeutung vor allem in der betrieblichen Datenverarbeitung.

Beispiel
- Erzeugnis
  Produkt-Nr./Artikel-Nr.

- Material
  Teile-Nr.

- Betriebsmittel
  Maschinen-Nr.

Literatur
Gabler Wirtschaftslexikon, Gabler Verlag Wiesbaden   *
1993

Operational Research

Definition
siehe Operations Research

Operations Research

Definition
Operations Research befaßt sich mit der Lösung komplexer Probleme auf der Basis mathematischer Methoden (Modelle und Rechenverfahren).

Zu den wichtigsten Methoden des OR gehören:

- Netzplantechnik,
- Simulation,
- Mathematische Optimierungsmodelle,
- Lagerhaltungsmodelle,
- Warteschlangenmodelle,
- Reihenfolgemodelle,
- Unscharfe Entscheidungsmodelle (Fuzzy).

Netzplantechnik
Simulation

Anwendung
Im Bereich der Produktionsplanung ist ein sehr verbreitetes Verfahren des OR die lineare Optimierung bzw. die lineare Programmierung. Als klassisches Anwendungsgebiet der linearen Optimierung ist die Produktionsprogrammplanung zu nennen.

Mit Hilfe einer linearen Funktion und einer Zielgröße (meist kostenorientiert), die maximiert oder minimiert wird, werden für einen betrachteten Planungshorizont die herzustellenden Gesamtmengen aller Erzeugnisse bestimmt.

Synonyme
Operational Research,
Unternehmensforschung

Literatur
** Gabler Wirtschaftslexikon, Gabler Verlag Wiesbaden 1993;
** Kern, W.: Operations-Research: Einführung und Überblick, Poeschel Verlag Stuttgart 1987;
** Müller-Merbach, H.: Operations-Research: Methoden und Modelle der Optimalplanung, Verlag Vahlen München 1987

Operationszeit

Definition
siehe Bearbeitungszeit

OPT

Definition
siehe Optimized Production Technology

Optimized Production Technology

Definition
Optimized Production Technology (OPT) ist ein Verfahren zur Engpaßsteuerung.

Engpaß Das Verfahren konzentriert sich auf die Tatsache, daß die in einem Fertigungssystem vorhandenen Engpässe den Durchsatz bestimmen. Das bedeutet, daß für die Verplanung von Aufträgen primär die im Auftragsdurchlauf gelegenen Engpässe interessant sind.

Da Nicht-Engpässe definitionsgemäß praktisch immer freie Kapazität besitzen, ist jede an einem Engpaß nicht genutzte Kapazität im Auftragsdurchlauf nicht mehr "aufzuholen".

OPT zielt auf die Optimierung der Auftragsreihenfolgen an Engpässen ab.

Bei diesem Verfahren der Fertigungssteuerung erfolgt zunächst eine Einteilung aller Aufträge in solche, die einen Engpaßarbeitsplatz durchlaufen (kritische Aufträge), und solche, die keinen Engpaßarbeitsplatz durchlaufen (nicht-kritische Aufträge).

Fertigungssteuerung, Verfahren der

Für den Engpaß erfolgt eine optimierte Verplanung der Arbeitsgänge der kritischen Aufträge. Alle Arbeitsgänge der kritischen Aufträge, die im Durchlauf auf den Engpaß folgen, werden vorwärtsterminiert eingeplant. Die Arbeitsgänge, die im Durchlauf vor dem Engpaß liegen, werden rückwärtsterminiert eingeplant.

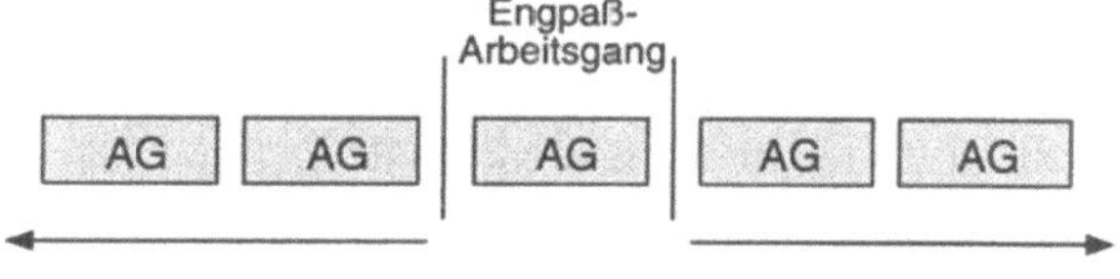

Legende:
AG = Arbeitsgang
→ = Terminierungsrichtung

Danach werden die nicht-kritischen Aufträge an die gesetzten Termine der kritischen Aufträge angepaßt.

OPT ist ein eingetragenes Warenzeichen (Scheduling Technology Group Ltd.).

Anwendung
- Fertigungsorganisation
  Werkstattfertigung.

- Fertigungsart
  Einzel- und Kleinserienfertigung.

Literatur
Helfrich, C.: PPS-Praxis, Resch Verlag München 1989;
Scheer, A.-W. (Hrsg.): Neue Architekturen für EDV-Systeme zur Produktionsplanung und -steuerung, Institut für Wirtschafsinformatik (IWi) an der Universität des Saarlands Saarbrücken 1986

OR

Definition
siehe Operations Research

Organisationsmittel

Definition
Organisationsmittel werden als Hilfsmittel zur Unterstützung der Ablauforganisation eingesetzt. Sie dienen nicht der Be- und Verarbeitung von Material oder Erzeugnissen.

Betriebsmittel Organisationsmittel zählen zu den Betriebsmitteln.

Organisations-mittel	Innen-ausstattung	Ver- und Entsorgungs-anlage
• DV-Anlage • Kartei • Kopiergerät •	• allgemeine Möbel • Leuchten •	• Strom-verteilungs-anlage • Filteranlage •

Betriebsmittel

Fertigungs-mittel	Meß- und Prüfmittel	Förder-mittel	Lager-mittel
• Maschinen • Werkzeuge • Zeichnungen •	• Maßstab • Fühlerlehre •	• Gabelstapler • Elektro-hängebahn •	• Regal • Lagerkasten •

Beispiel

DV-Anlage, Kartei, Kopiergerät.

Literatur

VDI-Richtlinie 2815 Blatt 5: Begriffe für die Produk-   *
tionsplanung und -steuerung - Betriebsmittel, VDI
Verlag Düsseldorf Mai 1978

Organisationstyp der Fertigung

Definition

siehe Fertigungsorganisation

Outsourcing

Definition

Unter Outsourcing wird allgemein die Vergabe
bestimmter Leistungen eines Unternehmens an Dritte
(Lieferant) verstanden.

Outsourcing ist das Ergebnis einer "Make-or-Buy"-Entscheidung darüber, ob eine Leistung im eigenen Unternehmen zu erbringen ist (Make) oder ein Leistungsangebot fremder Unternehmen genutzt werden soll (Buy). Das Outsourcing setzt eine umfassende Analyse der Leistungen und der zur Leistungserbringung notwendigen Aufwendungen des Unternehmens voraus.

Mit einem Outsourcing von Leistungen werden hauptsächlich folgende Ziele verfolgt:

- Konzentration auf das Stammgeschäft bzw. die Kernfunktionen (Zukauf der Fremdleistung von spezialisierten Dienstleistern),

- Reduzierung der Komplexität der Abläufe (Abbau der Leistungs- bzw. Fertigungstiefe),

- Abbau von Fixkosten (Ersatz durch variable Dienstleistungskosten).

Lieferant Erfolgt bei dem Outsourcing die Beschaffung der Leistung ausschließlich von einem Lieferanten, spricht man von Single Sourcing. Wird das Produkt von zwei Lieferanten bezogen, spricht man von Dual Sourcing und analog von Multiple Sourcing, wenn der Fremdbezug von mehr als zwei Lieferanten erfolgt.

Wird die Fremdleistung weltweit beschafft, spricht man von Global Sourcing.

Unter Modular Sourcing wird der Zukauf kompletter funktionstüchtiger Baugruppen verstanden (Modul-Lieferant). Wird dem Modul-Lieferanten neben Funktionen zur Qualitätssicherung auch Systemver-

antwortung übertragen, spricht man vom Systemlieferanten.

Beispiel

- Outsourcing von Logistik-Leistungen
  Übertragen von Kommissionier- und Bereit-
  stellungsaufträgen in der Automobilindustrie an
  einen Lieferanten, der Kleinmaterial in speziellen
  Ladungsträgern direkt am Band anliefert.

- Outsourcing von DV-Leistungen
  Übertragen bestimmter DV-Leistungen und -Tech-
  niken, die üblicherweise von dem Rechenzentrum
  bzw. der DV-Abteilung des eigenen Unternehmens übernommen werden, an einen externen
  DV-Dienstleister.

Literatur

Heinrich, W.: Outsourcing, DATACOM Bergheim ✱✱
1992;
Wildemann, H.: Fertigungsstrategien - Reorganisa- ✱
tionskonzepte für eine schlanke Produktion und
Zulieferung, Transfer-Centrum-Verlag München
1993

P

Partielle Durchlaufzeit

Definition
siehe Arbeitsgangdurchlaufzeit

Personal-Rüstzeit

Definition
siehe Rüstzeit

Personalleitstand

Definition
Der Personalleitstand ist ein DV-System, um speziell die Aufgaben der Personalplanung und -einsatzsteuerung in Fertigungsbereichen zu unterstützen.

Der Personalleitstand verwaltet zu diesem Zweck sämtliche Personalstammdaten (z.B. Identifikation, Qualifikation), den Betriebskalender und die Schichtenmodelle samt Fehlzeiten (z.B. Urlaub, Krankheit, Freischichten etc.).

Betriebskalender
Schichtenmodell

Der Personalleitstand berechnet den Personalbedarf und -bestand. Der Personalbedarf ergibt sich aus dem Betrieb einer bestimmten Maschine (Anlage) und den jeweiligen Aufträgen bzw. Auftragswechseln (Rüsten), die gemäß der Reihenfolgeplanung für diese Maschine vorgesehen sind. Der aktuelle Personalbestand ergibt sich durch konkrete Anmeldungen am Leitstand oder durch Übernahme der Anwesenheitsdaten aus einem (zentralen) Zeiterfassungssystem. Der vorgeplante Personalbedarf und der tatsächliche Personalbestand sind die Grundlage für die Personaleinsatzsteuerung im Kurzfristbereich.

Reihenfolgeplanung

Der Personalbedarf und -bestand lassen sich im allgemeinen unterschiedlich verdichtet darstellen, wie z.B. für eine Maschine bzw. Anlage, eine Werkstatt oder ganze Bereiche.

Fertigungsleitstand Der Personalleitstand ist in der Regel ein Bestandteil bzw. ein Modul des Fertigungsleitstandes. Er kann aber auch - je nach Anwendung - als eigenständiges DV-System eingesetzt werden.

Anwendung

Der Personalleitstand wird überall dort eingesetzt, wo personalintensive Tätigkeiten im Bereich der Fertigung anfallen bzw. zur Durchführung bestimmter Fertigungsaufgaben Personal mit entsprechender Qualifikation notwendig ist. Dies ist im allgemeinen bei dem Betrieb sowie Rüsten und Reinigen von Maschinen bzw. Anlagen bei Chargenfertigern gegeben, wie z.B. in der Pharma- und Lebensmittel- industrie.

Beispiel

Das nachfolgende Bild zeigt eine elektronische Plan- tafel, mit der die Feinplanung der Fertigung bei einem Hersteller pharmazeutischer Produkte durchgeführt wird. Neben Arbeitsvorrat und Maschinenbelegungs- plan erhält der Fertigungssteuerer im oberen Fenster- ausschnitt gleichzeitig eine Übersicht über das vor- handene Personalangebot und den benötigten Perso- nalbedarf.

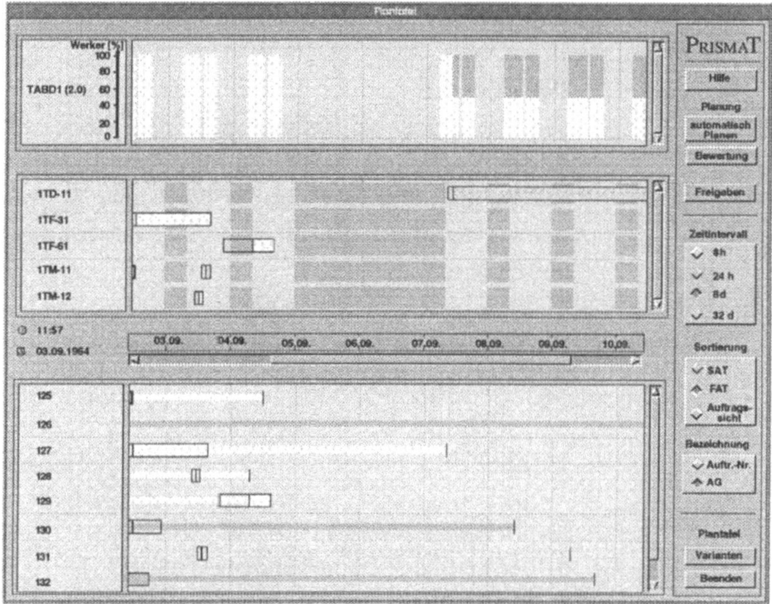

Literatur

Mai, W.; u.a.: CIM Marktübersicht: Fertigungs- und **
Personalleitstand, Vieweg-Verlag Braunschweig
Wiesbaden 1992

Planmäßige Durchlaufzeit

Definition

Die planmäßige Durchlaufzeit ergibt sich aus der
Summe der Sollzeiten bzw. geplanten Zeiten für die
Durchlaufzeitanteile.

Literatur

REFA: Methodenlehre der Betriebsorganisation: *
Lexikon der Betriebsorganisation, Carl Hanser
Verlag München 1993

Plantafel

Definition

Die Plantafel ist ein Hilfsmittel für die Termin- und Kapazitätsplanung sowie für die Auftragsveranlassung und -überwachung. Sie dient auch der Darstellung der Maschinenbelegung sowie des Auftragsfortschritts.

Leitstand Die Plantafel ist Kernstück der konventionellen und elektronischen Leitstände.

Mit Hilfe der Plantafel läßt sich für jeden Arbeitsplatz

- die Reihenfolge der Aufträge,
- die Verfügbarkeit und Belastungsprofile,
- der Auftragsfortschritt

anschaulich in Diagrammform darstellen.

Anwendung

Die manuelle Plantafel konventioneller Leitstände gliedert sich in die Bereiche "Arbeitsvorverteilung" zur Darstellung des Sollzustands und "Arbeitsübersicht" zur Darstellung des Ist-Zustandes.

←——— Arbeitsübersicht ———→				←——— Arbeitsvorverteilung ———→		
in Arbeit	bereit gestellt	Transport	Vorbereit.	1.Kalenderwoche	2.Kalenderwoche	3.Kalenderwoche

Bei der manuellen Plantafel werden die Arbeitsgänge
mit Hilfe von Einsteckkarten dargestellt.

Der manuelle Leitstand wird in zunehmendem Maße
durch den Fertigungsleitstand und die elektronische
Plantafel ersetzt.

Fertigungsleitstand

Beispiel
Die Plantafel in einem elektronischen Fertigungsleitstand hat prinzipiell folgendes Aussehen:

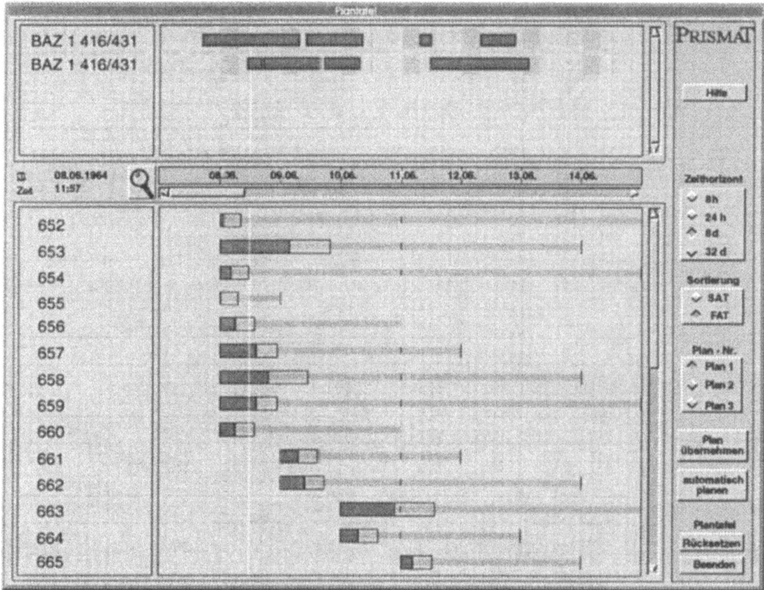

Die Plantafel teilt sich horizontal in die beiden
Arbeitsbereiche "Arbeitsvorrat" und "Maschinenbelegung".

Im "Arbeitsvorrat" werden die einzuplanenden Aufträge bzw. Arbeitsgänge dargestellt. Die "Maschinenbelegung" bietet dem Benutzer die Möglichkeit, die Aufträge aus dem Arbeitsvorrat unter
Berücksichtigung des Schichtenmodells auf die
Maschinen einzuplanen.

Arbeitsvorrat
Schichtenmodell

Literatur
** Hackstein, R.: Produktionsplanung und -steuerung (PPS), VDI Verlag Düsseldorf 1989;
* Schwinn, J.: Wissensbasierter CIM-Leitstand,
** Vieweg-Verlag Braunschweig 1992

Plantafelfunktionen

Definition

Die Plantafelfunktionen bilden die Tätigkeiten, die im Rahmen der Fertigungssteuerung in konventionellen Leitständen anfallen, im Fertigungsleitstand DV-technisch ab.

Mit Hilfe der elektronischen Plantafel eines Fertigungsleitstandes läßt sich für jeden Arbeitsplatz

- die Reihenfolge der Arbeitsgänge,
- die Verfügbarkeit und Belastungsprofile,
- der Auftragsfortschritt

anschaulich in Diagrammform darstellen.

Fertigungsleitstand Zu diesem Zweck stellt der Fertigungsleitstand in der elektronischen Plantafel in der Regel folgende Funktionen zur Verfügung:

- Automatisches Einplanen
Prioritätsregel Für einen eingestellten Planungshorizont werden Arbeitsgänge nach einer bestimmten Strategie (Prioritätsregel) in eine (optimierte) Reihenfolge gebracht und automatisch auf die Arbeitsplätze bzw. -gruppen eingeplant (Arbeitsgangsicht). Oft wird auch die Möglichkeit unterstützt, einen kompletten Auftrag mit allen Arbeitsgängen in einem Vorgang zu verplanen (Auftragssicht).

- Manuelles Einplanen
  Bei dem manuellen Einplanen erfolgt der Planungsvorgang interaktiv. Das manuelle Einplanen eines Arbeitsgangs kann linksbündig (die Einplanung erfolgt nach dem direkten Vorgänger-Arbeitsgang), rechtsbündig (die Einplanung erfolgt vor dem direkten Nachfolger-Arbeitsgang) oder punktgenau unter Angabe des geplanten Anfangstermins des Fertigungsauftrags erfolgen.

- Ausplanen
  Bereits eingeplante, aber noch nicht begonnene Fertigungsaufträge können wieder ausgeplant werden. Sie gehen anschließend wieder in den Arbeitsvorrat über.

- Umplanen
  Das Umplanen von Aufträgen erfolgt in der Regel zweistufig, indem Aufträge zuerst ausgeplant und anschließend neu eingeplant werden.

- Aufträge sperren, freigeben
  Ein Auftrag kann im Arbeitsvorrat gesperrt werden. Er wird bei der automatischen Einplanung nicht berücksichtigt, sondern muß dazu wieder freigegeben werden.

- Aufträge splitten
  Fertigungsaufträge können in einzelne Teilaufträge gesplittet werden (Splittung). *Splittung*

- Aufträge überlappen
  Aufträge können unter Berücksichtigung einer *Überlappung*
  Überlappung eingelastet werden (Überlappung).

* Aufträge raffen

Raffung
Die elektronische Plantafel bietet in der Regel die Möglichkeit, Fertigungsaufträge zusammenzufassen (Raffung).

* Fixieren, Fixierung auflösen
Arbeitsgänge können fixiert werden, d.h. sie werden mit dem aktuellen Einplanungsstand "eingefroren". Bei einer automatischen Einplanung werden fixierte Arbeitsgänge nicht berücksichtigt. Es wird um sie "herum" geplant.

* Reihenfolge optimieren
Es können verschiedene Reihenfolgepläne (Planvarianten) erstellt werden, die auf unterschiedlichen Fertigungsstrategien basieren (Prioritätsregeln, Rüstzeitminimierung). Die Planvarianten werden einzeln verwaltet und können mit Hilfe von Kennzahlen bewertet werden. Der "optimale" Plan wird als Planungsergebnis übernommen.

Planung

Definition
Planung bezeichnet allgemein das systematische Suchen und Festlegen von Zielen sowie die Vorbereitung von Aufgaben, deren Durchführung zum Erreichen der Ziele erforderlich ist.

Planungshorizont
Planungszyklus
Die Planung bezieht sich auf einen Zeitraum in der Zukunft (Planungshorizont) und wird im betrieblichen Umfeld in bestimmten Zeitabständen wiederholt (Planungszyklus), um neue oder geänderte planungsrelevante Randbedingungen zu berücksichtigen.

Planungsverfahren
Je nach Gegenstand bzw. Aufgabengebiet werden unterschiedliche Planungsverfahren eingesetzt.

Das Ergebnis der Planung ist ein Plan, der Plan-Daten enthält. Werden Plan-Daten im Rahmen einer Vorgabe verwendet, so werden sie auch als Soll-Daten bezeichnet.

Beispiel

- Planung
  Fertigungs-, Produktions-, Personaleinsatzplanung

- Plan
  Arbeitsplan, Produktions- und Fertigungsprogramm, Personaleinsatzplan.

Literatur
REFA: Methodenlehre der Planung und Steuerung - *
Teil 1: Grundlagen, Carl Hanser Verlag München 1985

Planungsfrequenz

Definition
Die Planungsfrequenz gibt an, wie häufig Planungen in einem bestimmten Zeitraum durchgeführt werden. Sie ist von dem jeweils verwendeten Planungsverfahren und von betrieblichen Randbedingungen (z.B. Arbeitsgang- bzw. Auftragsdurchlaufzeiten) abhängig.

Die Planungsfrequenz ist der Kehrwert des Planungszyklus.   *Planungszyklus*

Planungshorizont

Definition
Der Planungshorizont bezeichnet den Zeitraum in der Zukunft, für den explizit eine Planung erfolgt.

Produktionsplanung und -steuerung Im Bereich der Produktionsplanung und -steuerung wird nach kurz-, mittel-, und langfristigen Planungshorizonten unterschieden. Die jeweilige Planungsaufgabe hat demnach operativen (kurzfristig), taktischen (mittelfristig) oder strategischen (langfristig) Charakter.

Anwendung

Feinplanung Der Planungshorizont gibt bei der Feinplanung der Fertigung an, für welchen Zeitraum in der Zukunft Aufträge eingeplant werden. Alle Aufträge und Arbeitsgänge, deren geplante Starttermine sich in dem betrachteten Zeitraum (Zeitfenster) befinden (sowie bereits begonnene, aber noch nicht beendete Aufträge und Arbeitsgänge), werden bei der Auftrags- und Arbeitsgangeinplanung berücksichtigt.

Synonyme
Planungszeitabschnitt,
Planungszeitraum

Literatur
VDI-Richtlinie 2815 Blatt 4: Begriffe für die Produktionsplanung und -steuerung - Materialbedarfsermittlung, VDI Verlag Düsseldorf Mai 1978

Planungsverfahren

Definition
Das Planungsverfahren gibt an, in welcher Art und Weise ein Planungsvorgang durchgeführt wird.

Es kann zwischen folgenden Verfahren unterschieden werden:

- rollierend - zyklisch:
  Bei der rollierenden Planung wird in bestimmten Zeitabständen (z.B. täglich) eine Planung (z.B. für die nächsten 2 Wochen) auf Basis der jeweils aktuellen Fertigungssituation durchgeführt. Bei der zyklischen Planung wird erst bei Erreichen des Planungshorizontes eine neue Planung durchgeführt.

- sukzessiv - simultan
  Bei der Sukzessivplanung werden die Planungsaufgaben nacheinander (sukzessiv) betrachtet und bearbeitet. Beispielsweise wird erst eine Materialbedarfsplanung und dann die Terminplanung durchgeführt.

  Bei der Simultanplanung werden alle Planungsaufgaben und Randbedingung gleichzeitig (simultan) betrachtet.

- Neuaufwurf - Netchange
  Beim Neuaufwurf werden bei jeder neuen Planung alle Aufträge bzw. Arbeitsgänge neu verplant. Beim Netchange-Verfahren werden nur die jeweils vorliegenden Veränderungen bei jeder neuen Planung berücksichtigt.

Literatur
Meynert, J.: Untersuchung des Funktionsumfangs von Standardsoftware zur Produktionsplaung und -steuerung, Arbeitsbericht Nr. 2, Lehrstuhl für Betriebsinformatik an der Universität Dortmund 1985

Planungszeitabschnitt

Definition
siehe Planungshorizont

Planungszeitraum

Definition
siehe Planungshorizont

Planungszyklus

Definition
Der Planungszyklus ist ein regelmäßig wiederkehrender Ablauf einer bestimmten Planung. Der Planungszyklus bzw. die Planungszykluszeit gibt an, in welchen Zeitabständen Planungen wiederholt werden.

Planung   Der Planungszyklus ist bei einer rollierenden Planung kleiner als der Planungshorizont. Bei einer zyklischen Planung fallen der Planungszyklus und der Planungshorizont meist zusammen.

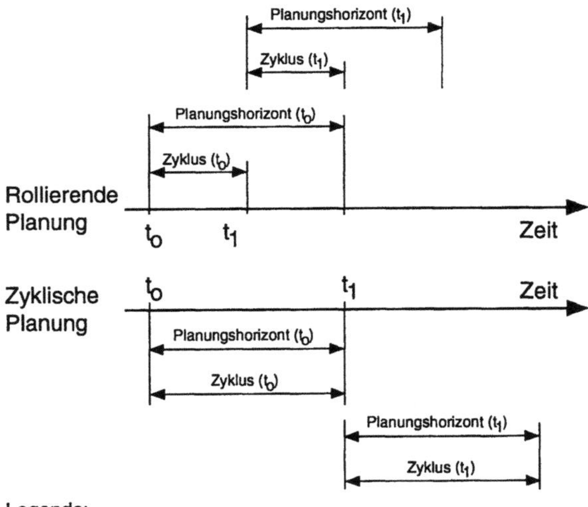

Planungsfrequenz   Der Planungszyklus ist der Kehrwert der Planungsfrequenz.

Beispiel
Zur Feinplanung der Fertigung mit Hilfe des Fertigungsleitstands wird die Festlegung der Auftragsreihenfolgen für die einzelnen Arbeitsplätze oft täglich vorgenommen. Der Planungszyklus ist somit ein Tag.

Literatur
VDI-Richtlinie 2815 Blatt 4: Begriffe für die *
Produktionsplanung und -steuerung - Materialbedarfsermittlung, VDI Verlag Düsseldorf Mai 1978

Plausibilitätsprüfung

Definition
Die Plausibilitätsprüfung umfaßt die Prüfung von Daten anhand aufgabenbezogener Kriterien auf Eindeutigkeit bzw. auf im Kontext sinnvolle Wertebereiche.

Die Plausibilitätsprüfung wird in der Regel bei Datenaustausch und (manueller) Datenerfassung angewandt.

Literatur
Grieser, F.; u.a.: Computer Lexikon, Deutscher *
Taschenbuch Verlag München 1994

Plus-Minus-Arbeitsplan

Definition
siehe Variantenarbeitsplan

Plus-Minus-Stückliste

Definition
In den Plus-Minus-Stücklisten werden alle Baugruppen und Teile aufgeführt, die bei der betreffenden Variante gegenüber der Grundstückliste entfallen (Minusteil) oder hinzukommen (Plusteil).

Variantenstückliste
Grundstückliste Die Plus-Minus-Stückliste gehört zur Gruppe der Variantenstücklisten. Sie wird ausschließlich in Verbindung mit der Grundstückliste eingesetzt.

Anwendung
Die Plus-Minus- und die Grundstückliste findet Verwendung bei Einzel- und Kleinserienfertigung, da hier der Aufwand zur Festlegung der Varianten gering ist.

Beispiel
siehe Beispiel Grundstückliste.

Literatur
Geitner, U. W.: Betriebsinformatik für Produktionsbetriebe - Teil 1: Grundlagen der Informationsverarbeitung, Carl Hanser Verlag München Wien 1983;
Gerlach, H. H.: Stücklisten, in: Handwörterbuch der Produktionswirtschaft, Hrsg. Kern, W., Poeschel Verlag Stuttgart 1979;
* REFA: Methodenlehre der Planung und Steuerung - Teil 1: Grundlagen, Carl Hanser Verlag München 1985

PPS

Definition
siehe Produktionsplanung und -steuerung

PPS-System

Definition

Ein PPS-System ist ein DV-System zur rechner-unterstützten Produktionsplanung und -steuerung.

Der Schwerpunkt der PPS-Systeme liegt dabei auf den lang- bis mittelfristigen Planungsfunktionen der Mengen-, Termin und Kapazitätsplanung (Grobplanung). Zur Unterstützung der kurzfristigen Planungs- und Steuerungsfunktionen kommen in zunehmendem Maße Fertigungsleitstände zum Einsatz. Den Fertigungsleitständen kommt die Aufgabe zu, die groben Vorgaben der PPS-Systeme in detaillierte Maschinenbelegungs-, Reihenfolge- und Terminpläne umzusetzen.

Grobplanung
Fertigungsleitstand

Literatur

Glaser, H.; u.a.: PPS Produktionsplanung und -steuerung - Grundlagen, Konzepte, Anwendungen, Gabler Verlag Wiesbaden 1992;
Nedeß, Ch. (Hrsg.): Von PPS zu CIM, Springer-Verlag Berlin Heidelberg u.a. und Verlag TÜV Rheinland Köln 1992

**

**

Primärbedarf

Definition

Unter Primärbedarf wird der Bedarf an herzustellenden Erzeugnissen verstanden, die ein Unternehmen in verkaufsfähigem Zustand verlassen.

<table>
<tr><td colspan="5" align="center">Materialbedarfsart</td></tr>
<tr><td colspan="3">Nach Ursprung und Erzeugnissen</td><td colspan="2">Unter Berücksichtigung der Erzeugnis- und Materialbestände</td></tr>
<tr><td>Primär-bedarf</td><td>Sekundär-bedarf</td><td>Tertiär-bedarf</td><td>Brutto-bedarf</td><td>Netto-bedarf</td></tr>
<tr><td>Bedarf an Erzeugnissen (in der Regel zur Deckung des Marktbedarfes)</td><td>Bedarf an Material zur Deckung des Primärbedarfes (ohne Betriebs- und Hilfsstoffe)</td><td>Bedarf an Betriebs- und Hilfsstoffen</td><td>Primär- Sekundär- oder Tertiärbedarf, der sich auf einen bestimmten Zeitabschnitt bezieht</td><td>Bruttobedarf reduziert um den verfügbaren Bestand</td></tr>
</table>

*Produktions-
programmplanung*   Der Primärbedarf wird im Rahmen der Produktionsprogrammplanung ermittelt.

Der Primärbedarf wird auch Marktbedarf genannt. Man unterscheidet zwischen dem Brutto- und dem Netto-Primärbedarf.

Der Netto-Primärbedarf ergibt sich aus dem Brutto-Primärbedarf durch Berücksichtigung des verfügbaren Lagerbestandes.

Literatur
VDI-Richtlinie 2815 Blatt 4: Begriffe für die Produktionsplanung und -steuerung - Materialbedarfsermittlung, VDI Verlag Düsseldorf Mai 1978

Priorität

Definition
Die Priorität ist ein Maß für die Wichtigkeit bzw. Dringlichkeit eines Auftrags im Vergleich zu anderen Aufträgen eines betrachteten Auftragsvorrats. Mit Hilfe der Priorität eines Auftrags wird seine Stelle in

der Bearbeitungsreihenfolge gegenüber den anderen Aufträgen festgelegt.

Die Priorität ist das Ergebnis einer Prioritätsrechnung. Durch die Prioritätsrechnung werden mit Hilfe der Prioritätsregeln die Prioritäten der einzelnen Aufträge bestimmt. Mit den berechneten Prioritäten liegt die Auftragsreihenfolge fest. *Prioritätsregel*

Es wird die interne Priorität und die externe Priorität unterschieden.

Die interne Priorität ergibt sich aus der Auswertung einer oder mehrerer Prioritätsregeln.

Demgegenüber wird die externe Priorität "von außen" (z.B. Fertigungssteuerer oder Vertrieb) vergeben.

Beispiel

- Interne Priorität
  Die Aufträge der Warteschlange vor einem Arbeitsplatz werden nach ihren Bearbeitungs- zeiten bzw. Operationszeiten sortiert und gemäß dieser Reihenfolge eingeplant.

- Externe Priorität
  Ein typisches Beispiel sind Eilaufträge, die eine höhere Priorität besitzen als die übrigen Aufträge und an allen Arbeitsplätzen vordringlich bearbeitet werden.

Literatur

Geitner, U. W.: Betriebsinformatik für Produktions- betriebe - Teil 3: Methoden der Produktionsplanung und -steuerung, Carl Hanser Verlag München Wien 1987;
Kernler, H.: PPS der 3. Generation, Hüthig Buch Verlag Heidelberg 1993

Prioritätsrechnung

Definition
Unter Prioritätsrechnung wird das Berechnen von Prioritäten verstanden.

Prioritätsregel Diese Berechnungen erfolgen auf der Basis von Prioritätsregeln.

Prioritätsregel

Definition
Eine Prioritätsregel stellt ein Berechnungsschema dar, mit dem die Bearbeitungsreihenfolge von Aufträgen oder Arbeitsgängen an einem Arbeitsplatz bestimmt wird.

Reihenfolgeplanung Prioritätsregeln werden bei der Reihenfolgeplanung eingesetzt. Sie zählen zu den heuristischen Verfahren der Reihenfolgeplanung.

Priorität Auf der Basis der Prioritätsregeln wird zu jedem Arbeitsgang, der sich in der Warteschlange vor einem Arbeitsplatz befindet, eine Prioritätsziffer bzw. Priorität berechnet. Die Arbeitsgänge werden dann in der Reihenfolge ihrer Prioritäten abgearbeitet.

Elementare Prioritätsregel
Kombinierte Prioritätsregel Es wird nach elementaren Prioritätsregeln und kombinierten Prioritätsregeln unterschieden. Die Festlegung einer bestimmten Prioritätsregel orientiert sich an den jeweiligen Zielen einer Fertigungssteuerung.

Anwendung
PPS-System
Fertigungsleitstand Prioritätsregeln werden überall dort eingesetzt, wo Aufträge zu einem Betrachtungszeitpunkt um dieselben Betriebsmittel bzw. Ressourcen konkurrieren.

Prioritätsregeln werden sowohl in PPS-Systemen als auch in Fertigungsleitständen beispielsweise zur Bestimmung konkreter Auftragsreihenfolgen bei der Maschinenbelegungsplanung eingesetzt.

Beispiel

- PPS-System

  Bei der Belastungsorientierten Auftragsfreigabe (BOA), die in einigen PPS-Systemen eingesetzt wird, basiert die Prioritätenvergabe auf den (spätesten) Anfangsterminen der Fertigungsreihenfolge. Die Aufträge werden nach diesen Terminen sortiert und in eine Reihenfolge gebracht. Gemäß dieser Reihenfolge werden die Aufträge bei dem Freigabeverfahren berücksichtigt.

- Fertigungsleitstand

  Zur Festlegung von Auftragsreihenfolgen wird in Fertigungsleitständen die Kürzeste Operationszeitregel (KOZ-Regel) eingesetzt. Nach dieser Prioritätsregel werden Aufträge mit kürzeren Bearbeitungszeiten vor solchen mit längeren Bearbeitungszeiten bevorzugt.

Literatur

Berg, C.: Prioritätsregeln in der Reihenfolgeplanung,   *
in: Handwörterbuch der Produktionswirtschaft, Hrsg.   **
Kern, W., Poeschel Verlag Stuttgart 1979;
Hackstein, R.: Produktionsplanung und -steuerung (PPS), VDI Verlag Düsseldorf 1989;
Kernler, H.: PPS der 3. Generation, Hüthig Buch Verlag Heidelberg 1993

Produkt

Definition

Ein Produkt ist das Endergebnis einer Arbeit bzw. eines Herstellungsprozesses.

Erzeugnis In Erweiterung zum Erzeugnis werden unter einem Produkt sowohl materielle Güter als auch Dienstleistungen verstanden.

Beispiel

- Materielle Güter
  Automobil, Verpackung, Lebensmittel.

- Dienstleistungen
  Unternehmensberatung, Softwareentwicklung.

Literatur

* VDI-Gesellschaft Produktionstechnik (Hrsg.): Lexikon der Produktionsplanung und -steuerung, VDI Verlag Düsseldorf 1992

Produktion

Definition

Allgemein umfaßt die Produktion alle Vorgänge und Tätigkeiten, die unmittelbar oder mittelbar zur Herstellung von Erzeugnissen dienen.

Gliedert man ein Unternehmen nach funktionalen Gesichtspunkten, so stellt die Produktion neben Vertrieb, Finanz- und Rechnungswesen, Personalwesen etc. einen eigenständigen Teilbereich dar.

Die Produktion kann selbst auch wieder in Teilbereiche eingeteilt werden. Dabei handelt es sich meist um folgende Funktionen:

- Konstruktion,
- Beschaffung,
- Fertigung,
- Produktionsplanung und -steuerung.
- Qualitätssicherung,

*Fertigung
Produktionsplanung
und -steuerung*

Literatur
Hackstein, R.: Produktionsplanung und -steuerung (PPS), VDI Verlag Düsseldorf 1989;
Kernler, H.: PPS der 3. Generation, Hüthig Buch Verlag Heidelberg 1993;
VDI-Gesellschaft Produktionstechnik (Hrsg.): Lexikon der Produktionsplanung und -steuerung, VDI Verlag Düsseldorf 1992

*

Produktionsplanung

Definition
Die Produktionsplanung umfaßt alle Funktionen zur mengen-, termin- und kapazitätsorientierten Planung der Produktion.

Sie ist ein Teilbereich der Produktionsplanung und -steuerung und teilt sich in folgende Funktionsbereiche auf:

*Produktionsplanung
und -steuerung*

- Produktionsprogrammplanung
  Bestimmung der zu produzierenden Erzeugnisse nach Art, Menge und Termin.

*Produktions-
programmplanung*

- Mengenplanung
  Bestimmung der zur Produktion benötigten Teile und Baugruppen.

Mengenplanung

Termin- und
Kapazitätsplanung

• Termin- und Kapazitätsplanung,
Überprüfung der für die geplanten Fertigungsaufträge notwendigen Arbeitsgänge auf ihre Realisierbarkeit hinsichtlich Zeit und Kapazität.

Produktionsplanung		
Produktions-programm-planung	Mengen-planung	Termin- und Kapazitäts-planung

Grunddatenverwaltung

Auftrags-veranlassung	Auftrags-überwachung

Produktionssteuerung

Literatur

** Dorninger, C.; u.a.: PPS Produktionsplanung und
-steuerung, Ueberreuter Verlag Wien 1990;

** Hackstein, R.: Produktionsplanung und -steuerung
(PPS), VDI Verlag Düsseldorf 1989;

** Helberg, P.: PPS als CIM-Baustein, Erich Schmidt
Verlag Berlin 1987

Produktionsplanung und -steuerung

Definition
Die Produktionsplanung und -steuerung (PPS) umfaßt
die organisatorische Planung, Steuerung und
Überwachung sämtlicher Abläufe, die sich im

Rahmen der Auftragsabwicklung von der Angebots-
bearbeitung bis zum Versand ergeben. Dabei werden
Mengen-, Termin- und Kapazitätsaspekte berücksichtigt.

In einem CIM-Umfeld bezeichnet PPS den Einsatz *CIM*
rechnerunterstützter Systeme in dem genannten
Aufgabenbereich.

Die PPS läßt sich in die Teilbereiche Produktionsplanung und Produktionssteuerung gliedern, die
sich wiederum in mehrere Hauptfunktionen einteilen
lassen.

Produktionsplanung

Produktions-programm-planung	Mengen-planung	Termin- und Kapazitäts-planung

Grunddatenverwaltung

Auftrags-veranlassung	Auftrags-überwachung

Produktionssteuerung

Die Produktionsplanung umfaßt alle Funktionen zur   *Produktionsplanung*
mengen-, termin- und kapazitätsorientierten Planung
der Produktion. Als Ergebnis der Produktionsplanung
liegen Bestellaufträge für den Fremdbezug und
Fertigungsaufträge für die Eigenfertigung vor.

Produktionssteuerung Die Produktionssteuerung beinhaltet alle Funktionen zur Veranlassung, Überwachung und Sicherung der Produktion. Sie übernimmt damit die Aufgabe der planungsgerechten Durchsetzung der Bestell- und Fertigungsaufträge.

Die Grundlage der PPS ist die Datenverwaltung. Sie umfaßt das Anlegen, Speichern und Pflegen aller relevanten Datenbestände (z.B. Teilestammdaten, Stücklisten und Arbeitspläne).

Literatur
* Dorninger, C.; u.a.: PPS Produktionsplanung und
** -steuerung, Ueberreuter Verlag Wien 1990;
* Glaser, H.; u.a.: PPS Produktionsplanung und
** -steuerung - Grundlagen, Konzepte, Anwendungen, Gabler Verlag Wiesbaden 1992;
* Hackstein, R.: Produktionsplanung und -steuerung
** (PPS), VDI Verlag Düsseldorf 1989

Produktionsprogramm

Definition
Das Produktionsprogramm legt für einen mittel- bis langfristigen Planungshorizont die zu produzierenden Erzeugnisse mit ihren planungsrelevanten Daten nach Art, Menge und Termin fest.

Produktions- programmplanung Das Produktionsprogramm ist das Ergebnis der Produktionsprogrammplanung. Es orientiert sich am Absatzprogramm und berücksichtigt die Gegebenheiten des Beschaffungsmarktes sowie das Kapazitätsangebot im (eigenen) Produktionsbereich. Es legt fest, welche Aufträge vom Bereich der Produktion in bestimmten Perioden durchzuführen sind.

Aus dem Produktionsprogramm leiten sich weitere bereichsbezogene Programme ab, insbesondere das Beschaffungs-, Entwicklungs- und Fertigungsprogramm.

Fertigungsprogramm

Literatur
REFA: Methodenlehre der Planung und Steuerung - Teil 3: Steuerung, Carl Hanser Verlag München 1985;
VDI-Richtlinie 2815 Blatt 4: Begriffe für die Produktionsplanung und -steuerung - Materialbedarfsermittlung, VDI Verlag Düsseldorf Mai 1978

*

Produktionsprogrammplanung

Definition
Die Produktionsprogrammplanung legt die herzustellenden Erzeugnisse für einen längeren Zeitraum in der Zukunft (Planungshorizont) nach Art, Menge und Termin fest.

Planungsergebnis ist das Produktionsprogramm, das die planungsrelevanten Angaben in der Regel auf Basis von Produktgruppen enthält.

Produktionsprogramm
Produktionsplanung

Grundlage für die Bildung des Produktionsprogramms sind vorliegende Kundenaufträge oder der im Rahmen der Absatzprognose ermittelte Bedarf. Unter Berücksichtigung der disponiblen Bestände wird aus dem Brutto-Primärbedarf der Netto-Primärbedarf ermittelt. Der Netto-Primärbedarf wird grob mit der verfügbaren Kapazität abgestimmt, bevor er als Vorgabe in die Mengenplanung eingeht.

Absatzprognose
Primärbedarf

Die Produktionsprogrammplanung ist eine Funktion der Produktionsplanung.

Produktionsplanung

| **Produktions-programm-planung** | Mengen-planung | Termin- und Kapazitäts-planung |

Grunddatenverwaltung

| Auftrags-veranlassung | Auftrags-überwachung |

Produktionssteuerung

Synonyme
Programmplanung

Literatur
** Dorninger, C.; u.a.: PPS Produktionsplanung und -steuerung, Ueberreuter Verlag Wien 1990;
** Glaser, H.; u.a.: PPS Produktionsplanung und -steuerung - Grundlagen, Konzepte, Anwendungen, Gabler Verlag Wiesbaden 1992;
** Hackstein, R.: Produktionsplanung und -steuerung (PPS), VDI Verlag Düsseldorf 1989

Produktionssteuerung

Definition
Die Produktionssteuerung umfaßt alle Funktionen zur Veranlassung, Überwachung und Sicherung der Produktionsaufgaben.

Sie ist ein Teilbereich der Produktionsplanung und -steuerung und teilt sich in folgende Funktions- bereiche auf:

Produktionsplanung und -steuerung

* Auftragsveranlassung
  Planungsgerechte Einsteuerung der Fertigungs- und Bestellaufträge.

Auftragsveranlassung

* Auftragsüberwachung
  Prüfung und Sicherstellung des Auftragsfort- schritts.

Auftragsüberwachung

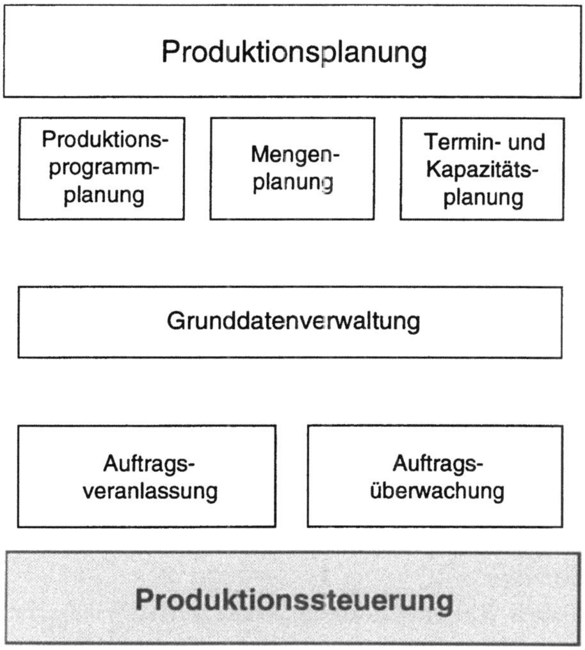

Produktionsplanung

Produktions- programm- planung	Mengen- planung	Termin- und Kapazitäts- planung

Grunddatenverwaltung

Auftrags- veranlassung	Auftrags- überwachung

Produktionssteuerung

Literatur

** Dorninger, C.; u.a.: PPS Produktionsplanung und -steuerung, Ueberreuter Verlag Wien 1990;

** Hackstein, R.: Produktionsplanung und -steuerung (PPS), VDI Verlag Düsseldorf 1989;

** Helberg, P.: PPS als CIM-Baustein, Erich Schmidt Verlag Berlin 1987

Produktivität

Definition

Grundsätzlich gibt die Produktivität das Verhältnis vom Aufwand zum Ergebnis an.

In der Produktionstechnik wird die Produktivität durch das Verhältnis der fertiggestellten Erzeugnisse zu eingesetzter Kapazität bzw. Leistung berechnet (technische Produktivität).

Darüber hinaus kann die Produktivität durch das Verhältnis von Produktionswert zu Kapitaleinsatz (Wertproduktivität) oder zum Arbeitseinsatz (Arbeitsproduktivität) bestimmt werden.

Anwendung

Die Produktivität wird häufig als Bewertungsmaßstab für die Leistungsfähigkeit eines Betriebes herangezogen.

Beispiel

10 Teile pro Maschinenstunde,
1600 Karosserien pro Arbeitstag.

Literatur

* Gabler Wirtschaftslexikon, Gabler Verlag Wiesbaden 1993

Programm

Definition

Ein Programm ist eine Folge von Anweisungen zur Lösung einer bestimmten Aufgabe. Die Anweisungen sind in einer Programmiersprache formuliert. Zur Ausführung muß das Programm von einem Compiler oder einem Interpreter in die Maschinensprache übersetzt werden.

Bei der Einteilung von Programmen in die einzelnen Anwendungsgebiete unterscheidet man im wesentlichen Anwendungsprogramme, Hilfsprogramme und Betriebssysteme.

Anwendungsprogramm
Betriebssystem

Als Sammelbegriff für die Gesamtheit von Programmen dient der Ausdruck Software.

Software

Literatur
Duden Informatik, Bibliographisches Institut & F. A. Brockhaus AG Mannheim 1993;
Grieser, F.; u.a.: Computer Lexikon, Deutscher Taschenbuch Verlag München 1994

*

*

Programmplanung

Definition
siehe Produktionsprogrammplanung

Prozeßbedingte Liegezeit

Definition
Die prozeß- oder ablaufbedingte Liegezeit bezeichnet die Zeit, die technologisch bedingt mindestens vergehen muß, bis das Material im nächsten Arbeitsgang weiterbearbeitet werden kann.

Vorgabezeit
Durchführungszeit
Die prozeßbedingte Liegezeit ist eine Vorgabezeit, die nicht der Übergangszeit, sondern der Durchführungszeit zugeordnet wird.

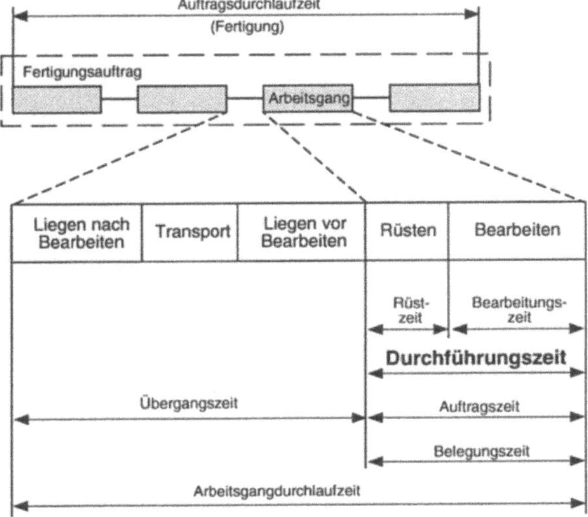

Literatur
* Strack, M.: Organisatorische Gestaltung einer zentralen Werkstattsteuerung, Springer-Verlag Berlin Heidelberg u.a. 1987

Prozeßkette

Definition
Prozeßketten stellen ein Hilfsmittel zur strukturierten Beschreibung und Analyse von Systemabläufen dar.

Prozeßkettenelemente
Zur Reduktion der Komplexität können Teilsysteme einer Fabrik in Form von Prozeßkettenelementen beschrieben werden. Diese können über definierte Schnittstellen (Quelle/Senke) mit anderen Prozeßkettenelementen verbunden werden.

Mehrere Prozeßkettenelemente werden durch Hinter-
einander- bzw. Parallelschalten zu einer Prozeßkette
zusammengefaßt, die wiederum durch eine Quelle
(z.B. vorgelagerter Fertigungsbereich) bedient wird,
und an eine Senke (z.B. nachgelagerter Fertigungsbereich) weitergibt.

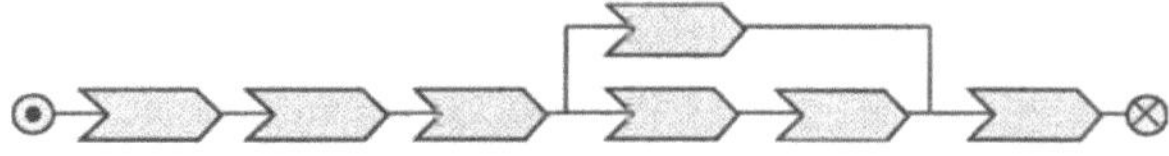

Anwendung
Analyse und Reorganisation von Fertigungsabläufen.

Beispiel
Prozeßkostenanalyse:

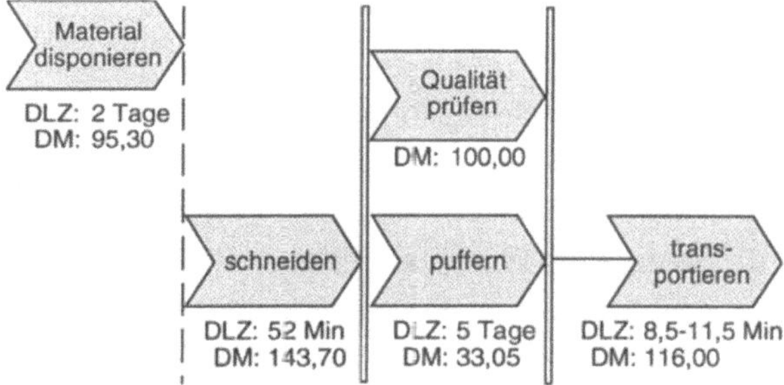

Literatur
Klöpper, H.-J.: Logistikorientiertes strategisches **
Management - Erfolgspotentiale im Wettbewerb,
Verlag TÜV Rheinland Köln 1991

Prozeßkettenelement

Definition
Ein Prozeßkettenelement ist ein Baustein einer
Prozeßkette.

Prozeßkette Abgeschlossene Teilsysteme werden als Elemente einer Prozeßkette abgebildet, die das Gesamtsystem darstellt.

Dazu sind die Funktionen, die Ressourcen, die Lenkung (Steuerung) sowie die Struktur zu definieren.

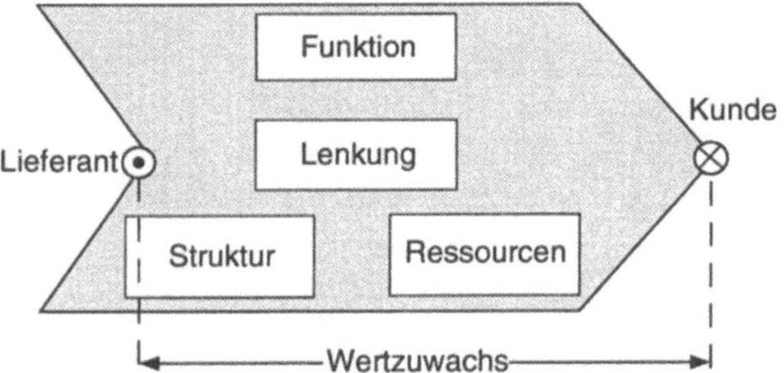

- Funktion
  Mit der Beschreibung der Funktion eines Prozeß-kettenelements wird festgelegt, mit welcher Leistung ein Kundennutzen (bezogen auf die Senke eines Prozeßkettenelements) erzielt werden kann. Mit der Beschreibung der Funktion werden gleichzeitig die Ziele definiert, die in dem Prozeß-kettenelement verfolgt werden.

- Ressourcen
  Es werden die Ressourcen bestimmt, die ein Prozeßkettenelement zur Erfüllung seiner Funk-tion benötigt.

- Struktur
  Ein Element einer Prozeßkette erbringt seine Funktion unter Nutzung von Ressourcen. Um eine möglichst effiziente Nutzung sicherzustellen, ist eine geeignete Struktur des Elementes (Teil-system bzw. -ablauf) zu definieren. Die Struktur

ist so festzulegen, daß überschaubare und beherrschbare Abläufe entstehen.

Das Puffermodell der Fertigung stellt eine Methode zur Beschreibung solcher Strukturen dar.   *Puffermodell*

• Lenkung
Mit der Beschreibung der Lenkung werden die Funktionen und Informationen festgelegt, die für die Steuerung und Kontrolle des Prozeßkettenelementes notwendig sind. Dies geschieht unter Berücksichtigung der Lenkungsfunktionen vor- und nachgelagerter Prozeßkettenelemente.

Literatur
Klöpper, H.-J.: Logistikorientiertes strategisches   **
Management - Erfolgspotentiale im Wettbewerb, Verlag TÜV Rheinland Köln 1991

Puffermodell

Definition
Das Puffermodell der Fertigung ist eine Strukturbeschreibungsmethode.

Das Puffermodell erlaubt mit Hilfe einfacher Strukturbausteine

• die Definition autonomer Subsysteme in der Fertigung,

• die systematische Definition von Schnittstellen zwischen autonomen Subsystemen unter Berücksichtigung informationstechnischer und organisatorischer Aspekte,

- die Festlegung von Meßstellen, an denen benötigte planungs- und steuerungsrelevante Informationen aus den Fertigungsabläufen erfaßt werden können.

Das Puffermodell der Fertigung setzt dabei voraus, daß zwischen zwei Fertigungsprozessen, in denen die eigentliche Wertschöpfung erfolgt, mindestens ein Materialflußprozeß existiert. Fertigungs- und Materialflußprozeß werden mit Hilfe von Puffern entkoppelt. Jeder Fertigungsprozeß entnimmt Material, das für den Wertschöpfungsprozeß bereitsteht, aus einem Bedarfspuffer. Das Ergebnis des Wertschöpfungsprozesses (z.B. Teil, Baugruppe) wird in einem Bestandspuffer bereitgestellt.

Da zu jedem Materialfluß innerhalb eines solchen Systems ein entsprechender Informationsfluß gehört, lassen sich Meßstellen definieren, an denen Daten zur Steuerung von Logistik- und Fertigungsprozessen abgegriffen werden können.

Strukturbausteine des Puffermodells Die Beschreibung der Strukturen eines Systems erfolgt mit den Strukturbausteinen des Puffermodells.

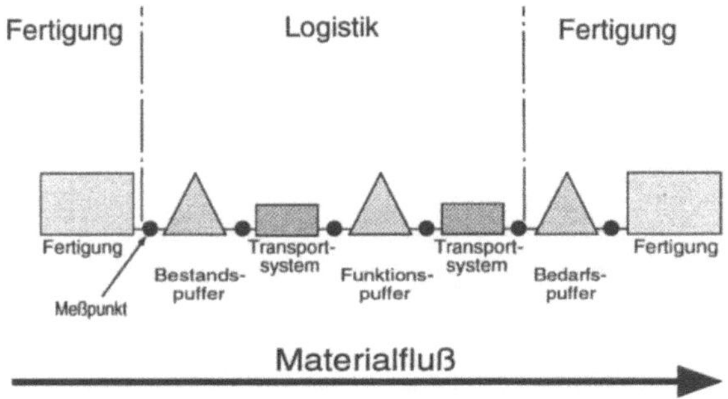

Anwendung
Das Puffermodell der Fertigung ist Grundlage für

- die Strukturierung von Material- und Informationsflußsystemen in der Fertigung und

* zur bausteinorientierten Entwicklung von Steu-
erungssoftware, wie z.B. für Transportsysteme.

Beispiel

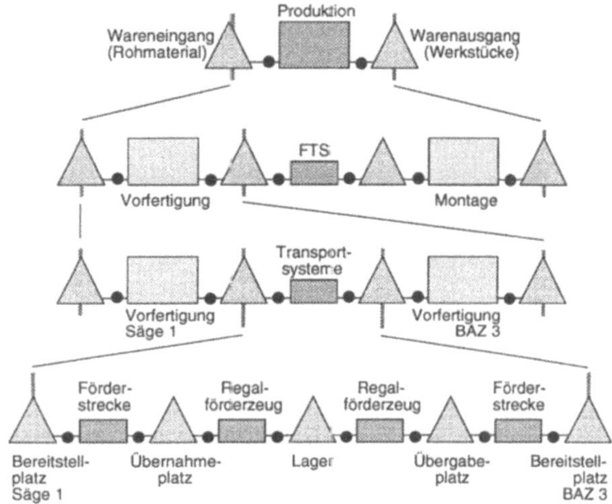

Legende:

BAZ = Bearbeitungszentrum
FTS = Fahrerloses Transportsystem

Literatur

Kuhn, A., u.a.: Ein Konzept zur Integration von
Produktionslogistik und Fertigungssteuerung, in: f+h
- fördern und heben 35 (1985) Nr. 6

Puffermodell, Strukturbausteine

Definition

Die Strukturbausteine des Puffermodells dienen der
normierten Modellierung von Fertigungs- und
Logistiksystemen.

Mit den Strukturbausteinen Fertigungs- und Bearbeitungsprozeß, Transportsystem und Bestands-,
Bedarfs- und Funktionspuffer des Puffermodells läßt

sich jedes Fertigungssystem hinsichtlich planungs- und steuerungsrelevanter Aspekte modellieren. Sie sind Grundlage für die Definition von Schnittstellen der Fertigung und der Logistik.

Der Baustein "Fertigungs- und Bearbeitungsprozeß" beschreibt die eigentliche Wertschöpfungsprozesse einer Fertigung (z.B. Drehen, Fräsen, Bohren,...).

Der Baustein "Transportsystem" beschreibt logistische Kapazitäten, die den Transport der jeweils benötigten Objekte (z.B. Werkstück) sicherstellen.

Zur Entkopplung unterschiedlicher Produktions- und Transportkapazitäten werden Pufferbausteine eingesetzt. In Bestandspuffern werden Objekte nach der Wertschöpfung für den Transport bereitgestellt. Sie warten auf den nachfolgenden Transport. In Bedarfspuffern warten Objekte auf eine Wertschöpfung. Sie werden für den nachfolgenden Bearbeitungsprozeß bereitgestellt.

Mit Hilfe von Funktionspuffern werden logistische Prozesse entkoppelt. Dies ist immer dann notwendig, wenn Objekte zwischen unterschiedlichen Transportsystemen umgeschlagen werden (z.B. zwischen einem fahrerlosen Transportsystem und einem Regalbediengerät).

Literatur
Kuhn, A., u.a.: Ein Konzept zur Integration von Produktionslogistik und Fertigungssteuerung, in: f+h - fördern und heben 35 (1985) Nr. 6

Pufferzeit

Definition

Die Pufferzeit ist die Zeitspanne, um die ein Vorgang zeitlich verschoben werden kann, ohne einen anderen (terminlich) zu beeinflussen.

In der Netzplantechnik bezeichnet die Pufferzeit die Zeitspanne zwischen dem frühest möglichen und dem spätest zulässigen Anfangstermin von nicht auf dem kritischen Pfad liegenden Vorgängen.

Netzplantechnik

Anwendung

Pufferzeiten werden im allgemeinen bewußt in die Durchlaufzeitanteile eines Auftrags hineingerechnet, um Störungen im Fertigungsablauf von der Planungsseite her abzufangen. Sie werden dann häufig auch als Zusatzzeiten bezeichnet.

Durchlaufzeitanteile
Zusatzzeit

Beispiel

Auftragsnetz

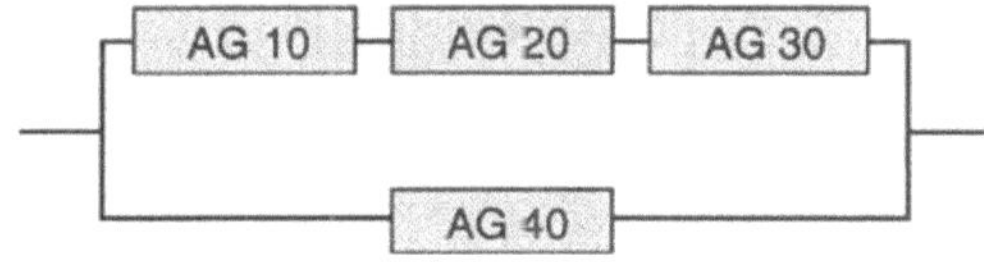

Gantt-Diagramm

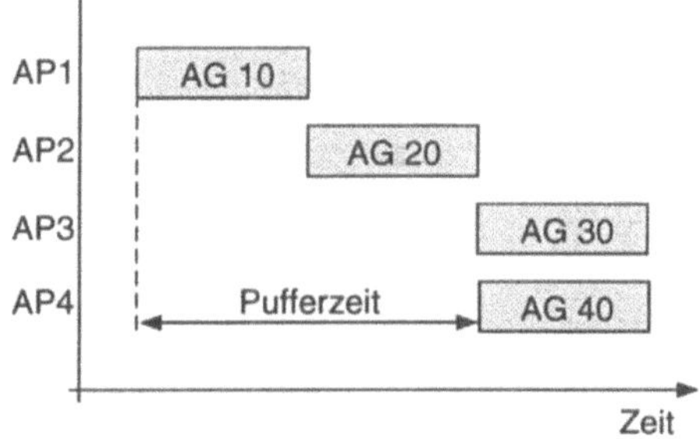

Legende:
AG = Arbeitsgang
AP = Arbeitsplatz

Literatur
REFA: Methodenlehre der Planung und Steuerung -
Teil 1: Grundlagen, Carl Hanser Verlag München
1985

QMS

Definition
siehe Qualitätsmanagementsystem

Qualität

Definition
Qualität ist die Gesamtheit von Merkmalen einer Einheit (Produkt) bezüglich ihrer Eignung, festgelegte und vorausgesetzte Erfordernisse zu erfüllen.

Literatur
DIN 8402: Qualitätsmanagement und Qualitäts-   *
sicherung, Mai 1992

Qualitätsaudit

Definition
Ein Qualitätsaudit ist eine systematische und unabhängige Untersuchung, um festzustellen, ob die qualitätsbezogenen Tätigkeiten und die damit zusammenhängenden Ergebnisse den geplanten Anordnungen entsprechen und ob diese Anordnungen wirkungsvoll verwirklicht und geeignet sind, die fixierten Qualitätsziele zu erreichen.

Beispiel
Das Qualitätsaudit wird beispielsweise auf ein Quali-   *Qualitätsmanagement-*
tätsmanagementsystem angewandt.   *system*

Literatur
DIN 8402: Qualitätsmanagement und Qualitäts-   *
sicherung, Mai 1992

Qualitätslenkung

Definition

Die Qualitätslenkung beschäftigt sich mit den Arbeitstechniken und Tätigkeiten, die zur Erfüllung der Qualitätsforderungen angewendet werden.

Literatur

* DIN 8402: Qualitätsmanagement und Qualitätssicherung, Mai 1992

Qualitätsmanagement

Definition

Das Qualitätsmanagement umfaßt alle Tätigkeiten der Gesamtführungsaufgabe, die die Qualitätspolitik, Ziele und Verantwortungen festlegen sowie diese durch Mittel wie Qualitätsplanung, Qualitätslenkung, Qualitätssicherung und Qualitätsverbesserung im Rahmen des Qualitätsmanagementsystems verwirklichen.

Literatur

* DIN 8402: Qualitätsmanagement und Qualitätssicherung, Mai 1992

Qualitätsmanagement-Handbuch

Definition

Ein Qualitätsmanagement-Handbuch ist ein Dokument, in dem die Qualitätspolitik und das Qualitätsmanagementsystem einer Organisation beschrieben sind.

Literatur
DIN 8402: Qualitätsmanagement und Qualitäts-   *
sicherung, Mai 1992

Qualitätsmanagementsystem

Definition
Ein Qualitätsmanagementsystem (QMS) beschreibt
die Organisationsstruktur, Verantwortlichkeiten, Verfahren, Prozesse und erforderlichen Mittel für die
Verwirklichung des Qualitätsmanagements.

Literatur
DIN 8402: Qualitätsmanagement und Qualitätssicherung, Mai 1992

Qualitätsplanung

Definition
Die Qualitätsplanung umfaßt die Tätigkeiten, welche
die Zielsetzungen und die Qualitätsforderungen sowie
die Forderungen für die Anwendung der Elemente des
Qualitätsmanagementsystems festlegen.

Literatur
DIN 8402: Qualitätsmanagement und Qualitäts-   *
sicherung, Mai 1992

Qualitätspolitik

Definition
Die Qualitätspolitik beschreibt die umfassenden
Absichten und Zielsetzungen einer Organisation zur
Qualität, wie sie durch die oberste Leitung formell
ausgedrückt werden.

Literatur

* DIN 8402: Qualitätsmanagement und Qualitätssicherung, Mai 1992

Qualitätssicherung

Definition

Die Qualitätssicherung umfaßt alle geplanten und systematischen Tätigkeiten, die innerhalb des Qualitätsmanagementsystems verwirklicht sind, um die an eine Einheit gestellten Qualitätsanforderungen zu erfüllen.

Literatur

* DIN 8402: Qualitätsmanagement und Qualitätssicherung, Mai 1992

Qualitätsverbesserung

Definition

Die Qualitätsverbesserung bezieht sich auf die überall in der Organisation ergriffenen Maßnahmen zur Erhöhung der Effektivität und Effizienz der Tätigkeiten und Prozesse zur Erzielung von Nutzen sowohl für die Organisation als auch für die Kunden.

Literatur

* DIN 8402: Qualitätsmanagement und Qualitätssicherung, Mai 1992

R

Raffung

Definition
Bei der Raffung werden Arbeitsgänge unterschiedlicher Aufträge zur gemeinsamen Bearbeitung zusammengefaßt.

Die Arbeitsgänge erfordern die gleichen Bearbeitungsabläufe und Rüstvorgänge und sollen in einem bestimmten Zeitintervall an demselben Arbeitsplatz bearbeitet werden.

Grundgedanke der Raffung ist die Reduzierung der Rüstkosten und die bessere Auslastung der Maschinen durch geringere Liegezeiten.

Anwendung
Zusammenfassen von Arbeitsgängen unterschiedlicher Aufträge zur Minimierung von Rüstzeiten (Rüstzeitminimierung) oder zur Minimierung des Verschnitts (Verschnittminimierung).

Synonyme
Auftragsklammerung,
Klammerung

Literatur
Jansen, F. J.; u.a.: Rechnergestützte Betriebsorganisation, Springer-Verlag Berlin Heidelberg u.a. 1993

Rechner

Definition
siehe Computer

Reduktion der Übergangszeit

Definition

Mit der Reduktion der Übergangszeiten wird versucht, die ablaufbedingten Liegezeiten zu vermindern.

Ablaufbedingte Liegezeiten entstehen, wenn ein Auftrag vor einem Arbeitsplatz warten muß, bis die dort zuvor abzuarbeitenden Aufträge fertiggestellt sind. Diese Zeit kann durch bevorzugte Fertigung des betreffenden Auftrags gegenüber den übrigen der Auftragswarteschlange an den Arbeitsplätzen verringert werden.

Eine ablaufbedingte Liegezeit liegt auch dann vor, wenn ein bereits fertig bearbeiteter Auftrag an einem Arbeitsplatz auf den Transport warten muß, der das Auftragsmaterial zum nächstfolgenden Arbeitsplatz bringen soll. Diese Zeiten können beispielsweise durch den Einsatz geeigneter Informations- und Dispositionssysteme für die Transportsteuerung oder durch Erhöhung der Transportkapazitäten reduziert werden.

Durchlaufzeitverkürzung Die Reduktion der Übergangszeiten ist ein Verfahren zur Durchlaufzeitverkürzung.

Literatur

* Dorninger, C.; u.a.: PPS Produktionsplanung und -steuerung, Ueberreuter Verlag Wien 1990

Reihenfertigung

Definition

Die Reihenfertigung ist eine Form der Fließfertigung.

Die Fertigungsmittel sind in der Reihenfolge der Bearbeitung angeordnet aber nicht fest verbunden. Damit weist diese Form der Fließfertigung Eigenschaften der Werkstattfertigung auf.

Fließfertigung

Die Bearbeitungsvorgänge sind zeitlich nur begrenzt aufeinander abgestimmt.

Synonyme
Fließreihenfertigung

Literatur
Kreikebaum, H.: Organisationsformen in der Produktion, in: Handwörterbuch der Produktionswirtschaft, Hrsg. Kern, W., Poeschel Verlag Stuttgart 1979

Reihenfolge

Definition
Mit Reihenfolge wird die zeitliche Abfolge von Arbeitsgängen oder Aufträgen bezeichnet.

Die Auftragsreihenfolge wird in der Regel für einzelne Arbeitsplätze gebildet. Sie kann sich aber auch auf Arbeitsplatzgruppen beziehen. Die Auftragsreihenfolge wird im Rahmen der Reihenfolgeplanung festgelegt.

Reihenfolgeplanung

Reihenfolgeplanung

Definition
Die Aufgabe der Reihenfolgeplanung ist die genaue Festlegung für jeden Arbeitsplatz, wann und welche Aufträge oder Arbeitsgänge bearbeitet werden sollen.

Reihenfolge
Arbeitsverteilung

Ergebnis ist die Reihenfolge der Aufträge für jeden Arbeitsplatz. Diese ist die Grundlage für die Arbeitsverteilung.

Reihenfolgeplanung,
Verfahren der

Um Konkurrenzsituationen aufzulösen bzw. um eindeutige Abarbeitungsreihenfolgen der Aufträge je Arbeitsplatz zu erhalten, können verschiedene Verfahren zur Reihenfolgeplanung eingesetzt werden.

Die Reihenfolgeplanung beinhaltet meist eine Optimierung. Bei der Optimierung wird die Bearbeitungsreihenfolge der Aufträge für einen Arbeitsplatz gesucht, welche die für das jeweilige Unternehmen relevanten Fertigungsziele bestmöglich unterstützt.

Beispiele für die Fertigungsziele sind kurze Durchlaufzeiten, hohe Termintreue, maximale Kapazitätsauslastung und Rüstzeitminimierung.

Ecktermin
Durchlaufzeit

Die Reihenfolgeoptimierung stellt oft ein Problem dar, da sich die einzelnen Fertigungsziele im allgemeinen widersprechen. Beispielsweise führt eine Rüstzeitminimierung zwar zu einer Erhöhung der Kapazitätsauslastung, hat aber im allgemeinen zur Konsequenz, daß vorgegebene Ecktermine verletzt oder die Durchlaufzeit erhöht werden.

Die Aufgabe der Reihenfolgeoptimierung besteht daher darin, eine Auftragsreihenfolge zu finden bzw. festzulegen, die einen akzeptablen Kompromiß bzgl. der Fertigungsziele darstellt. Um dem Fertigungssteuerer Beurteilungskriterien zu geben, wie gut ein ermittelter Reihenfolgeplan die jeweiligen Fertigungsziele (gleichzeitig) erfüllt, werden spezielle Kennzahlen zur Planauswertung eingesetzt.

Die Reihenfolgeplanung für Fertigungsbereiche mit Maschinenarbeitsplätzen wird Maschinenbelegungsplanung genannt.

Anwendung
Zur Reihenfolgeplanung im Bereich der kurzfristigen Fertigungssteuerung (Feinplanung) werden oft Fertigungsleitstände eingesetzt. Eine wichtige Funktion der Leitstände besteht darin, die Reihenfolge der freigegebenen Arbeitsgänge für die einzelnen Arbeitsplätze eines Fertigungsbereiches festzulegen, so daß unter Berücksichtigung der Fertigungsziele ein "optimaler" Reihenfolgeplan (Reihenfolgeoptimierung) entsteht. Die Reihenfolgeplanung erfolgt in der Regel automatisch und kann auch durch den Einsatz wissensbasierter Komponenten unterstützt werden.

Feinplanung
Fertigungsleitstand

Synonyme
Auftragsdisposition,
Belegungsplanung

Literatur
Hoff Industrie Rationalisierung GmbH (Hrsg.): HIR Marktstudie "Elektronische Leitstände" , Wiesbaden 1991;
Ploenzke-Informatik (Hrsg.): Fertigungsleitstand Report, Kiedrich 1990

**

**

Reihenfolgeplanung, Verfahren der

Definition
Die Verfahren der Reihenfolgeplanung geben an, in welcher Weise Arbeitsgangreihenfolgen an Arbeitsplätzen gebildet werden.

Zur Bestimmung konkreter Auftrags- bzw. Arbeitsgangreihenfolgen an Arbeitsplätzen können sowohl analytische als auch heuristische Verfahren eingesetzt werden.

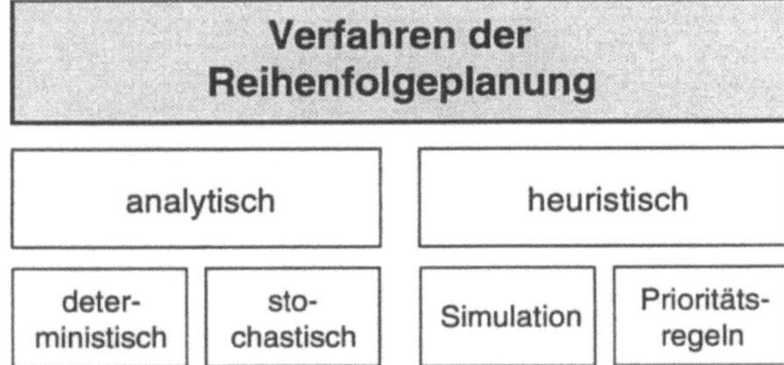

Simulation
Prioritätsregel

Analytische Verfahren lassen sich in deterministische und stochastische Verfahren einteilen. Zu den heuristischen Verfahren zählen die Simulation und der Einsatz von Prioritätsregeln.

Mit Hilfe der analytischen Verfahren werden Bearbeitungsreihenfolgen festgelegt, die hinsichtlich einer definierten Zielfunktion optimal sind. Die Reihenfolgen werden analytisch bestimmt.

Heuristik

Im Gegensatz dazu verzichtet man beim Einsatz heuristischer Verfahren (Heuristiken) bewußt auf die Optimalität eines Reihenfolgeplans. Heuristische Verfahren sind vielmehr darauf ausgerichtet, einen aus praktischer Sicht zufriedenstellenden Plan zu erhalten, der mit vertretbarem Aufwand ermittelt und realisiert werden kann.

Literatur
* Tuffentsammer, u.a. (Hrsg.): Flexibles Fertigungssystem, VCH Verlagsgesellschaft Weinheim 1988

Reservierter Bestand

Definition
Der reservierte Bestand umfaßt das für bestimmte Aufträge reservierte Material und den Sicherheitsbestand, der gehalten wird, um sich gegen Bedarfsschwankungen abzusichern.

Synonyme
Reservierungsbestand

Literatur
Dorninger, C.; u.a.: PPS Produktionsplanung und   *
-steuerung, Ueberreuter Verlag Wien 1990

Reservierung

Definition
Die Reservierung dient dazu, das für einen freigegebenen Auftrag erforderliche Material und die Betriebsmittel so zu kennzeichnen (Status), daß sie nur für diesen Auftrag eingesetzt werden dürfen.

Die Reservierung erfolgt im allgemeinen direkt nach der Verfügbarkeitsprüfung. Bei dem Material geht die benötigte Menge vom disponiblen Bestand in den reservierten Bestand über, der der weiteren Disposition entzogen wird. Bei Kapazitäten sinkt durch die Reservierung die freie Kapazität.   *Verfügbarkeitsprüfung*

Literatur
Dorninger, C.; u.a.: PPS Produktionsplanung und   *
-steuerung, Ueberreuter Verlag Wien 1990

Reservierungsbestand

Definition
siehe Reservierter Bestand

Ressource

Definition
Im allgemeinen werden unter Ressourcen Fertigungsmittel, Meß- und Prüfmittel sowie das Material
verstanden.

Im engeren Sinne bezieht sich Material auf das Teil
bzw. Werkstück. Häufig wird auch das Personal zu
den Ressourcen gezählt.

Der Begriff "Ressource" wird nicht einheitlich verwendet.

Literatur
Mai, W.; u.a.: CIM Marktübersicht: Fertigungs- und
Personalleitstand, Vieweg-Verlag Braunschweig
Wiesbaden 1992

Rezeptur

Definition
Eine Rezeptur ist eine besondere Form der Stückliste.
Mit der Rezeptur werden Einsatzstoffe festgelegt, die
zur Herstellung eines bestimmten Erzeugnisses
benötigt werden.

Chargenfertigung In der Regel basiert die Chargenfertigung auf dem
Einsatz von Rezepturen.

Anwendung

Rezepturen werden in der pharmazeutischen Industrie
und in der Lebensmittelindustrie eingesetzt.

Literatur

Gerlach, H. H.: Stücklisten, in: Handwörterbuch der
Produktionswirtschaft, Hrsg. Kern, W., Poeschel
Verlag Stuttgart 1979

Rohstoff

Definition

Der Rohstoff ist ein Material ohne definierte Form,
das gefördert, abgebaut, angebaut oder gezüchtet
wird.

Rohstoffe zählen zu dem Oberbegriff "Material" und
stellen die Basis für Werkstoffe dar.

Material
Werkstoff

Halbzeug	Teil	Baugruppe
• Materialplatte	• Schraube	• Stoßfänger
• T-Träger	• Winkel	• Sitzanlage
• Granulat	• Feder	• CPU-Platine
•	•	•

Material

Rohstoff	Hilfsstoff	Betriebs-stoff	Werkstoff
• Roheisen	• Klebstoffe	• Strom	• Metall-legierungen
• Holz	• Schleifpapier	• Gas	• Rohglas
• Erdgas	• Verbindungs-techniken	• Kühlmittel	•
•	•	•	

Beispiel
Roheisen, Holz, Erdgas.

Literatur
VDI-Richtlinie 2815 Blatt 2: Begriffe für die Produktionsplanung und -steuerung - Material, Erzeugnis und Handelsware, VDI Verlag Düsseldorf Mai 1978

Rollierende Planung

Definition
siehe Planungsverfahren

Rückmeldung

Definition
In hierarchisch strukturierten Systemen wird unter Rückmeldung die Reaktion einer Ebene auf Vorgaben (Soll-Daten) der ihr übergeordneten Ebene verstanden.

Die Vorgabe löst eine oder mehrere Funktionen aus, die Rückmeldung liefert Ist-Daten, die während des bzw. nach dem Ablauf der Funktion entstehen.

Anwendung
In einem vollständig ausgebauten PPS-System werden Rückmeldungen aus dem Fertigungsbereich über angeschlossene BDE-Terminals oder über Leitstandsdialoge an den Fertigungsleitstand abgesetzt. Die aktuelle Fertigungssituation (Fertigungsfortschritt) kann auf Basis dieser Rückmeldungen im Leitstand visualisiert werden.

Beispiel

Dem Fertigungsleitstand werden über das BDE-System beispielsweise folgende Rückmeldungen zu einem Arbeitsgang übergeben:

Betriebsdaten-erfassungssystem

- Ist-Anfangs-/Endtermin,
- Status,
- Ist-Mengen/-Stückzahl, Ausschuß.

Rückwärtsterminierung

Definition

Die Rückwärtsterminierung dient der Ermittlung der Anfangs- und Endtermine für die einzelnen Arbeitsgänge eines Fertigungsauftrags ausgehend vom Endtermin des letzten Arbeitsgangs.

Der Endtermin des letzten Arbeitsgangs ist im allgemeinen mit dem vorgegebenen Endtermin des Fertigungsauftrags identisch. Ausgehend von diesem Endtermin werden durch sukzessive Subtraktion der Durchlaufzeiten die spätesten Anfangs- und Endtermine (Ecktermine) der zugehörigen Arbeitsgänge ermittelt.

Ecktermin

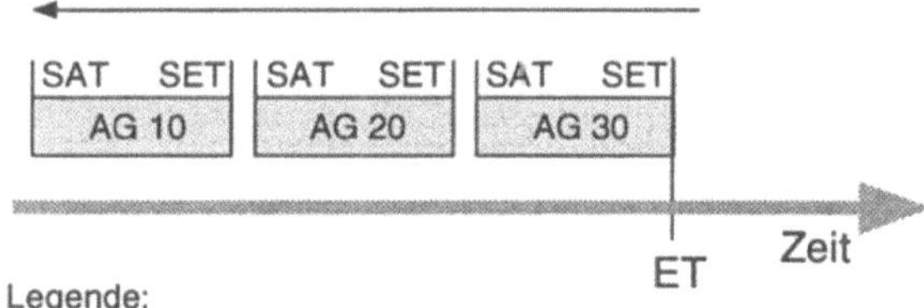

Die spätesten Starttermine geben dabei an, wann die Bearbeitung eines Arbeitsgangs in Abhängigkeit von den nachgelagerten Arbeitsgängen spätestens beginnen muß, um den Liefertermin als Endtermin des gesamten Fertigungsauftrags einhalten zu können. Ein späterer Beginn eines Arbeitsgangs bedingt zwangsläufig einen Verzug.

Durchlaufterminierung   Die Rückwärtsterminierung ist ein Verfahren der Durchlaufterminierung.

Literatur

Glaser, H.; u.a.: PPS Produktionsplanung und -steuerung - Grundlagen, Konzepte, Anwendungen, Gabler Verlag Wiesbaden 1992;

* VDI-Richtlinie 2815 Blatt 4: Begriffe für die Produktionsplanung und -steuerung - Materialbedarfsermittlung, VDI Verlag Düsseldorf Mai 1978

Rüsten

Definition

Das Rüsten umfaßt alle Aktivitäten, die zur Vorbereitung eines Arbeitssystems für die Erfüllung der anstehenden Arbeitsaufgabe erforderlich sind.

Zum Rüsten zählen die Bereitstellung der benötigten Betriebsmittel und ggf. der zur Ausführung erforderlichen Informationen. Das Rüsten umfaßt auch das evtl. Rückversetzen der Betriebsmittel in den ursprünglichen Zustand.

Bei einer detaillierten Betrachtung oder zur Analyse des gesamten Rüstvorganges werden einzelne Rüstabschnitte definiert:

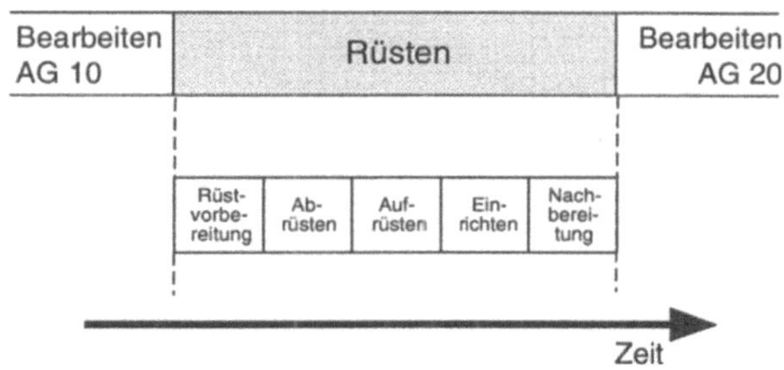

Legende:
AG = Arbeitsgang

- Rüstvorbereitung

  Die Rüstvorbereitung beinhaltet alle vorbereiten-
  den Tätigkeiten. Diese können auch während der
  produktiven Zeit des Arbeitssystems (hauptzeitparallel) durchgeführt werden.   *Arbeitssystem*

- Abrüsten/Aufrüsten

  Die Rüstabschnitte Auf- und Abrüsten umfassen
  den Aus-, Um- und Einbau der Rüstkomponenten
  (Fertigungsmittel) sowie Einstelltätigkeiten. Sämtliche Tätigkeiten werden in der Regel bei
  Maschinenstillstand durchgeführt.   *Fertigungsmittel*

- Einrichten   *Einrichten*

  Das Einrichten umfaßt eine Probebearbeitung
  eines oder mehrerer Werkstücke, um die gefor-
  derte Qualität der Teile zu erzielen.

- Nachbereitung

  Die Nachbereitung bezieht sich auf alle Tätigkeiten nach dem Einrichten, die hauptzeitparallel
  während des Bearbeitungsvorganges des gerüsteten Arbeitssystems durchgeführt werden können.

Beispiel
- Rüstvorbereitung
  Beschaffen der Auftragsunterlagen und Rüstkomponenten, wie z.B. Vorrichtungen und Werkzeuge.

- Aufrüsten
  Programmierung der Maschinensteuerung, Einbau und Einstellung der Rüstkomponenten.

- Einrichten
  Ausbau der Rüstkomponenten.

- Nachbereitung
  Aufräumen, Entsorgen der Rüstkomponenten und Auftragsunterlagen.

Literatur
* Klaiber, M.: Produktivitätssteigerung durch rechner-
** unterstütztes Einfahren von NC-Programmen - Forschungsberichte, Institut für Werkzeugmaschinen und Betriebstechnik an der Universität Karlsruhe 1992;
* VDI-Richtlinie 2815 Blatt 4: Begriffe für die Produktionsplanung und -steuerung - Materialbedarfsermittlung, VDI Verlag Düsseldorf Mai 1978

Rüstzeit

Definition
Die Rüstzeit ist die Zeit für das Rüsten eines Arbeitssystems durch den Menschen, um es für die Ausführung eines Auftrags bzw. Arbeitsgangs vorzubereiten.

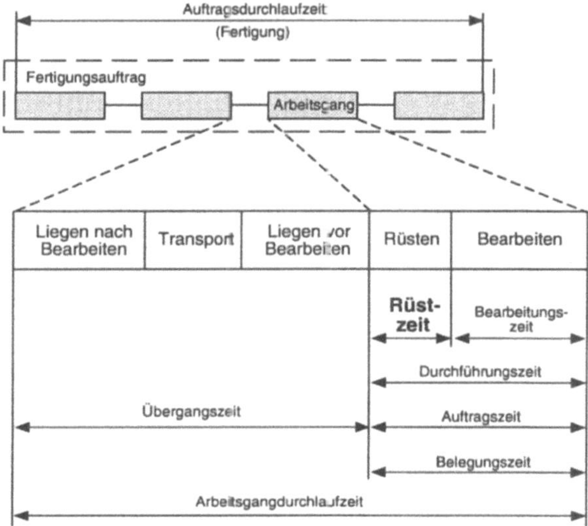

Rüstzeit und Bearbeitungszeit werden zur Durchführungszeit zusammengefaßt.

Durchführungszeit

Als Vorgabezeit für das manuelle Rüsten innerhalb eines Auftrags (durch einen Menschen) wird die Rüstzeit auch als Personal-Rüstzeit bezeichnet. Die Personal-Rüstzeit ist ein Teil der Auftragszeit, unter der die Zeit für die manuelle Durchführung eines Auftrags verstanden wird.

Vorgabezeit
Rüsten
Auftragszeit

Die Vorgabezeit für ein Betriebsmittel für das Rüsten innerhalb eines Auftrags bzw. Arbeitsgangs ist die Betriebsmittel-Rüstzeit. Die Betriebsmittel-Rüstzeit ist ein Teil der Belegungszeit, unter der die Zeit für die Belegung eines Betriebsmittels durch einen Auftrag verstanden wird.

Belegungszeit

Literatur
VDI-Gesellschaft Produktionstechnik (Hrsg.):
Lexikon der Produktionsplanung und -steuerung,
VDI Verlag Düsseldorf 1992

*

Rüstzeitminimierung

Definition
siehe Reihenfolgeplanung

S

Scheinserie

Definition
Eine Scheinserie ist eine Zusammenfassung von
Aufträgen zur Fertigung ähnlicher Teile.

Diese größere Serie existiert nur zum Schein. Organi-   *Teilefamilie*
satorisch liegen nach wie vor einzelne Aufträge vor.
Bei gleichzeitigem Bedarf von Teilen aus der Teilefamilie werden die Aufträge zu Scheinserien zusammengefaßt und durchlaufen gemeinsam die Fertigung.

Literatur
REFA: Methodenlehre der Planung und Steuerung -   *
Teil 1: Grundlagen, Carl Hanser Verlag München
1985

Schicht

Definition
Eine Schicht bezeichnet einen Arbeitszeitabschnitt
eines Arbeitstages.

Es wird zwischen Personal- und Maschinenschichten
unterschieden. Maschinenschichten werden meist für
den personalabhängigen Betrieb von Maschinen
definiert.

Anwendung
Die Definition und Verwaltung von Schichten wird
mit Hilfe des Schichtenmodells in einem Personal-
oder Fertigungsleitstand vorgenommen.

Beispiel

Frühschicht:	von 6.00 Uhr bis 14.00 Uhr
Pause 1:	von 8.00 Uhr bis 8.30 Uhr
Pause 2:	von 11.30 Uhr bis 12.00 Uhr

Literatur
* VDI-Gesellschaft Produktionstechnik (Hrsg.): Lexikon der Produktionsplanung und -steuerung, VDI Verlag Düsseldorf 1992

Schichtenmodell

Definition
Ein Schichtenmodell gibt die genaue zeitliche Verfügbarkeit von maschinellen und personellen Kapazitäten an. Es kann für beliebige Kapazitäten bzw. Ressourcen angelegt werden.

Schicht Basis des Schichtenmodells ist die Definition von Schichten, mit denen durch Angabe der Anfangs- und Endzeitpunkte sowie der zugehörigen Pausen die verfügbaren "Zeitscheiben" festgelegt werden.

Kapazitätseinheit Die Schichten können im allgemeinen den be-
Betriebskalender treffenden maschinellen und personellen Kapazitätseinheiten für jeden Arbeitstag mit eventuellen Abweichungen durch Fehlzeiten (Personal) und Stillstände (Maschinen) zugewiesen werden. Die Arbeitstage werden im Betriebskalender festgelegt.

Mit Hilfe des Schichtenmodells ist es möglich, genaue Aussagen über das bestehende und zukünftige Kapazitätsangebot zu treffen.

Anwendung
Verfügbarkeit In Fertigungsleitständen stellt das Schichtenmodell die Berechnungsgrundlage für die Maschinenbelegungsplanung dar, da mit dem Schichtenmodell die Verfügbarkeit festgelegt ist.

Beispiel

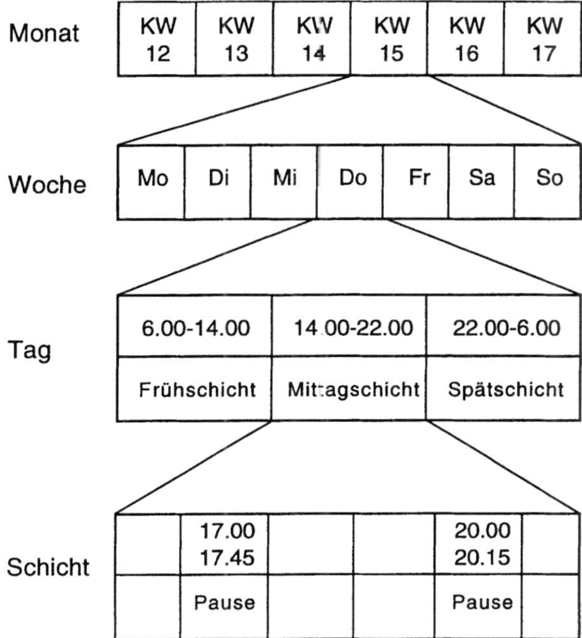

Synonyme

Arbeitszeitmodell (nur für Personal),
Schichtzeitmodell

Literatur

Mai, W.; u.a.: CIM Marktübersicht: Fertigungs- und
Personalleitstand, Vieweg-Verlag Braunschweig
Wiesbaden 1992

Schichtzeitmodell

Definition

siehe Schichtenmodell

Schlupfzeitregel

Definition

Bei der Schlupfzeitregel erhält der Auftrag oder Arbeitsgang die höchste Priorität, bei dem die Schlupfzeit am geringsten ist.

Die Schlupfzeit ist die Differenz aus der aktuell noch bis zum Liefer- bzw. Fertigstellungstermin verbleibenden Zeit und der Summe der zur Fertigstellung noch benötigten Bearbeitungszeiten aller Arbeitsgänge. Wenn ein Terminverzug vorliegt, kann die Schlupfzeit auch negative Werte annehmen. Die Schlupfzeit stellt einen Ist-Wert dar.

Elementare Prioritätsregel Die Schlupfzeitregel ist eine elementare Prioritätsregel.

Beispiel

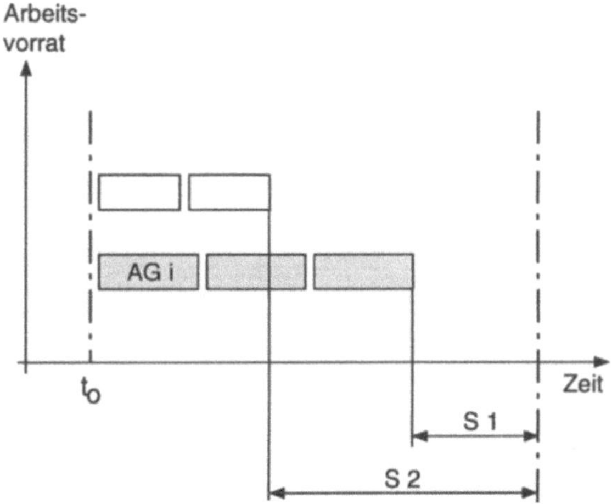

Legende:

AG = Arbeitsgang
S = Schlupf

Der Arbeitsgang AG i erhält die höchste Priorität.

Synonyme
Verzugzeitregel

Literatur
Berg, C.: Prioritätsregeln in der Reihenfolgeplanung,
in: Handwörterbuch der Produktionswirtschaft, Hrsg.
Kern, W., Poeschel Verlag Stuttgart 1979;
Kernler, H.: PPS der 3. Generation, Hüthig Buch
Verlag Heidelberg 1993

Sekundärbedarf

Definition
Der Sekundärbedarf stellt den Bedarf an Materialien
dar, die zur Deckung des Primärbedarfes benötigt
werden.

Der Sekundärbedarf wird im Rahmen der Mengenplanung ermittelt. Er ist das Ergebnis der Materialbedarfsermittlung.

*Material-
bedarfsermittlung*

Man unterscheidet zwischen dem Brutto- und dem
Netto-Sekundärbedarf.

Der Netto-Sekundärbedarf ergibt sich aus dem Brutto-Sekundärbedarf durch Berücksichtigung des verfügbaren Lagerbestandes.

Zum Sekundärbedarf zählen alle (untergeordneten) Teile und Baugruppen, aber keine Hilfs- und Betriebsstoffe (Tertiärbedarf).

Literatur
* VDI-Richtlinie 2815 Blatt 4: Begriffe für die Produktionsplanung und -steuerung - Materialbedarfsermittlung, VDI Verlag Düsseldorf Mai 1978

Serienfertigung

Definition
Die Serienfertigung ist eine Fertigungsart, bei der in begrenzten Stückzahlen (Serien) Erzeugnisse hergestellt werden, deren Fertigung ähnlich verläuft.

Wiederholfertigung Die Serienfertigung ist eine Form der Wiederholfertigung.

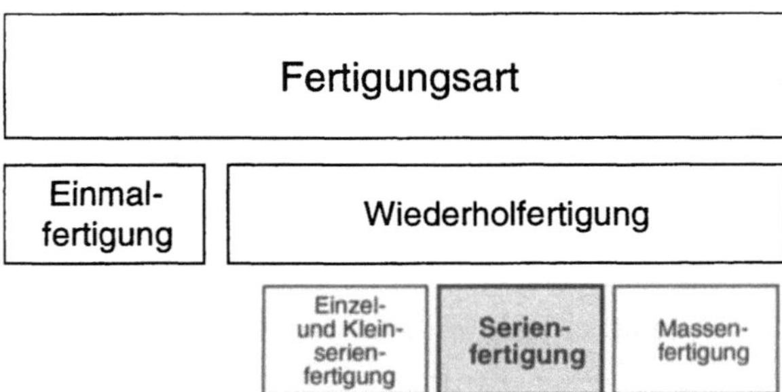

Variante
Lagerfertigung
Fertigungsorganisation Bei der Serienfertigung werden Standardprodukte mit Varianten hergestellt. Der Unterschied zur Einzel- und Kleinserienfertigung liegt in den größeren Losen je Auftrag. Die Serienfertigung ist in der Regel kun-

denanonym (Lagerfertigung). Sie erfolgt in der Fertigungsorganisation der Werkstatt- oder Gruppenfertigung.

Beispiel
Fertigung von Elektromotoren.

Literatur
Geitner, U. W.: Betriebsinformatik für Produktionsbetriebe - Teil 3: Methoden der Produktionsplanung
und -steuerung, Carl Hanser Verlag München Wien
1987;
REFA: Methodenlehre der Planung und Steuerung -
Teil 2: Planung, Carl Hanser Verlag München 1985;

Schomburg, E.: Betriebsindividuelle Einflußgrößen   *
für die Gestaltung und Bewertung von PPS-
Systemen, in: PPS-Fachmann, Bd. 4, Hrsg. RKW,
Verlag TÜV Rheinland Köln 1987

Serienmenge

Definition
siehe Losgröße

Sicherheitsbestand

Definition
Der Sicherheitsbestand kennzeichnet den Lagerbestand (Mindestbestand), der zur vorsorglichen Abdeckung von unerwarteten mengenbezogenen und
terminlichen Schwankungen der Zu- und Abgänge im
Lager zur Gewährleistung einer gewünschten Lieferbereitschaft gehalten wird.

Synonyme
Mindestbestand

Literatur
REFA: Methodenlehre der Planung und Steuerung -
Teil 2: Planung, Carl Hanser Verlag München 1985;
REFA: Methodenlehre der Planung und Steuerung -
Teil 3: Steuerung, Carl Hanser Verlag München
1985;
* VDI-Richtlinie 2815 Blatt 4: Begriffe für die
Produktionsplanung und -steuerung -
Materialbedarfsermittlung, VDI Verlag Düsseldorf
Mai 1978

Simulation

Definition
Die Simulation ist die Nachbildung eines dynamischen Prozesses in einem Modell, um zu Erkenntnissen zu gelangen, die auf die Wirklichkeit
übertragbar sind.

In Simulationsmodellen können Untersuchungen
vorgenommen werden, die am realen System nicht
durchgeführt werden können oder zeitlich oder
kostenmäßig zu aufwendig wären.

Ziel der Simulation ist der Nachweis der
Funktionalität eines Systems. Darüber hinaus wird
das Verständnis für das dynamische Verhalten eines
Systems gewonnen sowie Regeln für die Steuerung
abgeleitet.

Anwendung
Die im Bereich der Produktionstechnik eingesetzten
Systeme zeichnen sich im allgemeinen durch eine
hohe Komplexität aus. Aufgrund der vielfältigen

Abhängigkeiten der signifikanten Systemgrößen hat sich in diesem Bereich zur Planung des Gesamtsystems sowie zur Ermittlung von Steuerungsstrategien der DV-Einsatz zur Simulation durchgesetzt.

Mit Hilfe der DV können schnell Systemvarianten und Änderungen der Steuerungsstrategie am Simulationsmodell nachvollzogen und das Verhalten des Gesamtsystems analysiert werden. Darüber hinaus können durchgeführte Systemerweiterungen oder -änderungen nachträglich in einem einmal erstellten DV-gestützten Simulationsmodell nachgebildet werden.

Literatur
Noche, B.; u.a.: Marktspiegel Simulationstechnik in   **
Produktion und Logistik, Verlag TÜV Rheinland
Köln 1991;
Zell, M.: Simulationsgestützte Fertigungssteuerung,   **
R. Oldenbourg Verlag München Wien 1993

Simultanplanung

Definition
siehe Planungsverfahren

Software

Definition
Software ist die zusammenfassende Bezeichnung für alle Programme, die auf einem Computer ausgeführt werden.

Man unterscheidet Systemprogramme (z.B. Betriebs-   *Betriebssystem*
system) und Anwendungsprogramme (Applikation).   *Anwendungsprogramm*

Literatur

* Duden Informatik, Bibliographisches Institut & F. A. Brockhaus AG Mannheim 1993;
Grieser, F.; u.a.: Computer Lexikon, Deutscher Taschenbuch Verlag München 1994

Spätester Anfangstermin

Definition
Der Späteste Anfangstermin (SAT) bezeichnet den spätestmöglichen Anfangstermin eines Arbeitsgangs unter Berücksichtigung des Termingerüstes direkt vor- oder nachgelagerter Arbeitsgänge.

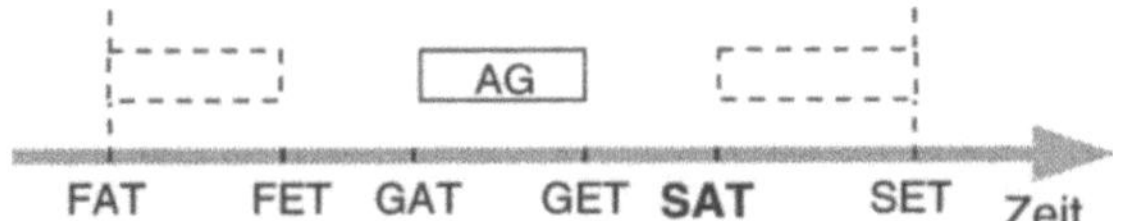

Legende:

AG = Arbeitsgang
FAT = Frühester Anfangstermin
FET = Frühester Endtermin
GAT = Geplanter Anfangstermin
GET = Geplanter Endtermin
SAT = Spätester Anfangstermin
SET = Spätester Endtermin

Ecktermin
Rückwärtsterminierung
Der Späteste Anfangstermin zählt zu den Eckterminen und wird aus der Rückwärtsterminierung abgeleitet.

Spätester Endtermin

Definition
Der Späteste Endtermin (SET) bezeichnet den spätestmöglichen Endtermin eines Arbeitsgangs unter Berücksichtigung des Termingerüstes direkt vor- oder nachgelagerter Arbeitsgänge.

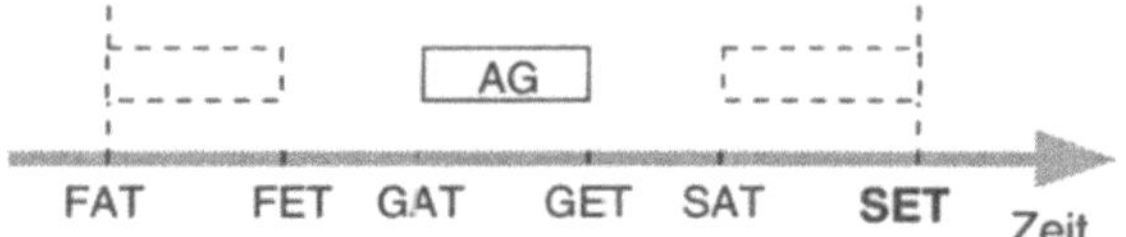

Legende:

AG = Arbeitsgang
FAT = Frühester Anfangstermin
FET = Frühester Endtermin
GAT = Geplanter Anfangstermin
GET = Geplanter Endtermin
SAT = Spätester Anfangstermin
SET = Spätester Endtermin

Der Späteste Endtermin zählt zu den Eckterminen und wird aus der Rückwärtsterminierung abgeleitet.

Ecktermin

Rückwärtsterminierung

Sperrbestand

Definition
siehe Gesperrter Bestand

Splittung

Definition
Im Rahmen der Splittung wird die Fertigungsmenge eines Auftrags oder Arbeitsgangs (vorübergehend) geteilt, so daß eine (zeitliche) Parallelbearbeitung an gleichartigen Arbeitsplätzen erfolgen kann.

Voraussetzung für die Durchführung dieser Methode ist, daß die an der Bearbeitung eines Auftrags oder Arbeitsgangs beteiligten Betriebsmittel mehrfach vorhanden sind sowie eine Losgröße größer als eins vorliegt.

Die Gesamtbelegungszeit des ursprünglichen Auftrags wird durch das Splitten erhöht, da eine Vervielfachung des Rüstaufwandes auftritt. Die Durchlaufzeit des Auftrags bzw. Arbeitsgangs verringert sich bei geeigneter Wahl der Splittmengen jedoch.

Durchlaufzeitverkürzung   Die Splittung ist ein Verfahren zur Durchlaufzeitverkürzung.

Beispiel

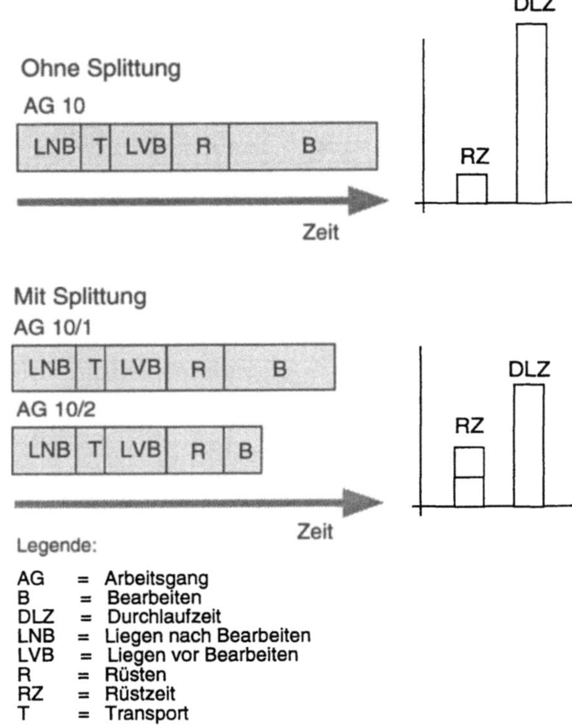

Synonyme

Auftragssplittung

Literatur

** Dorninger, C.; u.a.: PPS Produktionsplanung und -steuerung, Ueberreuter Verlag Wien 1990;

* VDI-Richtlinie 2815 Blatt 4: Begriffe für die Produktionsplanung und -steuerung - Materialbedarfsermittlung, VDI Verlag Düsseldorf Mai 1978

Springer

Definition

Als Springer werden Arbeitskräfte bezeichnet, die aufgrund ihrer Mehrfach-Qualifikation oder ihrer Erfahrungen flexibel an unterschiedlichen Arbeitsplätzen eingesetzt werden können.

Anwendung

Personalplanung und -einsatzsteuerung.

Stammdaten

Definition

Mit Hilfe von Stammdaten werden Eigenschaften von Systemelementen (Personen, Gegenstände und Sachverhalte) erfaßt, die mittel- bis langfristig Gültigkeit haben. Davon zu unterscheiden sind Bewegungsdaten, die eine nur kurzfristige Gültigkeit bzw. "Lebensdauer" besitzen.

Die Stammdaten zählen zu den Grunddaten.

Grunddaten

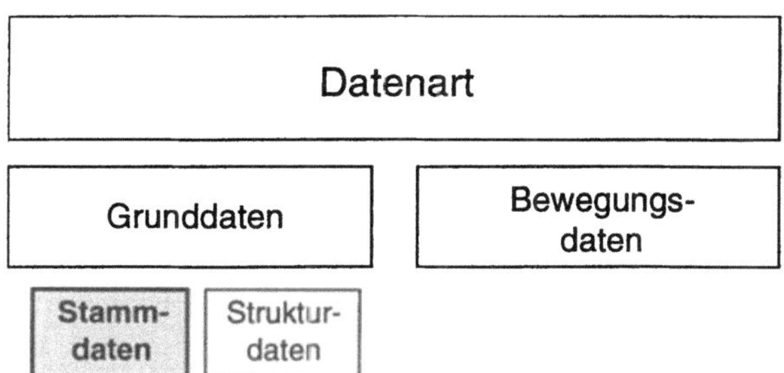

Beispiel

In der Produktion beziehen sich die Stammdaten z.B. auf folgende Bereiche:

* Personal
  Name, Qualifikation.

* Arbeitsplätze/Maschinen
  Bezeichnung, Kostenstelle, Leistungsdaten.

* Erzeugnis/Material
  Benennung, Beschaffungsart, Sicherheitsbestand.

Literatur
Nedeß, Ch. (Hrsg.): Von PPS zu CIM, Springer-Verlag Berlin Heidelberg u.a. und Verlag TÜV Rheinland Köln 1992;

* REFA: Methodenlehre der Planung und Steuerung - Teil 1: Grundlagen, Carl Hanser Verlag München 1985

Stapelbetrieb

Definition
siehe Batchbetrieb

Statistik

Definition
Statistik bezieht sich allgemein darauf, Daten zu gewinnen, darzustellen, zu analysieren und zu interpretieren.

Die Statistik befaßt sich mit den Gesetzmäßigkeiten von Größen oder Ereignissen, die von vielen, im einzelnen nicht erfaßbaren Ursachen abhängen. Die Grundaufgaben der Statistik beinhalten das Beschreiben, Schätzen und Entscheiden, um von einzelnen (repräsentativen) Aussagen oder Werten auf den Gesamtzusammenhang zu schließen.

Anwendung

Die Statistik kommt z.B. im Bereich der Fertigungs-
überwachung zur Anwendung. Sie bezieht sich dort
im allgemeinen auf das Erfassen spezieller Kennzahlen und deren Darstellung für einen bestimmten
Zeitraum.

Kennzahl

Die Kennzahlen werden aus Ist-Daten des Fertigungsprozesses gewonnen und durch Gegenüberstellung
mit den Soll-Daten dahingehend analysiert, inwieweit
die Fertigungsziele erreicht werden.

Beispiel

Im Bereich der Fertigung bezieht sich die statistische
Auswertung z.B. auf die typischen Kennzahlen zur
Durchlaufzeit, Auslastung, Termintreue und
Lieferbereitschaft.

Literatur

Hering, E.; u.a. (Hrsg.): Qualitätssicherung für Ingenieure, VDI Verlag Düsseldorf 1993;   *

Kleijnen, J.P.C.: Statistical Techniques in Simulation,   **
Part I & II, Dekker New York 1974;

Mihram, A.G.: Simulation, Statistical foundation and   **
methodology, Academic press New York u.a. 1972

Steuerung

Definition

Die Steuerung besteht allgemein im Veranlassen,
Überwachen und Sichern der Aufgabendurchführung
hinsichtlich Menge, Termin, Qualität und Kosten.

Veranlassen ist der ereignis- oder terminorientierte
Anstoß zur Aufgabendurchführung.

Das Überwachen bezieht sich auf das Feststellen der Aufgabenerfüllung bzw. der Abweichungen der Istdaten von den Solldaten.

Sichern beinhaltet Maßnahmen zum Vermeiden oder Vermindern der Abweichungen der Istdaten von den Solldaten.

Produktionsplanung und -steuerung

Im Zusammenhang mit der Produktionsplanung und -steuerung werden unter Steuerung organisatorische Maßnahmen verstanden, die bei der Durchsetzung der Produktionsaufgaben notwendig werden.

Diese ist von der technisch orientierten Steuerung zu unterscheiden, die beispielsweise bei der Beauftragung von Regalbediengeräten in einem automatisierten Lager vorzufinden ist.

Literatur
* REFA: Methodenlehre der Planung und Steuerung - Teil 1: Grundlagen, Carl Hanser Verlag München 1985

Stillstandszeit

Definition
siehe Brachzeit

Strukturdaten

Definition
Die Strukturdaten beschreiben die Beziehungen zwischen Systemelementen (Personen, Gegenstände, Sachverhalte) nach Art und Anzahl und besitzen wie die Stammdaten eine mittel- bis langfristige Gültigkeit.

Die Strukturdaten zählen zu den Grunddaten.   *Grunddaten*

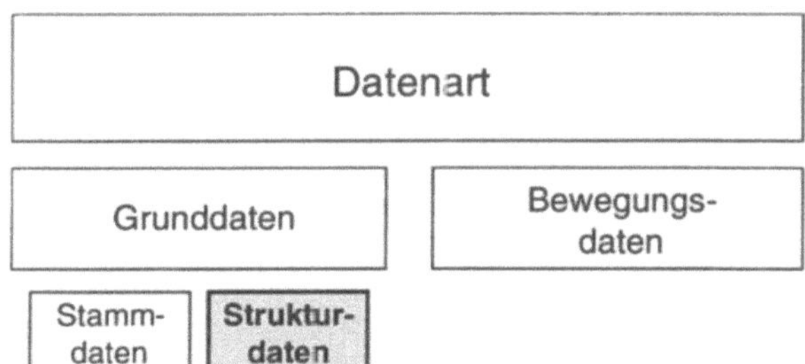

Beispiel

In der Produktion existieren beispielsweise folgende Strukturdaten:

* Stücklisten,
* Arbeitspläne.

Literatur

Nedeß, Ch. (Hrsg.): Von PPS zu CIM, Springer-Verlag Berlin Heidelberg u.a. und Verlag TÜV Rheinland Köln 1992;

REFA: Methodenlehre der Planung und Steuerung -   **
Teil 1: Grundlagen, Carl Hanser Verlag München 1985

Strukturstückliste

Definition

In der Strukturstückliste werden alle Baugruppen und Teile entsprechend der Erzeugnisgliederung erfaßt.

Aus der Strukturstückliste geht die Zusammensetzung   *Erzeugnis*
eines Erzeugnisses über alle Fertigungsebenen bis   *Fertigungsebene*
zum Rohstoff hervor, indem zu jeder Baugruppe in   *Baugruppe*
den Folgezeilen ihre Bestandteile aufgeführt werden.
Mehrfach im Erzeugnis verwendete Baugruppen

erscheinen mehrfach mit allen Einzelteilen in der Stückliste.

Teil Die Struktur kann durch Einrücken der einzelnen Baugruppen und Teile, durch Pfeile, durch Kreuze oder durch eine Zuordnung von Ebenennummern dargestellt werden.

Bei großer Fertigungstiefe kann die Strukturstückliste unter Umständen lang und unübersichtlich werden.

Einzelstückliste Die Strukturstückliste gehört zur Gruppe der Einzelstücklisten.

Anwendung

Material- Die Strukturstückliste dient als Grundlage für die
bedarfsermittlung Terminplanung und die langfristige Materialbedarfsermittlung.

Beispiel
Darstellung einer Strukturstückliste für das Erzeugnis E1:

Erzeugnisstruktur

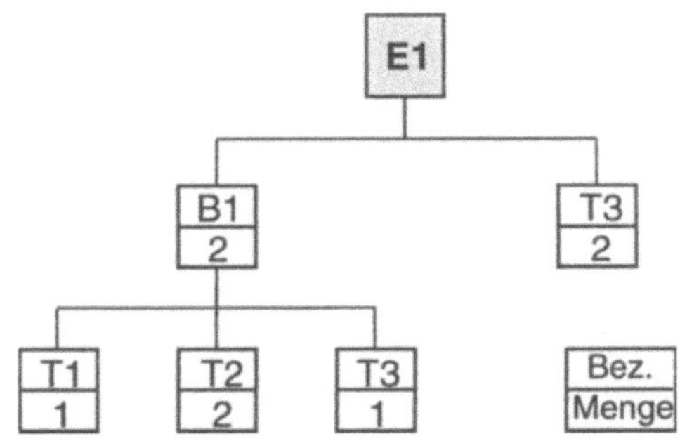

Strukturstückliste

Strukturstückliste			
für :	Erzeugnis E1		
Pos.	Ebene	Bezeichnung	Menge
1	•1	B1	2
2	••2	T1	1
3	••2	T2	2
4	••2	T3	1
5	•1	T3	2

Literatur

Gerlach, H. H.: Stücklisten, in: Handwörterbuch der Produktionswirtschaft, Hrsg. Kern, W., Poeschel Verlag Stuttgart 1979;

REFA: Methodenlehre der Planung und Steuerung - *
Teil 1: Grundlagen, Carl Hanser Verlag München 1985;

VDI-Richtlinie 2815 Blatt 3: Begriffe für die Produk- *
tionsplanung und -steuerung - Stücklisten, VDI Verlag Düsseldorf Mai 1978

Stückliste

Definition
Eine Stückliste ist ein formalisiertes Verzeichnis einer Erzeugnisstruktur, aus dem hervorgeht, woraus das Erzeugnis besteht (analytische Betrachtung).

Die Stückliste enthält das Material und die jeweilige Menge, die für die Fertigung einer Einheit des Erzeugnisses oder einer Baugruppe erforderlich ist. Außerdem kann sie weitere Stammdaten sowie Strukturdaten (Grunddaten) der Erzeugnisse, Baugruppen und Teile enthalten.

Material
Erzeugnis
Baugruppe
Teil
Grunddaten

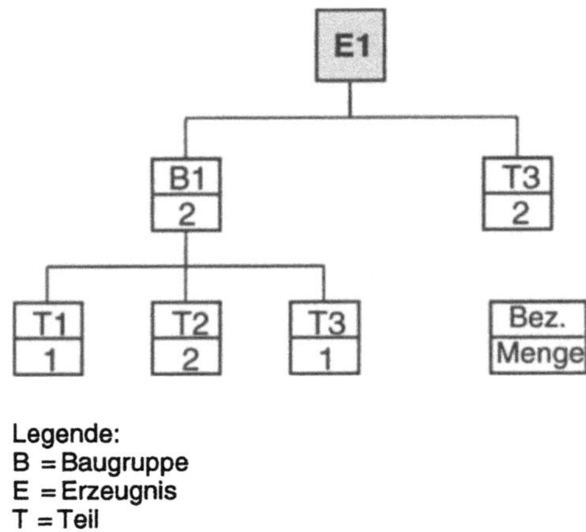

Stücklistenart Je nach Art der Darstellung und des Verwendungszweckes werden verschiedene Stücklistenarten unterschieden.

Anwendung

Material- Die Stückliste dient in erster Linie als Grundlage für
bedarfsermittlung die Arbeitsplanerstellung und die Materialbedarfsermittlung.

Synonyme
Teileliste

Literatur
** Gerlach, H. H.: Stücklisten, in: Handwörterbuch der
Produktionswirtschaft, Hrsg. Kern, W., Poeschel
Verlag Stuttgart 1979;
* REFA: Methodenlehre der Planung und Steuerung -
** Teil 1: Grundlagen, Carl Hanser Verlag München
1985;
VDI Richtlinie 2215: Datenverarbeitung und
Konstruktion, VDI Verlag Düsseldorf Nov. 1980

Stücklistenart

Definition
Die Stücklistenart bezeichnet die Art der Darstellung der Erzeugnisgliederung in einer Stückliste sowie den Verwendungszweck der Stückliste.

Grundsätzlich unterscheidet man Einzel- und Variantenstücklisten.

Einzelstückliste
Variantenstückliste

Stücklistenart	
Einzel-stückliste	**Varianten-stückliste**
Mengenstückliste	Endform- und Gleichteilestückliste
Strukturstückliste	Grund- und Plus-Minusstückliste
Baukastenstückliste	Komplexstückliste
	Typenstückliste

Entsprechend der bereichsspezifischen bzw. technischen Verwendung von Stücklisten unterscheidet man weiterhin beispielsweise Konstruktions-, Fertigungs-, Bedarfsermittlungs-, Montage- und Ersatzteilestücklisten.

Literatur
Gerlach, H. H.: Stücklisten, in: Handwörterbuch der Produktionswirtschaft, Hrsg. Kern, W., Poeschel Verlag Stuttgart 1979;   *   **
REFA: Methodenlehre der Planung und Steuerung - Teil 1: Grundlagen, Carl Hanser Verlag München 1985;   **

Die Strukturdaten zählen zu den Grunddaten.   *Grunddaten*

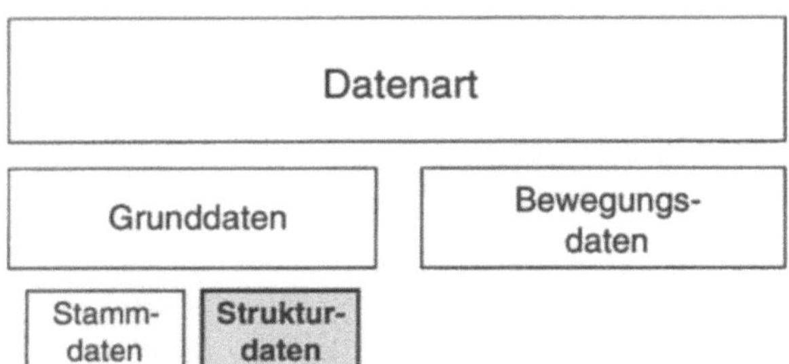

Beispiel
In der Produktion existieren beispielsweise folgende Strukturdaten:

* Stücklisten,
* Arbeitspläne.

Literatur
Nedeß, Ch. (Hrsg.): Von PPS zu CIM, Springer-Verlag Berlin Heidelberg u.a. und Verlag TÜV Rheinland Köln 1992;
REFA: Methodenlehre der Planung und Steuerung -   **
Teil 1: Grundlagen, Carl Hanser Verlag München 1985

Strukturstückliste

Definition
In der Strukturstückliste werden alle Baugruppen und Teile entsprechend der Erzeugnisgliederung erfaßt.

Aus der Strukturstückliste geht die Zusammensetzung   *Erzeugnis*
eines Erzeugnisses über alle Fertigungsebenen bis   *Fertigungsebene*
zum Rohstoff hervor, indem zu jeder Baugruppe in   *Baugruppe*
den Folgezeilen ihre Bestandteile aufgeführt werden.
Mehrfach im Erzeugnis verwendete Baugruppen

Literatur
Geitner, U. W.: Betriebsinformatik für Produktionsbetriebe - Teil 3: Methoden der Produktionsplanung
und -steuerung, Carl Hanser Verlag München Wien
1987

Sukzessivplanung

Definition
siehe Planungsverfahren

Systemlieferant

Definition
siehe Lieferant

Teil

Definition
Teile sind technisch eindeutig beschriebene Gegenstände, die nicht mehr zerlegbar sind und nach einem
bestimmten Arbeitsablauf zu fertigen sind bzw.
gefertigt werden.

Das Ausgangsmaterial für Teile sind Halbzeuge.   *Halbzeug*
Hinsichtlich der Abwicklungen zur Produktions-   *Eigenteil*
planung und -steuerung ist die Differenzierung nach   *Kaufteil*
Eigenteilen und Kaufteilen wichtig.

Teile gehören zum Oberbegriff "Material".   *Material*

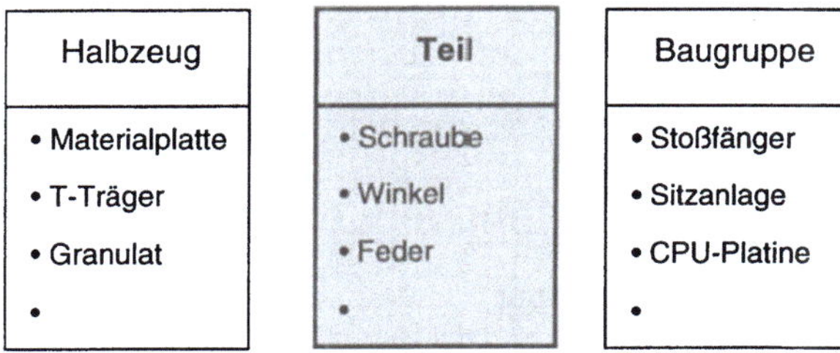

Teile, die in Bearbeitung sind oder zur Bearbeitung
anstehen, werden im allgemeinen mit "Werkstück"
bezeichnet.

Beispiel
Schraube, Winkel, Feder.

Synonyme
Bauteil,
Einzelteil

Literatur
* DIN 6789: Zeichnungssystematik, Febr. 1965;
* REFA: Methodenlehre der Planung und Steuerung - Teil 1: Grundlagen, Carl Hanser Verlag München 1985;
* VDI-Richtlinie 2815 Blatt 2: Begriffe für die Produktionsplanung und -steuerung - Material, Erzeugnis und Handelsware, VDI Verlag Düsseldorf Mai 1978

Teilautomatisierung

Definition
siehe Automatisierung

Teilefamilie

Definition
Eine Teilefamilie besteht aus Teilen, deren Endform in den wesentlichen geometrischen Sachmerkmalen ähnlich ist und die demzufolge auf ähnliche Weise gefertigt werden können.

Teil
Fertigungsfamilie Grundlage für die Bildung von Teilefamilien ist daher das Klassifizieren von Teilen nach ihrer Endform, im Gegensatz zu Fertigungsfamilien, bei denen die Teile aus fertigungsorientierter bzw. -ablaufbezogener Sicht nur für einzelne Arbeitsgänge zusammengefaßt werden.

Für alle Teile einer Teilefamilie ist die Reihenfolge der Arbeitsgänge über den gesamten Ablauf der Fertigung gleich. Die Zusammenfassung zu Teilefamilien führt zum Einsatz gleicher Bearbeitungsverfahren (Technologie) und Maschinen und zu gleichen Rüstzeiten.

Im Rahmen der Fertigungssteuerung werden Teilefamilien oftmals zu Scheinserien zusammengestellt und in die Fertigung gegeben.

Scheinserie

Literatur
REFA: Methodenlehre der Planung und Steuerung - Teil 1: Grundlagen, Carl Hanser Verlag München 1985;

**

VDI-Richtlinie 2815 Blatt 2: Begriffe für die Produktionsplanung und -steuerung - Material, Erzeugnis und Handelsware, VDI Verlag Düsseldorf Mai 1978

*

Teilelieferant

Definition
siehe Lieferant

Teileliste

Definition
siehe Stückliste

Teileprogramm

Definition
siehe NC-Programm

Teilerzeugnis

Definition
siehe Baugruppe

Teileverwendungsnachweis

Definition
siehe Verwendungsnachweis

Termin

Definition
Der Termin ist ein durch ein Datum ausgedrückter Zeitpunkt, der durch die Angabe einer Uhrzeit weiter spezifiziert werden kann. Das Datum kann anhand eines Normalkalenders oder anhand einer Betriebskalenders festgelegt werden.

Planung Es werden Soll- und Ist-Termine unterschieden. Soll-Termine sind das Ergebnis von Planungen und als Planungsvorgaben für die Auftragsdurchführung zu verstehen. Ist-Termine entstehen nach der Durchführung von Aufträgen und stellen tatsächliche Werte dar.

Anwendung
Anfangstermin Im Rahmen der Produktionsplanung und -steuerung
Endtermin werden Anfangs- und Endtermine von Aufträgen und Arbeitsgängen ermittelt. Es erfolgt eine laufende Detaillierung der terminorientierten Planungsvorgaben. Sie werden von monats- bzw. wochengenauen Vorgaben des Produktions- und Fertigungsprogramms in tagesgenaue oder - je nach Erfordernissen der Fertigung - in minutengenaue Vorgaben verfeinert.

Literatur
DIN 69900: Netzplantechnik, März 1979;   *
VDI-Richtlinie 2815 Blatt 4: Begriffe für die   *
Produktionsplanung und -steuerung -
Materialbedarfsermittlung, VDI Verlag Düsseldorf
Mai 1978

Termin- und Kapazitätsplanung

Definition
Aufgabe der Termin- und Kapazitätsplanung ist es,
vorläufige Anfangs- und Endtermine für die Fertigungsaufträge und die zugehörigen Arbeitsgänge
festzulegen und die Aufträge den gemäß Arbeitsplan
vorgesehenen Arbeitsplätzen zuzuordnen.

Die Termin- und Kapazitätsplanung übernimmt die in   *Reihenfolgeplanung*
der Mengenplanung ermittelten Fertigungsaufträge.
Ziel ist die Sicherstellung der Realisierbarkeit der
auftragsbezogenen Planung unter Berücksichtigung
von Termin- und Kapazitätsaspekten. Das bedingt im
allgemeinen die gleichzeitige Reihenfolgeplanung für
Aufträge bzw. Arbeitsgänge bezogen auf Einzel-
kapazitäten bzw. Kapazitätsgruppen.

Die Termin- und Kapazitätsplanung stützt sich auf die   *Durchlaufterminierung*
Durchlaufterminierung und die Kapazitätstermi-   *Kapazitätsterminierung*
nierung ab.

Da geplante Bestellaufträge keine Kapazitätseinheiten
(in der eigenen Fertigung) in Anspruch nehmen,
entfällt für sie die Termin- und Kapazitätsplanung.

Die Termin- und Kapazitätsplanung ist eine Funktion   *Produktionsplanung*
der Produktionsplanung.

Produktionsplanung

| Produktions-
programm-
planung | Mengen-
planung | Termin- und
Kapazitäts-
planung |

Grunddatenverwaltung

| Auftrags-
veranlassung | Auftrags-
überwachung |

Produktionssteuerung

Synonyme
Zeitwirtschaft

Literatur
** Dorninger, C.; u.a.: PPS Produktionsplanung und -steuerung, Ueberreuter Verlag Wien 1990;
** Glaser, H.; u.a.: PPS Produktionsplanung und -steuerung - Grundlagen, Konzepte, Anwendungen, Gabler Verlag Wiesbaden 1992;
** Hackstein, R.: Produktionsplanung und -steuerung (PPS), VDI Verlag Düsseldorf 1989

Termingerüst

Definition
Mit dem Termingerüst wird die terminliche Abhängigkeit von zusammenhängenden Vorgängen beschrieben.

Tertiärbedarf

Definition

Der Tertiärbedarf kennzeichnet den Bedarf an Hilfs-
und Betriebsstoffen.

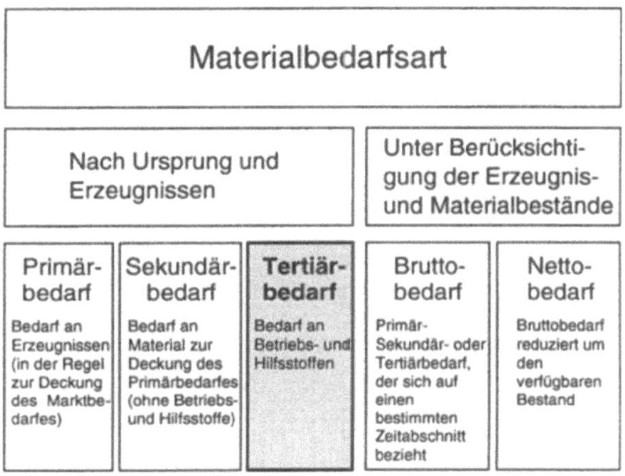

Materialbedarfsart				
Nach Ursprung und Erzeugnissen			Unter Berücksichtigung der Erzeugnis- und Materialbestände	
Primär-bedarf	**Sekundär-bedarf**	**Tertiär-bedarf**	**Brutto-bedarf**	**Netto-bedarf**
Bedarf an Erzeugnissen (in der Regel zur Deckung des Marktbe-darfes)	Bedarf an Material zur Deckung des Primärbedarfes (ohne Betriebs- und Hilfsstoffe)	Bedarf an Betriebs- und Hilfsstoffen	Primär-Sekundär- oder Tertiärbedarf, der sich auf einen bestimmten Zeitabschnitt bezieht	Bruttobedarf reduziert um den verfügbaren Bestand

Man unterscheidet zwischen dem Brutto- und dem
Netto-Tertiärbedarf.

Der Netto-Tertiärbedarf ergibt sich aus dem Brutto-
Tertiärbedarf durch Berücksichtigung des
verfügbaren Lagerbestandes.

Literatur

VDI-Richtlinie 2815 Blatt 4: Begriffe für die   *
Produktionsplanung und -steuerung -
Materialbedarfsermittlung, VDI Verlag Düsseldorf
Mai 1978

Total Quality Management

Definition
Mit Total Quality Management (TQM) wird eine Führungsmethode bezeichnet, die auf der Mitwirkung aller Mitglieder einer Organisation beruht.

Qualität TQM stellt die Qualität in den Mittelpunkt und zielt durch Zufriedenheit der Kunden auf langfristigen Geschäftserfolg sowie auf Nutzen für die Mitglieder der Organisation und für die Gesellschaft ab.

Literatur
* DIN 8402: Qualitätsmanagement und Qualitätssicherung, Mai 1992

TQM

Definition
siehe Total Quality Management

Transportzeit

Definition
Die Transportzeit bezeichnet den Zeitanteil, der notwendig ist, um Werkstücke von einem Arbeitsplatz zum nächsten zu transportieren.

Übergangszeit Die Transportzeit ist ein Teil der Übergangszeit.

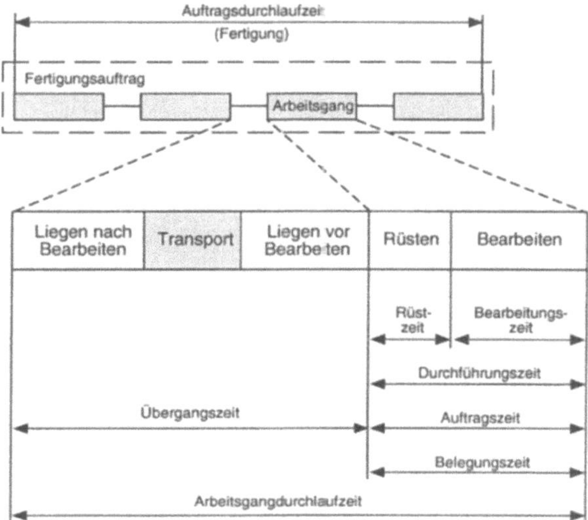

Literatur

Strack, M.: Organisatorische Gestaltung einer zentralen Werkstattsteuerung, Springer-Verlag Berlin Heidelberg u.a. 1987;

VDI-Richtlinie 2815 Blatt 4: Begriffe für die Produktionsplanung und -steuerung - Materialbedarfsermittlung, VDI Verlag Düsseldorf Mai 1978

Typenstückliste

Definition

Die Typenstückliste umfaßt als Erweiterung der Komplexstückliste in einer Stückliste alle Varianten eines Erzeugnisses.

Die Typenstückliste gehört zur Menge der Variantenstücklisten. Es werden alle Baugruppen und Teile, die sowohl zur Grundausführung als auch zu den Varianten gehören, gemäß dem gewählten Grundaufbau der Stückliste so erfaßt, daß jeweils variierende Baugruppen und Teile aufeinanderfolgen und

Variantenstückliste

Baugruppe

Teil

Erzeugnis

die Mengenangaben für jedes variierende Erzeugnis in getrennten Spalten aufgeführt werden. Jeder Variante wird dabei eine eigene Mengenspalte zugeordnet. Bleibt für einzelne Gruppen oder Teile ein Feld leer, so zeigt das, daß es bei der Variante nicht benötigt wird.

Anwendung

Die Typenstückliste findet Verwendung bei der (Klein-)Serienfertigung mit vielen variierenden Teilen aber nur wenigen zulässigen Kombinationen.

Beispiel

Darstellung einer Typenstückliste für die Varianten V1 und V2:

Erzeugnisstruktur

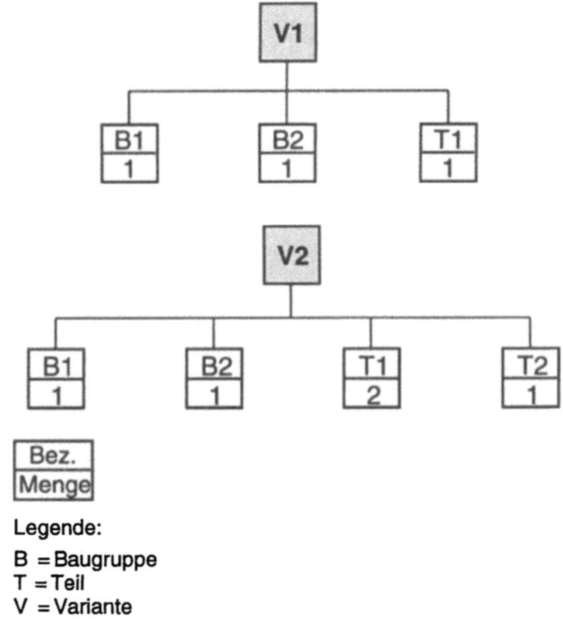

Typenstückliste

<table>
<tr><td colspan="5">Typenstückliste</td></tr>
<tr><td>für :</td><td colspan="4">Erzeugnis V</td></tr>
<tr><td>Lfd.Nr.</td><td>Pos.</td><td>Bez.</td><td colspan="2">Menge für Variante
V1   V2</td></tr>
<tr><td>1</td><td>1</td><td>B1</td><td>1</td><td>1</td></tr>
<tr><td>2</td><td>2</td><td>B2</td><td>1</td><td>1</td></tr>
<tr><td>3</td><td>3</td><td>T1</td><td>1</td><td>2</td></tr>
<tr><td>4</td><td>3</td><td>T2</td><td>-</td><td>1</td></tr>
</table>

Synonyme
Variantenübersichtsstückliste

Literatur
Geitner, U. W.: Betriebsinformatik für Produktions-
betriebe - Teil 1: Grundlagen der Informationsverar-
beitung, Carl Hanser Verlag München Wien 1983;
Gerlach, H. H.: Stücklisten, in: Handwörterbuch der
Produktionswirtschaft, Hrsg. Kern, W., Poeschel
Verlag Stuttgart 1979;
REFA: Methodenlehre der Planung und Steuerung -
Teil 1: Grundlagen, Carl Hanser Verlag München
1985

Übergangszeit

Definition

Die Übergangszeit bezeichnet den Zeitanteil zwischen
der Beendigung eines Arbeitsgangs und dem Beginn
des folgenden Arbeitsgangs.

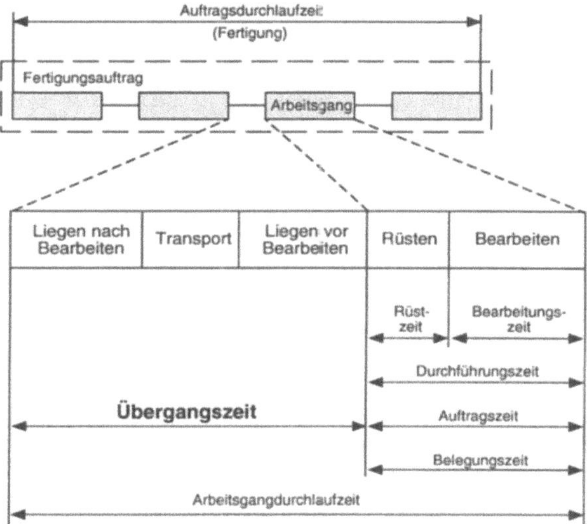

Die Übergangszeit setzt sich aus Transport- und
Liegezeiten sowie eventuellen Kommissionierzeiten
zusammen.

Transportzeit
Liegezeit

Die Übergangszeit ist Bestandteil der Durchlaufzeit.

Durchlaufzeit

Synonyme
Zwischenzeit

Literatur
VDI-Richtlinie 2815 Blatt 4: Begriffe für die
Produktionsplanung und -steuerung -
Materialbedarfsermittlung, VDI Verlag Düsseldorf
Mai 1978

*

Überlappung

Definition

Bei der Überlappung wird versucht, durch überlappte Bearbeitung von (aufeinanderfolgenden) Arbeitsgängen eine Reduktion der Durchlaufzeiten zu erreichen.

Bei einer überlappten Fertigung können mehrere aufeinanderfolgende Arbeitsgänge eines Fertigungsauftrags gleichzeitig an unterschiedlichen Arbeitsplätzen bearbeitet werden. Sobald eine definierte Menge eines Loses an einem Arbeitsplatz fertiggestellt ist, kann sie zum nächsten Arbeitsplatz gebracht werden. Damit kann der nächste Arbeitsgang bereits begonnen werden, ohne abzuwarten, bis das gesamte Los am vorhergehenden Arbeitsplatz vollständig bearbeitet ist. Voraussetzung zur Durchführung der Überlappung ist eine Losgröße größer eins.

Durchlaufzeitverkürzung Die Überlappung ist ein Verfahren zur Durchlaufzeitverkürzung, das die Liegezeiten reduziert.

Beispiel

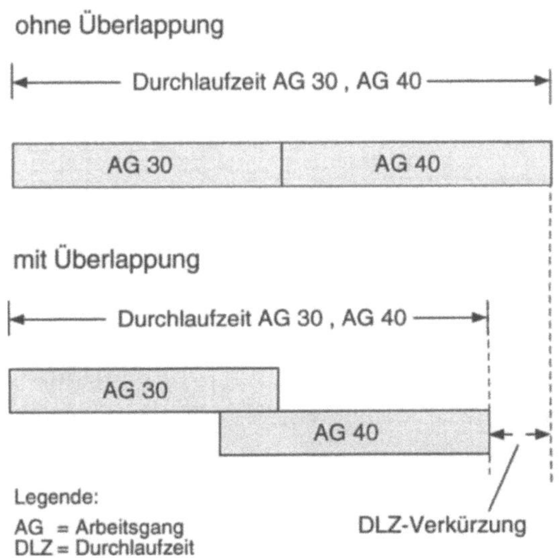

Synonyme
Auftragsüberlappung

Literatur
Dorninger, C.; u.a.: PPS Produktionsplanung und   **
-steuerung, Ueberreuter Verlag Wien 1990;
Glaser, H.; u.a.: PPS Produktionsplanung und   **
-steuerung - Grundlagen, Konzepte, Anwendungen,
Gabler Verlag Wiesbaden 1992

Überlieferung

Definition
Eine Überlieferung liegt vor, wenn die gelieferte
Menge größer ist als die Bestellmenge.

Überwachung

Definition
siehe Auftragsüberwachung

Umlaufbestand

Definition
Der Umlaufbestand ist der Bestand an Material,
Erzeugnissen und Handelswaren, der sich zwischen
zwei Erfassungsstellen befindet.

Beispiel
Eine Warenlieferung ist erfolgt und hat den Bereich
der Qualitätssicherung zwar verlassen, ist aber noch
nicht im Lagerbestand erfaßt.

Synonyme
Unterwegsbestand

Literatur
* VDI-Richtlinie 2815 Blatt 4: Begriffe für die Produktionsplanung und -steuerung - Materialbedarfsermittlung, VDI Verlag Düsseldorf Mai 1978

Umplanen

Definition
siehe Plantafelfunktionen

Unterlieferung

Definition
Eine Unterlieferung liegt vor, wenn die gelieferte Menge kleiner ist als die Bestellmenge.

Unternehmensforschung

Definition
siehe Operations Research

Unterwegsbestand

Definition
siehe Umlaufbestand

Ursprungsliste

Definition
siehe Grundstückliste

Variante

Definition
Die Variante eines Erzeugnisses, einer Baugruppe oder eines Teils ergibt sich durch (geringfügige) Veränderungen der Grundausführung hinsichtlich Gestalt, Beschaffenheit oder Eigenschaften.

Literatur
REFA: Methodenlehre der Planung und Steuerung - Teil 1: Grundlagen, Carl Hanser Verlag München 1985;
VDI-Gesellschaft Produktionstechnik (Hrsg.): Lexikon der Produktionsplanung und -steuerung, VDI Verlag Düsseldorf 1992

    *

Variantenarbeitsplan

Definition
Der Variantenarbeitsplan beinhaltet gleichzeitig die Angaben mehrerer Teile, Baugruppen oder Erzeugnisse, die als eine Gruppe ähnlich hergestellt werden können.

Varianten unterscheiden sich nur durch wenige Einzelheiten voneinander. Es wird daher nicht für jede Variante ein vollständiger Arbeitsplan erstellt, sondern sie werden mit Sonderformen eines Grundarbeitsplans verarbeitet.

Variante

Folgende Arbeitsplanarten zählen zu den Variantenarbeitsplänen:

Arbeitsplanart

- Stufenarbeitsplan,
- Komplexarbeitsplan.

Stufenarbeitsplan
Komplexarbeitsplan

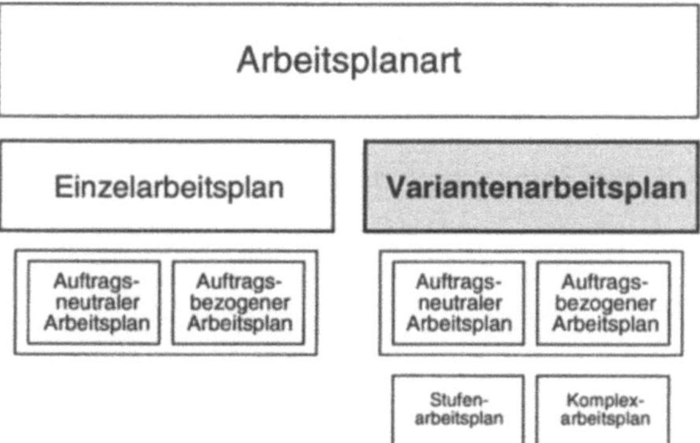

Darüber hinaus sind noch die Gleichvorgangs- und Plus-Minus-Arbeitspläne zu nennen.

Bei dem Gleichvorgangsarbeitsplan werden die Arbeitsgänge, die bei verschiedenen Varianten eines Teils, einer Baugruppe oder eines Erzeugnisses gleich bleiben, zusammengefaßt. Durch Hinzufügen der entsprechenden Arbeitsgänge für eine bestimmte Variante entsteht der Arbeitsplan zu dieser Variante.

Beim dem Plus-Minus-Arbeitsplan entsteht durch Weglassen oder Hinzufügen von Arbeitsgängen aus einem vorhandenen Arbeitsplan ein neuer Arbeitsplan.

Die Begriffe zu den beiden Arbeitsplanarten sind in der Literatur seltener vorzufinden. In der betrieblichen Praxis allerdings ist die mit ihnen verbundene Vorgehensweise zur Erstellung neuer Arbeitspläne anzutreffen.

Literatur
Geitner, U. W.: Betriebsinformatik für Produktionsbetriebe - Teil 3: Methoden der Produktionsplanung und -steuerung, Carl Hanser Verlag München Wien 1987

Variantenstückliste

Definition
Bei der Variantenstückliste werden gleichzeitig mehrere Erzeugnisse oder Baugruppen als Gruppen mit ähnlichem Teilespektrum dargestellt.

Varianten unterscheiden sich nur durch wenige Einzelheiten voneinander. Es wird daher nicht für jede Variante eine vollständige Stückliste angelegt, sondern sie werden mit Sonderformen der Grund-stückliste verarbeitet.

Variante

Nachfolgendes Bild gibt eine Übersicht über die im Zusammenhang mit Varianten zu nennenden Stück-listenarten.

Stücklistenart

Stücklistenart	
Einzel-stückliste	**Varianten-stückliste**
Mengenstückliste	Endform- und Gleichteilestückliste
Strukturstückliste	Grund- und Plus-Minusstückliste
Baukastenstückliste	Komplexstückliste
	Typenstückliste

Endformstückliste
Gleichteilestückliste
Grundstückliste
Plus-Minus-Stückliste
Komplexstückliste
Typenstückliste

Literatur
Gerlach, H. H.: Stücklisten, in: Handwörterbuch der Produktionswirtschaft, Hrsg. Kern, W., Poeschel Verlag Stuttgart 1979;

**

** REFA: Methodenlehre der Planung und Steuerung -
Teil 1: Grundlagen, Carl Hanser Verlag München
1985

Variantenübersichtsstückliste

Definition
siehe Typenstückliste

Ver- und Entsorgungsanlage

Definition
Ver- und Entsorgungsanlagen bezeichnen diejenigen
Einrichtungen, die als mittelbare oder unmittelbare
Voraussetzung zur Nutzung der übrigen Betriebs-
mittel oder zur Beseitigung von Abfallstoffen dienen.

Betriebsmittel Ver- und Entsorgungsanlagen zählen zu den Betriebsmitteln.

Beispiel
Dampferzeugungsanlage, Stromverteilungsanlage,
Preßluftverteilungsanlage.

Literatur
VDI-Richtlinie 2815 Blatt 5: Begriffe für die Produk-   *
tionsplanung und -steuerung - Betriebsmittel, VDI
Verlag Düsseldorf Mai 1978

Veranlassung

Definition
siehe Auftragsveranlassung

Verfügbarer Bestand

Definition
Der verfügbare Bestand umfaßt Bestände, über die
noch frei verfügt werden kann.

Verfügbarkeit

Definition
Die Verfügbarkeit gibt an, in welchem Umfang und
zu welchem Termin Material, Betriebsmittel und
Erzeugnisse einsetzbar sind.

Die Verfügbarkeit von Mengen bzw. Kapazität wird   *Kapazität*
bei der Verfügbarkeitsprüfung bezüglich vorliegender   *Verfügbarkeitsprüfung*
Bedarfe festgestellt.   *Bedarf*

Literatur
VDI-Richtlinie 2815 Blatt 4: Begriffe für die   *
Produktionsplanung und -steuerung - Material-
bedarfsermittlung, VDI Verlag Düsseldorf Mai 1978

Verfügbarkeitskontrolle

Definition
siehe Verfügbarkeitsprüfung

Verfügbarkeitsprüfung

Definition
Durch die Verfügbarkeitsprüfung wird ermittelt, ob das zur Durchführung eines Auftrags benötigte Material und die Betriebsmittel zur Verfügung stehen. Je nach Fertigungsumgebung kann auch auf ausreichende Personalverfügbarkeit geprüft werden.

Verfügbarkeit Die Prüfung auf Verfügbarkeit kann entweder in statischer oder dynamischer Form erfolgen.

Bei der statischen Verfügbarkeitsprüfung wird auf grundsätzliche Verfügbarkeit geprüft.

Reservierung Eine dynamische Verfügbarkeitsprüfung erfolgt demgegenüber unter Berücksichtigung des Bedarfstermins, der Beanspruchungs- bzw. Belegungsdauer und der geplanten Wiederverfügbarkeit. Voraussetzung für eine dynamische Verfügbarkeitsprüfung ist das Führen von Reservierungen auf der Ebene der Betriebsmittel und ggf. des Personals.

Anwendung
In DV-gestützten Systemen zur Produktionsplanung und -steuerung ist häufig eine mehrstufige Verfügbarkeitsprüfung vorzufinden. Auf der Grobplanungsebene (PPS-System) wird auf statische (grundsätzliche) Verfügbarkeit der Betriebsmittel geprüft. Auf der Feinplanungsebene (Fertigungsleitstand) erfolgt eine dynamische Verfügbarkeitsprüfung, mit

der - bei positiver Verfügbarkeit - in der Regel eine direkte Reservierung verbunden ist.

Synonyme
Verfügbarkeitskontrolle

Literatur
Dorninger, C.; u.a.: PPS Produktionsplanung und -steuerung, Ueberreuter Verlag Wien 1990;
Glaser, H.; u.a.: PPS Produktionsplanung und -steuerung - Grundlagen, Konzepte, Anwendungen, Gabler Verlag Wiesbaden 1992;
Hackstein, R.: Produktionsplanung und -steuerung (PPS), VDI Verlag Düsseldorf 1989

Vernetzte Fertigung

Definition
Unter einer vernetzten Fertigung versteht man die zeitlich parallele Bearbeitung von Arbeitsgängen eines bestimmten Fertigungsauftrags.

Auftragsnetz lineare Fertigung

Auftragsnetz vernetzte Fertigung

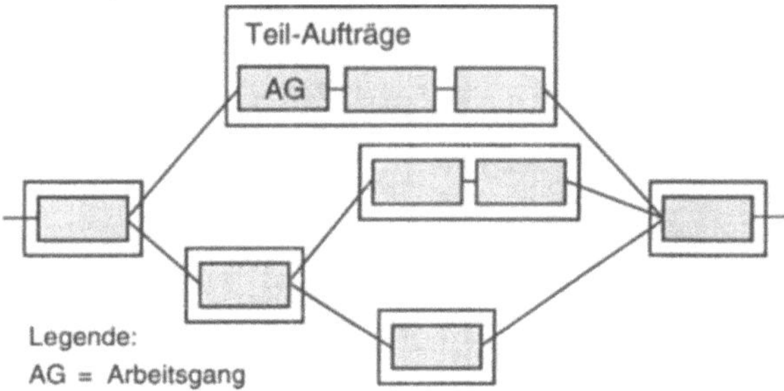

<table>
<tr><td>Lineare Fertigung
Auftragsnetz</td><td>Für vernetzte Fertigungsprozesse (Auftragsnetz) ist die Auftragseinplanung und -steuerung komplexer als bei einer linearen Fertigung, da die parallel ablaufenden "Zweige" der Fertigung terminlich und mengenbezogen zu koordinieren sind.</td></tr>
</table>

Verwendungsnachweis

Definition

Im Verwendungsnachweis wird die Erzeugnisstruktur vom Material zum Erzeugnis durchlaufen. Er enthält alle Teile, übergeordneten Baugruppen und Erzeugnisse, in denen ein Material, ein Teil oder eine Baugruppe verwendet wird.

<table>
<tr><td>Stückliste</td><td>Die Listendarstellung der Erzeugnisgliederung wird entsprechend der Richtung, in der ihre Struktur durchlaufen wird, als Stückliste (analytische Betrachtung) oder Verwendungsnachweis (synthetische Betrachtung) bezeichnet.</td></tr>
</table>

Der Aufbau der Verwendungsnachweise erfolgt nach den gleichen Grundsätzen wie der Stücklistenaufbau.

Dementsprechend unterscheidet man:

- Mengenverwendungsnachweis,
- Strukurverwendungsnachweis,
- Baukastenverwendungsnachweis.

Anwendung

Verwendungsnachweise benötigt man vor allem in der Serienfertigung. Für die Typisierung und Werksnormung muß bekannt sein, wo und wie oft ein Teil verwendet wurde. Für die manuelle Materialbedarfsplanung benutzt der Disponent häufig erzeugnisbezogene Mengenverwendungsnachweise.

Synonyme
Teileverwendungsnachweis

Literatur
Gerlach, H. H.: Stücklisten, in: Handwörterbuch der
Produktionswirtschaft, Hrsg. Kern, W., Poeschel
Verlag Stuttgart 1979;
REFA: Methodenlehre der Planung und Steuerung -
Teil 1: Grundlagen, Carl Hanser Verlag München
1985

Verzugzeitregel

Definition
siehe Schlupfzeitregel

Vollautomatisierung

Definition
siehe Automatisierung

Vorgabezeit

Definition
Vorgabezeiten sind Sollzeiten für die Dauer von
Arbeitsabläufen, die von Menschen oder Betriebs-
mitteln ausgeführt werden.

Die Vorgabezeit für das Durchführen eines Auftrags
bzw. Arbeitsgangs durch den Menschen heißt Auftragszeit. Die Vorgabezeit für die Betriebsmittel heißt
Belegungszeit.

Auftragszeit
Belegungszeit

Zur Ermittlung von Vorgabezeiten existieren mehrere
Verfahren, wie z.B. die Zeitaufnahme oder das

Vergleichen (mit ähnlichen Vorgängen) und Schätzen.

Anwendung
Die Vorgabezeiten für die einzelnen Arbeitsgänge eines Fertigungsauftrags sind in den zugehörigen (auftragsbezogenen) Arbeitsplänen abgelegt. Sie bilden die Grundlage für alle termin- und kapazitätsorientierten Planungen im Bereich der Produktonsplanung und -steuerung.

Literatur
* VDI-Gesellschaft Produktionstechnik (Hrsg.): Lexikon der Produktionsplanung und -steuerung, VDI Verlag Düsseldorf 1992

Vorgangsbezogene Durchlaufzeit

Definition
siehe Arbeitsgangdurchlaufzeit

Vorkalkulation

Definition
siehe Kalkulation

Vorlaufzeit

Definition
Unter Vorlaufzeit wird allgemein die für vorausgehende Arbeiten erforderliche Zeitspanne verstanden, die benötigt wird, um einen Vorgang termingerecht beginnen zu können.

Anwendung
Oft wird für die Bereitstellung von Fertigungsmitteln, wie z.B. von Werkzeugen eine Vorlaufzeit veranschlagt, um sie aus einem (zentralen) Lager auszulagern, zu kommissionieren und bedarfsgerecht an den jeweiligen Arbeitsplätzen bzw. Maschinen zum Beginn der Bearbeitung zur Verfügung zu stellen.

Literatur
VDI-Richtlinie 2815 Blatt 4: Begriffe für die Produktionsplanung und -steuerung - Materialbedarfsermittlung, VDI Verlag Düsseldorf Mai 1978

Vorrichtung

Definition
Vorrichtungen sind Einrichtungen, welche die Lage eines Materials zum Werkzeug bestimmen und bis zur Beendigung der Bearbeitung sichern.

Mit dem Einsatz dieser Fertigungsmittel sollen im wesentlichen folgende Zielsetzungen erfüllt werden:

Fertigungsmittel

- Erweiterung des technischen Einsatzbereiches von Werkzeugmaschinen,

- Vereinfachung des Bearbeitungsvorganges,

- Einhaltung von Qualitätskriterien, um die Ausschußquote zu senken und die Wiederholgenauigkeit zu erhöhen.

Vorrichtungen können nach unterschiedlichen Gesichtspunkten klassifiziert werden. Eine Einteilung nach der Bauart führt zu Standard-, Spezial- und Baukastenvorrichtungen.

Eine Standardvorrichtung ist für einen festgelegten Aufgabenbereich bestimmt. Eine Spezialvorrichtung ist in der Regel nur für ganz bestimmte Aufgabenstellungen (Werkstück, Material, Verfahren) hergestellt. Eine Baukastenvorrichtung besteht aus standardisierten Bauelementen, aus denen sich in einem bestimmten Abmessungsbereich Vorrichtungen montieren lassen. Diese Bauelemente werden nach dem Einsatz wieder demontiert.

Beispiel
Spannvorrichtung zur Werkstück-/Werkzeug-Aufnahme für die Rundbearbeitung, Bohrschablone zur Werkstück-/Werkzeug-Positionierung.

Literatur
** Brankamp, K.: Handbuch der modernen Fertigung und Montage, Verlag moderne industrie München 1975;

* Eversheim, W.: Organisation in der Produktions-
** technik - Bd. 3: Arbeitsvorbereitung, VDI Verlag Düsseldorf 1989

Vorwärtsterminierung

Definition
Die Vorwärtsterminierung dient der Ermittlung der Anfangs- und Endtermine für die einzelnen Arbeitsgänge eines Fertigungsauftrags ausgehend vom Anfangstermin des ersten Arbeitsgangs.

Ecktermin Ausgangspunkt für die Durchführung der Vorwärtsterminierung ist der vorgegebene Anfangs- bzw. Starttermin eines Fertigungsauftrags. Ausgehend von diesem Termin werden durch sukzessive Addition der Durchlaufzeiten die Frühesten Anfangs- und

Endtermine (Ecktermine) der zugehörigen Arbeitsgänge ermittelt.

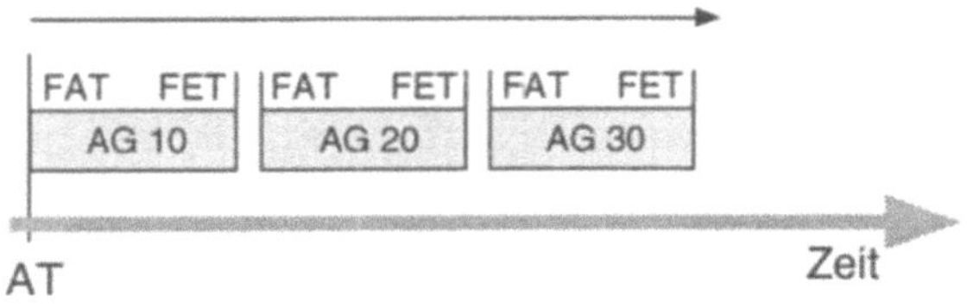

Legende:

AG = Arbeitsgang
AT = Anfangstermin
FAT= Frühester Anfangstermin
FET= Frühester Endtermin
→ = Terminierungsrichtung

Die Vorwärtsterminierung liefert als Ergebnis den
frühesten möglichen Liefertermin bzw. Fertigstellungstermin.

Die Frühesten Anfangstermine geben dabei an, wann
die einzelnen Arbeitsgänge in Abhängigkeit von den
vorgelagerten Arbeitsgängen frühestens beginnen
können.

Die Vorwärtsterminierung ist ein Verfahren der   *Durchlaufterminierung*
Durchlaufterminierung.

Literatur
Glaser, H.; u.a.: PPS Produktionsplanung und
-steuerung - Grundlagen, Konzepte, Anwendungen,
Gabler Verlag Wiesbaden 1992;
VDI-Richtlinie 2815 Blatt 4: Begriffe für die   *
Produktionsplanung   und   -steuerung   -
Materialbedarfsermittlung, VDI Verlag Düsseldorf
Mai 1978

Wartezeit

Definition
siehe Liegezeit

Wartung

Definition
Unter Wartung werden vorbeugende Maßnahmen zur Bewahrung des Sollzustandes von technischen Mitteln eines Systems verstanden.

Die Wartung ist ein Teilbereich der Instandhaltung.   *Instandhaltung*

Anwendung
Die in der Produktion durchzuführenden Wartungsarbeiten stützen sich in der Regel auf Wartungsarbeitspläne ab. Über diese Pläne wird festgelegt, wann die Wartungsarbeiten für eine Maschine oder Anlage durchzuführen bzw. in welcher Häufigkeit sie zu wiederholen sind (Wartungszeiten und -intervalle).

Zu den für die Wartung vorgesehenen Zeiten wird die Maschine bzw. Anlage stillgesetzt. Sie steht daher für die Durchführung der normalen Betriebsaufgaben (geplant) nicht zur Verfügung.

Bei Einsatz eines Fertigungsleitstandes wird ein Wartungsarbeitsgang in den Auftragsvorrat des betroffenen Arbeitsplatzes eingestellt. Analog zu einem Fertigungs-Arbeitsgang enthält er die notwendigen Angaben über Anfangs- und Endtermin sowie Dauer, so daß er bei der Termin- und Kapazitätsplanung entsprechend berücksichtigt wird.

Beispiel
Reinigen, Schmieren, Nachstellen.

Literatur
* DIN 31051: Instandhaltung, Jan. 1985
Klein, W.: Optimale Planung und Steuerung der Instandhaltung, Verlag TÜV Rheinland Köln 1988

Werkkalender

Definition
siehe Betriebskalender

Werkstattbestand

Definition
Der Werkstattbestand ist der Bestand an Material und Erzeugnissen, der sich zu einem bestimmten Zeitpunkt in der Werkstatt bzw. in einem Fertigungsbereich befindet.

Literatur
* VDI-Richtlinie 2815 Blatt 4: Begriffe für die Produktionsplanung und -steuerung - Materialbedarfsermittlung, VDI Verlag Düsseldorf Mai 1978

Werkstattfertigung

Definition
Die Werkstattfertigung ist eine Fertigungsorganisation, die durch räumliche Zusammenfassung gleichartiger Maschinen bzw. Fertigungsverfahren entsteht.

Bei dieser Fertigungsorganisation erfolgt die Fertigung nach dem Verrichtungsprinzip. Die Werkstücke werden von einer Werkstatt zur anderen transportiert, wohingegen die Fertigungsmittel fest installiert sind.

Fertigungsorganisation

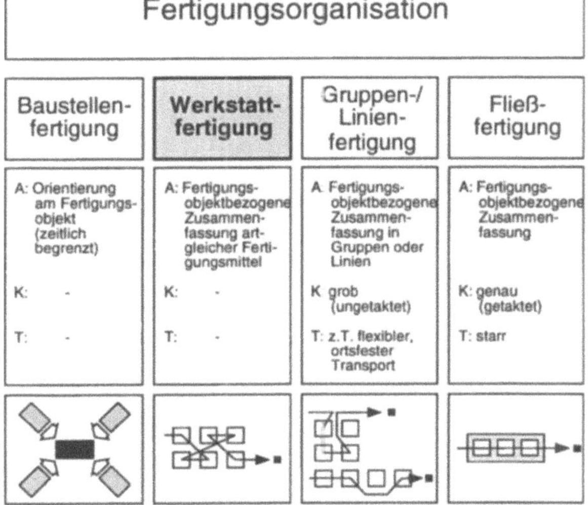

Legende:
A = Räumliche Anordnung der Fertigungsmittel
K = Kapazitätsbezogene Abstimmung der Fertigungsmittel
T = Transportbeziehungen zwischen den Fertigungsmitteln

Anwendung

Die Werkstattfertigung ist häufig bei der kundenorientierten Einzel- und Kleinserienfertigung anzutreffen. Die Werkstattfertigung ist für ein Teilespektrum mit vielen unterschiedlichen Teilen geeignet.

Literatur

Schomburg, E.: Betriebsindividuelle Einflußgrößen für die Gestaltung und Bewertung von PPS-Systemen, in: PPS-Fachmann, Bd. 4, Hrsg. RKW, Verlag TÜV Rheinland Köln 1987 *

Werkstattorientierte Programmierung

Definition
siehe Werkstattprogrammierung

Werkstattprogrammierung

Definition
Als Werkstattprogrammierung bezeichnet man die Programmierung von NC-Maschinen direkt an der Maschine.

CNC Zu diesem Zweck sind CNC mit integriertem Programmiersystem und Bildschirm entwickelt worden. Dieser zeigt bei der Eingabe die programmierte Geometrie Schritt für Schritt an und simuliert anschließend den Werkzeugeingriff und die Werkzeugbewegungen samt Zerspanung.

Wiederholteile Die Eingabe erfolgt mittels graphischer Unter-
DNC stützung, Softkeys und Menütechnik im direkten Dialog Mensch/Maschine. Aus wenigen Eingabedaten errechnet die Steuerung Schnittpunkte, Übergänge, Fasen und Rundungen und ermittelt anschließend den gesamten Bearbeitungsablauf incl. Schnittaufteilung, Werkzeugauswahl, Spindeldrehzahl, Vorschubgeschwindigkeit und Korrekturwertaufruf. Eine Überwachung auf Eingabefehler ist ebenfalls integriert. Für Wiederholteile lassen sich fertige Programme aus der Steuerung aus- und später wieder einlesen, z.B. über DNC-Anschluß oder ein Kassettenlaufwerk zur Verwendung von Magnetbändern.

Synonyme
Werkstattorientierte Programmierung

Literatur

Kief, H. B.: NC/CNC Handbuch, Carl Hanser Verlag   **
München Wien 1992;

Neipp, G.; u.a. (Hrsg.): Einführung in die CIM-Praxis   *
- Rechnerintegrierte Produktion, VDI-Verlag Düssel-   **
dorf 1991

Werkstattsteuerung

Definition
siehe Fertigungssteuerung

Werkstoff

Definition
Ein Werkstoff ist ein Material, das durch gezielte
Aufbereitung von Rohstoffen entsteht.

Halbzeug	Teil	Baugruppe
• Materialplatte	• Schraube	• Stoßfänger
• T-Träger	• Winkel	• Sitzanlage
• Granulat	• Feder	• CPU-Platine
•	•	•

Material

Rohstoff	Hilfsstoff	Betriebs-stoff	**Werkstoff**
• Roheisen	• Klebstoffe	• Strom	• Metall-legierungen
• Holz	• Schleifpapier	• Gas	• Rohglas
• Erdgas	• Verbindungs-techniken	• Kühlmittel	•
•	•	•	

Halbzeug, Hilfsstoff Aus Werkstoffen werden Halbzeuge, Hilfsstoffe und
Betriebsstoffe Betriebsstoffe hergestellt.

Beispiel
Metallegierungen, Rohglas, Kunststoffgranulat.

Literatur
* VDI-Richtlinie 2815 Blatt 2: Begriffe für die Produktionsplanung und -steuerung - Material, Erzeugnis
und Handelsware, VDI Verlag Düsseldorf Mai 1978

Werkstück

Definition
siehe Teil

Werkzeug

Definition
Ein Werkzeug ist ein Fertigungsmittel, das unmittelbar auf ein Material einwirkt, um eine Form- oder
Substanzänderung mechanischer bzw. physikalisch-
chemischer Art zu erreichen.

Fertigungsmittel Infolge der starken Mechanisierung von Arbeits-
plätzen in Unternehmen des Maschinenbaus werden
zum Teil hohe Aufwände zur Verwaltung und
Organisation von Maschinenwerkzeugen geleistet.
Maschinenwerkzeuge werden in Universal- bzw.
Standardwerkzeuge und Sonder- bzw.
Spezialwerkzeuge unterschieden. Die Unterteilung
dieser Fertigungsmittel richtet sich danach, ob die
Werkzeuge für verschiedene oder nur für bestimmte
Bearbeitungsaufgaben einsetzbar sind.

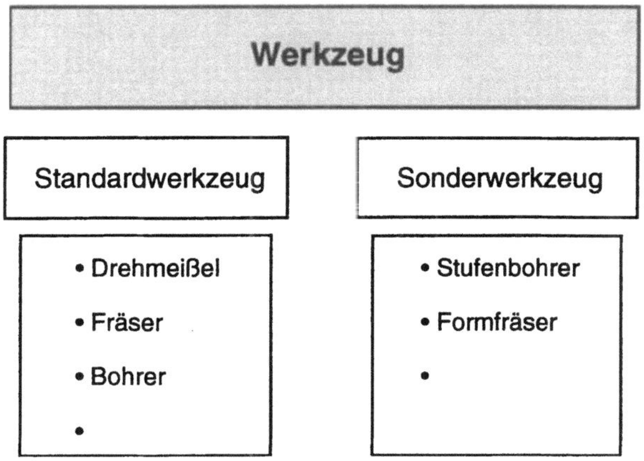

Werkzeug

Standardwerkzeug	Sonderwerkzeug
• Drehmeißel • Fräser • Bohrer •	• Stufenbohrer • Formfräser •

Beispiel

- Standardwerkzeug
  Drehmeißel, Fräser, Bohrer.

- Sonderwerkzeug
  Stufenbohrer, Formfräser.

Literatur

Eversheim, W.: Organisation in der Produktions-   *
technik - Bd. 3: Arbeitsvorbereitung, VDI Verlag
Düsseldorf 1989;
VDI-Richtlinie 2815 Blatt 5: Begriffe für die Produk-   *
tionsplanung und -steuerung - Betriebsmittel, VDI
Verlag Düsseldorf Mai 1978

Wiederbeschaffungszeit

Definition

Die Wiederbeschaffungszeit ist die Zeitspanne
zwischen der Auslösung eines Fertigungsauftrags
bzw. eines Bestellvorschlages und der Verfügbarkeit
des Materials oder Erzeugnisses.

Die Wiederbeschaffungszeit setzt sich allgemein aus
der Beschaffungszeit (einschließlich der Zeiten für

die Verwaltungstätigkeiten), der Transportzeit (bei Fremdbezug) und einer Sicherheitszeit (z.B. Lieferverzug, Transportverzögerung) zusammen. Die Wiederbeschaffungszeit wird analog zur Durchlaufzeit eines Auftrags ermittelt.

Bestellvorschlag
Sicherheitsbestand

Über die Wiederbeschaffungszeit wird der Lagerbestand festgelegt, bei dessen Erreichen ein Bestellvorschlag ausgelöst wird. Dieser Lagerbestand ist so zu bemessen, daß der geschätzte bzw. erwartete Bedarf während der Wiederbeschaffungszeit abgedeckt ist, ohne daß ein gegebenenfalls definierter Sicherheitsbestand angegriffen wird.

Literatur
REFA: Methodenlehre der Planung und Steuerung - Teil 2: Planung, Carl Hanser Verlag München 1985; VDI-Richtlinie 2815 Blatt 4: Begriffe für die Produktionsplanung und -steuerung - Materialbedarfsermittlung, VDI Verlag Düsseldorf Mai 1978

Wiederholfertigung

Definition
Wiederholfertigung ist eine Fertigungsart, die darauf ausgerichtet ist, daß Mengen eines bestimmten Erzeugnisses in zeitlichen Abständen erneut hergestellt werden.

Fertigungsart
Einzel -und
Kleinserienfertigung
Serienfertigung
Massenfertigung

Im Gegensatz zur Einmalfertigung ist das Kennzeichen dieser Fertigungsart, daß die Wiederholhäufigkeit größer null ist. Die Wiederholfertigung wird oft in die Einzel- und Kleinserienfertigung, Serienfertigung sowie Massenfertigung unterschieden.

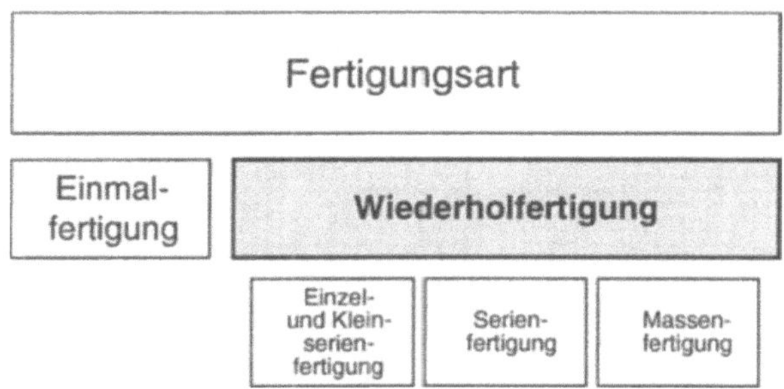

Literatur
VDI-Richtlinie 2815 Blatt 7: Begriffe für die Produk-   *
tionsplanung und -steuerung - Fertigungsarten, Fertigungsablaufarten, VDI Verlag Düsseldorf Mai 1978

Wiederholteil

Definition
Wiederholteile sind Teile, die in verschiedenen Bau-
gruppen eines Erzeugnisses oder in verschiedenen
Erzeugnissen wiederkehren.

Wiederholteile können einzelne Teile oder auch kom-   *Teil*
plette Baugruppen sein.   *Baugruppe*

Literatur
DIN 6789: Zeichnungssystematik, Febr. 1965;   *
REFA: Methodenlehre der Planung und Steuerung -   *
Teil 1: Grundlagen, Carl Hanser Verlag München
1985

WOP

Definition
siehe Werkstattprogrammierung

Z

Zeitgrad

Definition
Der Zeitgrad ist das Verhältnis von vorgegebenen Soll-Zeiten zu erzielten Ist-Zeiten.

Der Zeitgrad ist meist auf einen bestimmten Zeitabschnitt bezogen, kann sich aber auch konkret auf einen Auftrag beziehen. Er kann für eine oder mehrere Personen, eine Abteilung oder einen ganzen Betrieb bestimmt werden.

Der Zeitgrad wird wie folgt errechnet:

$$\text{Zeitgrad} = \frac{\text{Summe Vorgabezeiten pro Periode}}{\text{Summe Ist-Zeiten pro Periode}} * 100\,\%.$$

Literatur
VDI-Gesellschaft Produktionstechnik (Hrsg.): Lexikon der Produktionsplanung und -steuerung, VDI Verlag Düsseldorf 1992

Zeitwirtschaft

Definition
siehe Termin- und Kapazitätsplanung

Zentralisierung

Definition
Zentralisierung in der Produktion liegt vor, wenn die Produktion organisatorisch eine Einheit bildet und alle administrativen, dispositiven und steuernden Aufgaben (funktionale Aufgaben) von einer Stelle bzw. an einem Ort ausgeführt werden.

Der funktionale Aspekt der Zentralisierung ist meist mit einer zentralen DV-Struktur verbunden.

Anwendung
Ein häufig in der Praxis angewandtes Konzept ist die Verwendung eines zentralen PPS-Systems und dezentraler Fertigungsleitstände für eine dezentrale Organisationstruktur. Das PPS-System plant die Produktionsaufgaben für einen lang- bis mittelfristigen Planungshorizont (Grobplanung). Es plant und überwacht den Auftragsdurchlauf durch alle Teilbereiche. Die dezentralen Fertigungsleitstände übernehmen im kurzfristigen Bereich die Feinplanung der Fertigung.

Literatur
Nedeß, Ch. (Hrsg.): Von PPS zu CIM, Springer-Verlag Berlin Heidelberg u.a. und Verlag TÜV Rheinland Köln 1992;
Scheer, A.-W. (Hrsg.): Neue Architekturen für EDV-Systeme zur Produktionsplanung und -steuerung, Institut für Wirtschafsinformatik (IWi) an der Universität des Saarlands Saarbrücken 1986

Zertifizierung

Definition
Eine Zertifizierung ist die Überprüfung des Qualitätsmanagementsystems (QMS) auf die Übereinstimmung mit der entsprechenden Norm durch eine unparteiische, akkreditierte Organisation.

Qualitäts-managementsystem
Qualitätsmanagement
Die Zertifizierung eines Qualitätsmanagementsystems wird nach DIN ISO 9000 ff vorgenommen. Sie enthält einen Leitfaden für das Qualitätsmanagement sowie allgemeine Forderungen an die Darlegung von Qualitätsmanagementsystemen.

Nach folgenden Normen kann eine Zertifizierung vorgenommen werden:

- DIN ISO 9001
  Modell zur Darlegung des QMS in Design/Entwicklung, Produktion, Montage und Kundendienst.

- DIN ISO 9002
  Modell zur Darlegung des QMS in Produktion, Montage und Kundendienst.

- DIN ISO 9003
  Modell zur Darlegung des QMS bei der Endprüfung.

Die Normenreihe DIN ISO 9000 schreibt vor, daß die gesamte Organisation eines Unternehmens in Funktion und Ablauf vollständig schriftlich in einem Qualitätsmanagement-Handbuch niedergelegt wird. Da eine Einheitlichkeit des Qualitätsmanagementsystems nicht zweckmäßig ist, müssen der Entwurf und die Ausgestaltung eines QMS durch die besonderen "Produkte" und individuellen Verfahrensweisen des Unternehmens beeinflußt sein.

Qualitäts-management-Handbuch

Literatur
DIN ISO 9000 - 9004: Qualitätsmanagement und Elemente eines Qualitätsmanagementsystems, 1992 - 1993   *
Zertifizierung, Sonderteil in Hanser Fachzeitschriften, Carl Hanser Verlag München April 1993   **

Zukaufteil

Definition
siehe Kaufteil

Zusatzzeit

Definition
Die Zusatzzeit ist die Zeitspanne, die für die Durchführung einer Aufgabe zusätzlich anfallen kann.

Anwendung
Zusatzzeiten werden oft als Sicherheitszuschlag für Störungen in die Durchlaufzeitanteile von Aufträgen eingerechnet.

Literatur
* VDI-Richtlinie 2815 Blatt 4: Begriffe für die Produktionsplanung und -steuerung - Materialbedarfsermittlung, VDI Verlag Düsseldorf Mai 1978

Zuteilung

Definition
Unter Zuteilung wird die Zuweisung bzw. konkrete Vergabe eines Auftrags an den vorgesehenen Arbeitsplatz bzw. die Arbeitsplatzgruppe verstanden.

Für diesen Auftrag müssen vordefinierte Kriterien erfüllt sein, die sich auf die durchgeführte Bereitstellung der für den Auftrag benötigten Ressourcen sowie auf den Status des vorhergehenden Auftrags beziehen.

Die Zuteilung sollte mit einem gewissen zeitlichen Vorlauf vor Bearbeitungsbeginn des Auftrags erfolgen.

Die Zuteilung stellt allgemein die Fixierung der Arbeitsverteilung dar.   *Arbeitsverteilung*

Synonyme
Arbeitszuteilung

Literatur
Hoff Industrie Rationalisierung GmbH (Hrsg.): HIR   *
Marktstudie "Elektronische Leitstände" , Wiesbaden 1991;
Ploenzke-Informatik (Hrsg.): Fertigungsleitstand   *
Report, Kiedrich 1990

Zwischenkalkulation

Definition
siehe Kalkulation

Zwischenprodukt

Definition
Zwischenprodukte sind unfertige Erzeugnisse wie Teile und Baugruppen.

Zwischenprodukte können entlang eines Fertigungsprozesses entstehen und weiterverarbeitet werden bzw. selbst schon als Erzeugnis gelten.

Der Begriff findet vornehmlich in der chemischen Industrie Verwendung.

Zwischenzeit

Definition
siehe Übergangszeit

Zyklische Planung

Definition
siehe Planungsverfahren

4 Literaturverzeichnis

Dieses Verzeichnis beinhaltet eine Übersicht über die einschlägige Literatur zum Thema Fertigungsleittechnik. Es enthält einen repräsentativen Auszug aus der insgesamt zur Verfügung stehenden Literatur und erhebt nicht den Anspruch auf Vollständigkeit.

Zum besseren Überblick sowie zur gezielten Auswahl und Recherche sind die Literaturstellen nach Sachgebieten aufgeführt. Die Sortierung innerhalb dieser Gebiete ist alphabetisch und gibt keine Wertung wieder.

Normen und Richtlinien

DIN 6763: Nummerung - Grundbegriffe, Dez. 1985

DIN 6789: Zeichnungssystematik - Fertigungsgerechter Zeichnungs- und Stücklistensatz (Begriffe und Richtlinien für den Aufbau), Febr. 1965

DIN 8402: Qualitätsmanagement und Qualitätssicherung - Begriffe (Entwurf), Mai 1992

DIN 19233: Automat/Automatisierung - Begriffe, Juli 1972

DIN 31051: Instandhaltung - Begriffe und Maßnahmen, Jan. 1985

DIN 33400: Gestalten von Arbeitssystemen nach arbeitswissenschaftlichen Erkenntnissen - Begriffe und allgemeine Leitsätze, Okt. 1983

DIN 44300 Teil 2: Informationsverarbeitung - Begriffe der Informationsdarstellung, Nov. 1988

DIN 66201 Teil 1: Prozeßrechensysteme - Begriffe, Mai 1981

DIN 69900: Netzplantechnik - Begriffe, März 1979

DIN ISO 9000 Teil 1 - 4: Qualitätsmanagement und Qualitätssicherungsnormen (Entwurf), Juni 1993

DIN ISO 9001: Qualitätsmanagementsysteme - Modell zur Darlegung des QMS in Design/Entwicklung, Produktion, Montage und Kundendienst (Entwurf), Juni 1993

DIN ISO 9002: Qualitätsmanagementsysteme - Modell zur Darlegung des QMS in Produktion, Montage und Kundendienst (Entwurf), Juni 1993

DIN ISO 9003: Qualitätsmanagementsysteme - Modell zur Darlegung des QMS bei der Endprüfung (Entwurf), Juni 1993

DIN ISO 9004 Teil 1 - 4: Qualitätsmanagement und Elemente eines Qualitätsmanagementsystems, Juni 1992

DIN-Fachbericht 20: Schnittstellen der rechnerintegrierten Produktion (CIM) -
CAD und NC-Verfahrenskette, BeuthVerlag Berlin Köln 1989

DIN-Fachbericht 21: Schnittstellen der rechnerintegrierten Produktion (CIM) -
Fertigungssteuerung und Auftragsabwicklung, Beuth Verlag Berlin Köln 1989

VDI Richtlinie 2215: Datenverarbeitung und Konstruktion - Organisatorische
Voraussetzungen und allgemeine Hilfsmittel, VDI Verlag Düsseldorf Nov. 1980

VDI-Richtlinie 2411: Begriffe und Erläuterungen im Förderwesen, VDI Verlag
Düsseldorf Juni 1970

VDI-Richtlinie 2815 Blatt 1: Begriffe für die Produktionsplanung und -steuerung
- Einführung, Grundlagen, VDI Verlag Düsseldorf Mai 1978

VDI-Richtlinie 2815 Blatt 2: Begriffe für die Produktionsplanung und -steuerung
- Material, Erzeugnis und Handelsware, VDI Verlag Düsseldorf Mai 1978

VDI-Richtlinie 2815 Blatt 3: Begriffe für die Produktionsplanung und -steuerung
- Stücklisten, VDI Verlag Düsseldorf Mai 1978

VDI-Richtlinie 2815 Blatt 4: Begriffe für die Produktionsplanung und -steuerung
- Materialbedarfsermittlung, VDI Verlag Düsseldorf Mai 1978

VDI-Richtlinie 2815 Blatt 5: Begriffe für die Produktionsplanung und -steuerung
- Betriebsmittel, VDI Verlag Düsseldorf Mai 1978

VDI-Richtlinie 2815 Blatt 6: Begriffe für die Produktionsplanung und -steuerung
- Kapazität, VDI Verlag Düsseldorf Mai 1978

VDI-Richtlinie 2815 Blatt 7: Begriffe für die Produktionsplanung und -steuerung
- Fertigungsarten, Fertigungsablaufarten, VDI Verlag Düsseldorf Mai 1978

VDI-Richtlinie 3633: Simulation von Logistik-, Materialfluß- und Produktions-
systemen - Grundlagen, VDI Verlag Düsseldorf Dez. 1993

Nachschlagewerke

Ausschuß für Wirtschaftliche Fertigung (AWF) (Hrsg.): Flexible Fertigungs-organisation am Beispiel von Fertigungsinseln, AWF Eschborn 1984

Bartels, H.-G.: Ausschuß und Abfall, in: Handwörterbuch der Produktionswirt-schaft, Hrsg. Kern, W., Poeschel Verlag Stuttgart 1979

Berg, C.: Prioritätsregeln in der Reihenfolgeplanung, in: Handwörterbuch der Produktionswirtschaft, Hrsg. Kern, W., Poeschel Verlag Stuttgart 1979

Duden Informatik, Bibliographisches Institut & F. A. Brockhaus AG Mannheim 1993

Frese, E.: Arbeitsteilung und -bereicherung, in: Handwörterbuch der Produktionswirtschaft, Hrsg. Kern, W., Poeschel Verlag Stuttgart 1979

Gabler Wirtschaftslexikon, Gabler Verlag Wiesbaden 1993

Gerlach, H. H.: Stücklisten, in: Handwörterbuch der Produktionswirtschaft, Hrsg. Kern, W., Poeschel Verlag Stuttgart 1979

Grieser, F.; Irlbeck, Th.: Computer Lexikon, Deutscher Taschenbuch Verlag München 1994

Hax, H.: Absatz, in: Handwörterbuch der Wirtschaftswissenschaft, Hrsg. Albers, W. u.a., Gustav Fischer Stuttgart New York 1977

Heinemeyer, W.: Durchlaufzeiten, in: Handwörterbuch der Produktionswirt-schaft, Hrsg. Kern, W., Poeschel Verlag Stuttgart 1979

Hummel, S.: Material, in: Handwörterbuch der Produktionswirtschaft, Hrsg. Kern, W., Poeschel Verlag Stuttgart 1979

Kern, W. (Hrsg.): Handwörterbuch der Produktionswirtschaft, Poeschel Verlag Stuttgart 1979

Literaturverzeichnis

Kreikebaum, H.: Organisationsformen in der Produktion, in: Handwörterbuch der Produktionswirtschaft, Hrsg. Kern, W., Poeschel Verlag Stuttgart 1979

Kurbel, K.: Betriebsinformatik-Lexikon, Lehrstuhl für Betriebsinformatik Universität Dortmund 1987

Reichmann, Th.: Lagerhaltungspolitik, in: Handwörterbuch der Produktionswirtschaft, Hrsg. Kern, W., Poeschel Verlag Stuttgart 1979

REFA Verband für Arbeitsstudien und Betriebsorganisation e.V.: Methodenlehre der Betriebsorganisation: Lexikon der Betriebsorganisation, Carl Hanser Verlag München 1993

Siemens: CIM - Glossar Automatisierungstechnik, Siemens AG Berlin München 1990

Vajna, S.; Schlingensiepen, J.: CIM Lexikon, Vieweg-Verlag Braunschweig 1990

VDI-Gesellschaft Produktionstechnik (Hrsg.): Lexikon der Produktionsplanung und -steuerung, VDI Verlag Düsseldorf 1992

Zwehl, W. von.: Losgrößen, wirtschaftliche, in: Handwörterbuch der Produktionswirtschaft, Hrsg. Kern, W., Poeschel Verlag Stuttgart 1979

Produktionsplanung und -steuerung

Brankamp, K.: Handbuch der modernen Fertigung und Montage, Verlag moderne industrie München 1975

Dorninger, C.; Janschek, O.; Olearczick, E.; Röhrenbacher, H.: PPS Produktionsplanung und -steuerung - Konzepte, Methoden, Kritik, Ueberreuter Verlag Wien 1990

Eversheim, W.: Organisation in der Produktionstechnik - Bd. 1: Grundlagen, VDI Verlag Düsseldorf 1990

Eversheim, W.: Organisation in der Produktionstechnik - Bd. 3: Arbeitsvorbereitung, VDI Verlag Düsseldorf 1989

Glaser, H.; Geiger W.; Rohde, V.: PPS Produktionsplanung und -steuerung - Grundlagen, Konzepte, Anwendungen, Gabler Verlag Wiesbaden 1992

Hackstein, R.: Produktionsplanung und -steuerung (PPS) - Ein Handbuch für die Betriebspraxis, VDI Verlag Düsseldorf 1989

Hackstein, R. (Hrsg.): Auswahl, Einführung und Überprüfung von PPS-Systemen, Verlag TÜV Rheinland Köln 1990

Helberg, P.: PPS als CIM-Baustein - Gestaltung der Produktionsplanung und -steuerung für die computerintegrierte Produktion, Erich Schmidt Verlag Berlin 1987

Kernler, H.: PPS der 3. Generation - Grundlagen, Methoden, Anregungen, Hüthig Buch Verlag Heidelberg 1993

Kittel, Th.: Produktionsplanung und -steuerung im Klein- und Mittelbetrieb, Expert Verlag Grafenau/Württ. 1982

Mertens, P.: Industrielle Datenverarbeitung - Band 1: Administrations- und Dispositionssysteme, Gabler Verlag Wiesbaden 1988

Mertens, P.; Wiendahl, H.-P.; Wildemann, H.: CIM-Komponenten zur Planung und Steuerung, Verlag gmft München 1988

Meynert, J.: Untersuchung des Funktionsumfangs von Standardsoftware zur Produktionsplaung und -steuerung, Arbeitsbericht Nr. 2, Lehrstuhl für Betriebsinformatik an der Universität Dortmund 1985

Nedeß, Ch. (Hrsg.): Von PPS zu CIM, Springer-Verlag Berlin Heidelberg u a. und Verlag TÜV Rheinland Köln 1992

Rationalisierungs-Kuratorium der Deutschen Wirtschaft e.V. (RKW) (Hrsg.): PPS-Fachmann: Grundlagen, Planung, Steuerung - Bd. 1: Grundlagen, Verlag TÜV Rheinland Köln 1987

Rationalisierungs-Kuratorium der Deutschen Wirtschaft e.V. (RKW) (Hrsg.):
PPS-Fachmann: Grundlagen, Planung, Steuerung - Bd. 2: Planung, Verlag TÜV
Rheinland Köln 1987

Rationalisierungs-Kuratorium der Deutschen Wirtschaft e.V. (RKW) (Hrsg.):
PPS-Fachmann, Grundlagen, Planung, Steuerung - Bd. 3: Planung, Verlag TÜV
Rheinland Köln 1987

Rationalisierungs-Kuratorium der Deutschen Wirtschaft e.V. (RKW) (Hrsg.):
PPS-Fachmann, Grundlagen, Planung, Steuerung - Bd. 4: Steuerung, Verlag
TÜV Rheinland Köln 1987

Rationalisierungs-Kuratorium der Deutschen Wirtschaft e.V. (RKW) (Hrsg.):
PPS-Fachmann, Grundlagen, Planung, Steuerung - Bd. 5: Steuerung, Verlag
TÜV Rheinland Köln 1987

REFA Verband für Arbeitsstudien und Betriebsorganisation e.V.: Methodenlehre
der Planung und Steuerung - Teil 1: Grundlagen, Carl Hanser Verlag München
1985

REFA Verband für Arbeitsstudien und Betriebsorganisation e.V.: Methodenlehre
der Planung und Steuerung - Teil 2: Planung, Carl Hanser Verlag München 1985

REFA Verband für Arbeitsstudien und Betriebsorganisation e.V.: Methodenlehre
der Planung und Steuerung - Teil 3: Steuerung, Carl Hanser Verlag München
1985

REFA Verband für Arbeitsstudien und Betriebsorganisation e.V.: Methodenlehre
der Betriebsorganisation: Planung und Gestaltung komplexer Produktionssysteme, Carl Hanser Verlag München 1990

Ritter, B.: Keine Angst vor PPS!, Verlag TÜV Rheinland Köln 1993

Roschmann, K.: Betriebsdatenerfassung in Industriebetrieben, AWF-Schrift 251
Verlag moderne industrie München 1979

Scheer, A.-W.: CIM, Computer Integrated Manufacturing, Springer Verlag
Berlin Heidelberg u.a 1988

Scheer, A.-W. (Hrsg.): Neue Architekturen für EDV-Systeme zur Produktions-planung und -steuerung, Institut für Wirtschafsinformatik (IWi) an der Universität des Saarlands Saarbrücken 1986

Schomburg, E.: Betriebsincividuelle Einflußgrößen für die Gestaltung und Bewertung von PPS-Systemen, in: PPS-Fachmann, Bd. 4, Hrsg. Rationa-lisierungs-Kuratorium der Deutschen Wirtschaft e.V. (RKW), Verlag TÜV Rheinland Köln 1987

Strack, M.: Optimale Produktionssteuerung, Verlag TÜV Rheinland Köln 1986

Strack, M.: Organisatorische Gestaltung einer zentralen Werkstattsteuerung, Springer-Verlag Berlin Heidelberg u.a. 1987

Treutlein, K.: Materialflußorientierte Termin- und Kapazitätsplanung - Ein Konzept für Serienfertiger, Springer-Verlag Berlin Heidelberg u.a. 1990

Zimmermann, G.: PPS-Methoden auf dem Prüfstand - Was leisten sie, wann versagen sie?, Verlag moderne industrie Landsberg 1987

Fertigungsleittechnik

Adam, D.: Ansätze zu einem integrierten Konzept der Fertigungssteuerung bei der Werkstattfertigung, Institut für Industrie- und Krankenhausbetriebslehre an der Universität Münster 1987

Adam, D.: Retrograde Terminierung - Ein Ansatz zu verbesserter Fertigungs-steuerung, Institut für Industrie- und Krankenhausbetriebslehre an der Universität Münster 1987

Helfrich, C.: PPS-Praxis, Fertigungssteuerung und Logistik im CIM-Verbund, Resch Verlag München 1989

Hirt, K.: PPS beim Einsatz flexibler Fertigungssysteme, Springer-Verlag Berlin Heidelberg u.a. 1990

Hoff Industrie Rationalisierung GmbH (Hrsg.): HIR Marktstudie "Elektronische Leitstände" , Wiesbaden 1991

Jansen, F. J.; Berghäuser, K.-H.; Grimm, O.; Balgheim, N.: Rechnergestützte Betriebsorganisation, Springer-Verlag Berlin Heidelberg u.a. 1993

Kernforschungszentrum Karlsruhe (Hrsg.): Der Einsatz flexibler Fertigungssysteme - Forschungsbericht KfK-PFT 41, Kernforschungszentrum Karlsruhe 1982

Kief, H. B.: FFS Handbuch 92/93, Carl Hanser Verlag München Wien 1992

Kief, H. B.: NC/CNC Handbuch, Carl Hanser Verlag München Wien 1992

Klaiber, M.: Produktivitätssteigerung durch rechnerunterstütztes Einfahren von NC-Programmen - Forschungsberichte, Institut für Werkzeugmaschinen und Betriebstechnik an der Universität Karlsruhe 1992

Mai, W.; Jankowski, F.: CIM Marktübersicht: Fertigungs- und Personalleitstand, Vieweg-Verlag Braunschweig Wiesbaden 1992

Mertins, K.: Steuerung rechnergeführter Fertigungssysteme, Carl Hanser Verlag München Wien 1987

Meynert, J.: Untersuchung des Funktionsumfangs von Standardsoftware zur Produktionsplaung und -steuerung, Arbeitsbericht Nr. 2, Lehrstuhl für Betriebsinformatik an der Universität Dortmund 1985

Neipp, G.; Stracke, H.-J. (Hrsg.): Einführung in die CIM-Praxis - Rechnerintegrierte Produktion, VDI-Verlag Düsseldorf 1991

O´Grady, P.: Automatisierte Fertigungssysteme, Entwurf und Betrieb, VCH Verlagsgesellschaft Weinheim 1988

Ploenzke-Informatik (Hrsg.): Fertigungsleitstand Report, Kiedrich 1990

Rötzel, A.: Rechnerunterstützte Fertigungsplanung und -steuerung, Hüthig Buch Verlag Heidelberg 1991

Schwinn, J.: Wissensbasierter CIM-Leitstand, Vieweg-Verlag Braunschweig 1992

Stanek, W.: Rechnergestütze Fertigungssteuerung - Mathematische Methoden, VEB Verlag Technik Berlin 1988

Tuffentsammer, K.; Storr, A. u.a. (Hrsg.): Flexibles Fertigungssystem - Beiträge zur Entwicklung des Produktionsprinzips, VCH Verlagsgesellschaft Weinheim 1988

Wiendahl, H.-P.: Belastungsorientierte Fertigungssteuerung, Carl Hanser Verlag München Wien 1987

Zell, M.: Simulationsgestützte Fertigungssteuerung, R. Oldenbourg Verlag München Wien 1993

Zörntlein, G.: Flexible Fertigungssysteme - Belegung, Steuerung, Datenorganisation, Carl Hanser Verlag München Wien 1988

Betriebswirtschaft

Franzen, W.: Entscheidungswirkungen von Kosteninformationen, Peter Lang Verlag Frankfurt a.M. 1987

Geitner, U. W.: Betriebsinformatik für Produktionsbetriebe - Teil 1: Grundlagen der Informationsverarbeitung, Carl Hanser Verlag München Wien 1983

Geitner, U. W.: Betriebsinformatik für Produktionsbetriebe - Teil 2: Anwendungen der Informationsverarbeitung, Carl Hanser Verlag München Wien 1983

Geitner, U. W.: Betriebsinformatik für Produktionsbetriebe - Teil 3: Methoden der Informationsverarbeitung, Carl Hanser Verlag München Wien 1983

Geitner, U. W.: Betriebsinformatik für Produktionsbetriebe - Teil 1: Betriebsorganisation, Carl Hanser Verlag München Wien 1991

Geitner, U. W.: Betriebsinformatik für Produktionsbetriebe - Teil 2: Methoden der Informationsverarbeitung, Carl Hanser Verlag München Wien 1987

Geitner, U. W.: Betriebsinformatik für Produktionsbetriebe - Teil 3: Methoden der Produktionsplanung und -steuerung, Carl Hanser Verlag München Wien 1987

Geitner, U. W.: Betriebsinformatik für Produktionsbetriebe - Teil 4: Systeme der Produktionsplanung und -steuerung, Carl Hanser Verlag München Wien 1987

Geitner, U. W.: Betriebsinformatik für Produktionsbetriebe - Teil 5: Produktions-informatik, Carl Hanser Verlag München Wien 1987

Geitner, U. W.: Betriebsinformatik für Produktionsbetriebe - Teil 6: Verwaltungsinformatik, Carl Hanser Verlag München Wien 1987

Hax, H.: Absatz, in: Handwörterbuch der Wirtschaftswissenschaft, Hrsg. Albers, W. u.a., Gustav Fischer Stuttgart New York 1977

Heinen, E.: Industriebetriebslehre, Gabler Verlag Wiesbaden 1991

Hummel, S.; Männel, W.: Kostenrechnung - Teil 1: Grundlagen, Aufbau und Anwendung, Gabler-Verlag 1986

Kern, W.: Operations-Research: Einführung und Überblick, Poeschel Verlag Stuttgart 1987

Kilger, W.: Einführung in die Kostenrechnung, Gabler-Verlag Wiesbaden 1987

Meffert, H.: Marketing, Gabler Verlag Wiesbaden 1986

Müller-Merbach, H.: Operations-Research: Methoden und Modelle der Optimal-planung, Verlag Vahlen München 1987

Nieschlag, R.; Dichtl, E.; Hörschgen, H.: Marketing, Dunker und Humblot Berlin 1991

Rationalisierungs-Kuratorium der Deutschen Wirtschaft e.V. (RKW) (Hrsg.):
Lean Production - Tragweite und Grenzen eines Modells, RKW Düsseldorf 1992

Reichmann, Th.: Controlling mit Kennzahlen und Managementberichten, Verlag
Vahlen München 1993

Scheer, A.-W.: Absatzprognosen, Springer-Verlag Berlin Heidelberg u.a. 1983

Scheer, A.-W.: Wirtschaftsinformatik - Informationssysteme im Industriebetrieb,
Springer-Verlag Berlin Heidelberg u.a. 1990

Schweitzer, M.: Industriebetriebslehre, Verlag Vahlen München 1993

Sonnenberg, H.: Betriebslehre und Arbeitsvorbereitung - Bd. 1: Betriebswirt-
schaftliche Grundlagen, Vieweg Verlag Braunschweig 1991

Sonnenberg, H.: Betriebslehre und Arbeitsvorbereitung - Bd. 2: Kostenrechnung,
Arbeitsstudium, Vieweg Verlag Braunschweig 1991

Sonnenberg, H.: Betriebslehre und Arbeitsvorbereitung - Bd. 3: Planungsstudie
eines Produktionssystems, Vieweg Verlag Braunschweig 1980

Steinbuch, P.; Olfert, K.: Fertigungswirtschaft, Kiehl Verlag Ludwigshafen
(Rhein) 1993

Syska, A.: Kennzahlen für die Logistik, Springer-Verlag Berlin Heidelberg u.a.
1990

Warnecke, H.-P; Hicher, R.; Voegele, A.: Kostenrechnung für Ingenieure, Carl
Hanser Verlag München Wien 1993

DV-Technik

Berlage, Th.: OSF/Motif und das X-Windows System, Addison-Wesley Verlag
Bonn München 1991

Jenz & Partner GmbH (Hrsg.): Grafische Bediener-Oberflächen, Jenz & Partner GmbH Erlensee 1992

Kurbel, K.: Software Engineering im Produktionsbereich, Gabler Verlag Wiesbaden 1983

Lockemann, P. C.; Schmidt, J. W. (Hrsg.): Datenbank Handbuch, Springer-Verlag Berlin Heidelberg u.a.1987

Mansfield, N.: Das Benutzerhandbuch zum X-Window-System, Addison-Wesley Verlag Bonn München 1990

Richter, L.: Betriebssysteme, Teubner Verlag Stuttgart 1985

Vossen, G.: Datenmodelle, Datenbanksprachen und Datenbank-Management-Systeme, Addison-Wesley Verlag Bonn München 1987

Fertigungsstrategien

Eidenmüller, B.: Lean Production - Herausforderung für das Produktionsmanagement, in: Lean Management, Hrsg. Wildemann, H., Frankfurter Allgemeine Zeitung Verlagsbereich Frankfurt 1993

Heinrich, W.: Outsourcing, DATACOM Bergheim 1992

Loos, U.: Lean Production - Die Herausforderung für die europäische Zulieferindustrie, in: Lean Management, Hrsg. Wildemann, H., Frankfurter Allgemeine Zeitung Verlagsbereich Frankfurt 1993

Mertens, P.; Wiendahl, H.-P.; Wildemann, H.: CIM-Komponenten zur Planung und Steuerung, Verlag gmft München 1988

Rationalisierungs-Kuratorium der Deutschen Wirtschaft e.V. (RKW) (Hrsg.): Lean Production - Tragweite und Grenzen eines Modells, RKW Düsseldorf 1992

Warnecke, H.-J.: Der Produktionsbetrieb - Band 1: Organisation, Produkt, Planung, Springer-Verlag Berlin Heidelberg u.a. 1993

Warnecke, H.-J.: Die fraktale Fabrik - Revolution der Unternehmenskultur, Springer-Verlag Berlin Heidelberg u.a. 1992

Wiendahl, H.-P.: Betriebsorganisation für Ingenieure, Hanser-Verlag München 1989

Wiendahl, H.-P.: Modellbasiertes Planen und Steuern reaktionsschneller Produktionssysteme, Verlag gmft München 1991

Wildemann, H.: Die modulare Fabrik: Kundennahe Produktion durch Fertigungssegmentierung, Verlag gmft München Zürich 1992

Wildemann, H.: Fertigungsstrategien - Reorganisationskonzepte für eine schlanke Produktion und Zulieferung, Transfer-Centrum-Verlag München 1993

Wildemann, H.: Eigenfertigung und Fremdbezug, in: Lean Management, Hrsg. Wildemann, H., Frankfurter Allgemeine Zeitung Verlagsbereich Frankfurt 1993

Wildemann, H. (Hrsg.): Just-In-Time Produktion, Bd. 1 - 3, gmft München 1986

Wildemann, H. (Hrsg.): Just-In-Time in F&E, Produktion und Logistik - Band 1, Verlag gmft München 1991

Wildemann, H. (Hrsg.): Lean Management - Strategien zur Erreichung wettbewerbsfähiger Unternehmen, Frankfurter Allgemeine Zeitung Verlagsbereich Frankfurt 1993

Logistik

Jünemann, R.: Materialfluß und Logistik, Springer-Verlag Berlin Heidelberg u.a. 1989

Jünemann, R. (Hrsg.): Logistische Systeme - Automation als Erfolgsfaktor, Verlag TÜV Rheinland Köln 1988

Klöpper, H.-J.: Logistikorientiertes strategisches Management - Erfolgspotentiale im Wettbewerb, Verlag TÜV Rheinland Köln 1991

Kuhn, A. (Hrsg.): Partnerschaftliche Logistik - Logistik im Dialog zwischen Praxis und Wissenschaft, Tagungsband zu den 11. Dortmunder Gesprächen, Verlag Praxiswissen Dortmund 1993

Kuhn, A., Meinberg, U.: Ein Konzept zur Integration von Produktionslogistik und Fertigungssteuerung, in: f+h - fördern und heben 35 (1985) Nr. 6

Noche, B.; Wenzel, S.: Marktspiegel Simulationstechnik in Produktion und Logistik, Verlag TÜV Rheinland Köln 1991

Rück, R.; Stockert, A.; Vogel, F. O.: CIM und Logistik im Unternehmen - Praxis-erprobtes Gesamtkonzept für die rechnerintegrierte Auftragsabwicklung, Carl Hanser Verlag München Wien 1992

Scheer, A.-W. (Hrsg.): CIM-Strategie als Teil der Unternehmensstrategie, Springer-Verlag Berlin Heidelberg u.a und Verlag TÜV Rheinland Köln 1990

VDI-Gesellschaft Fördertechnik Materialfluß Logistik (Hrsg.): Materialfluß und Logistik in Automobilbau und Zulieferindustrie - Konzepte, Beispiele, Erfahrungen, VDI-Verlag Düsseldorf 1991

Sonstige

Biedermann, H.: EDV-Unterstützung in der Instandhaltung, Verlag TÜV Rheinland Köln 1986

Gerlach, H. H. (Hrsg.): Instandhaltung und Fabrikplanung, 3. Instandhaltungs-forum der Universität Dortmund, Verlag TÜV Rheinland Köln 1989

Hering, E.; Triemel, J.; Blank, H.-P. (Hrsg.): Qualitätssicherung für Ingenieure, VDI Verlag Düsseldorf 1993

Kleijnen, J.P.C.: Statistical Techniques in Simulation, Part I & II, Dekker New York 1974

Klein, W.: Optimale Planung und Steuerung der Instandhaltung, Verlag TÜV Rheinland Köln 1988

Mihram, A.G.: Simulation, Statistical foundation and methodology, Academic press New York u.a. 1972

Rokohl, H. J.: Optimale Strategieplanung - Planung und Kontrolle von Instandhaltungsstrategien in Kraftwerken, Verlag TÜV Rheinland Köln 1986

Schwarze, J.: Netzplantheorie, Verlag Neue Wirtschafts-Briefe Herne u.a. 1983

Schwarze, J.: Netzplantechnik: Eine Einführung in das Projektmanagement, Verlag Neue Wirtschafts-Briefe Herne u.a. 1994

Zertifizierung, Sonderteil in Hanser Fachzeitschriften, Carl Hanser Verlag München April 1993

5 Stichwortverzeichnis

Das Stichwortverzeichnis enthält alle feststehenden Begriffe, die im Teil "Begriffserläuterungen" aufgeführt sind.

Darüber hinaus sind auch Stichwörter aus den erläuternden Texten angegeben, die selbst nicht unbedingt einen feststehenden Begriff darstellen, aber im Themenfeld der Fertigungsleittechnik verwendet werden.

A

Abrufauftrag 21

Absatz 22

Absatzprognose 23

Alphanumerische
Benutzeroberfläche 24

Alternativarbeitsplatz 25

Anfangstermin 25

Animation 26

Anwendungsprogramm 27

Applikation 28

Arbeitsablauf 28

Arbeitsbelegerstellung 29

Arbeitsgang 29

Arbeitsgangdurchlaufzeit 30

Arbeitsgangfolge 31

Arbeitsmittel 32

Arbeitspapiererstellung 33

Arbeitsplan 33

Arbeitsplanart 35

Arbeitsplanung 36

Arbeitsplatz 37

Arbeitsplatzgruppe 38

Arbeitssteuerung 39

Arbeitssystem 40

Arbeitsteilung 41

Arbeitsverteilung 42

Arbeitsvorbereitung 42

Arbeitsvorgang 43

Arbeitsvorrat 43

Arbeitszähltag 44

Arbeitszeitmodell 44

Arbeitszuteilung 44

Artikel 44

Auftrag 45

Auftragsabwicklung 46

Auftragsauslösungsart 46

B

Basisarbeitsplan 75

Batchbetrieb 75

C

G

L

M

W

Z

MIX
Papier aus verantwortungsvollen Quellen
Paper from responsible sources
FSC® C105338

If you have any concerns about our products,
you can contact us on
ProductSafety@springernature.com

In case Publisher is established outside the EU,
the EU authorized representative is:
**Springer Nature Customer Service Center GmbH
Europaplatz 3, 69115 Heidelberg, Germany**

Printed by Libri Plureos GmbH
in Hamburg, Germany